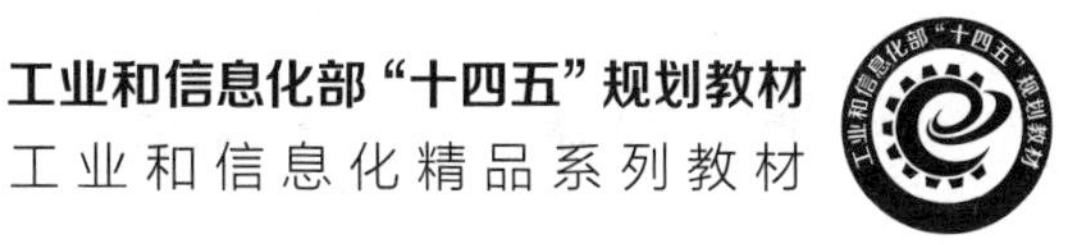

广西壮族自治区级
高等职业学校课程思政示范课程配套教材

Android
移动应用开发案例教程

慕课版

段仕浩 黄伟 赵朝辉 ◉ 主编
褶静 苏叶健 徐冬 许建豪 ◉ 副主编

CASE TUTORIAL FOR DEVELOPMENT
OF ANDROID MOBILE APPLICATIONS

人民邮电出版社
北京

图书在版编目（CIP）数据

Android移动应用开发案例教程 : 慕课版 / 段仕浩,
黄伟, 赵朝辉主编. -- 北京 : 人民邮电出版社,
2021.11
工业和信息化精品系列教材
ISBN 978-7-115-57994-2

Ⅰ. ①A… Ⅱ. ①段… ②黄… ③赵… Ⅲ. ①移动终
端－应用程序－程序设计－高等学校－教材 Ⅳ.
①TN929.53

中国版本图书馆CIP数据核字(2021)第237834号

内 容 提 要

本书以案例驱动的方式介绍 Android 编程的基本概念及技术，主要内容包括 Android 开发环境搭建，Android Studio 使用入门，Android 常用 UI 布局及控件，Android 组件 Activity，Android 高级控件 ListView 和 RecyclerView、ViewPager 和 Fragment，以及 Android 的网络编程框架 Volley 和 Gson 等。本书除了在第 1～8 章的每章中都提供示范案例外，还在第 9 章专门介绍了一个综合项目："影视分享" App 的开发，以帮助读者深入掌握 Android 移动应用开发相关知识。

本书与中国大学 MOOC（慕课）网的"Android 移动应用开发"在线课程相配套，该课程是 Google 高职教育合作课程，课程资源包括所有章节的微课视频、PPT、习题作业、试题、教材案例源代码和教学设计等。

本书可作为高等院校本、专科计算机相关专业的教材，也可作为 Android 移动应用开发的培训教材，非常适合有 Java 语言基础的读者阅读。

◆ 主　　编　段仕浩　黄　伟　赵朝辉
副 主 编　裲　静　苏叶健　徐　冬　许建豪
责任编辑　刘　佳
责任印制　王　郁　焦志炜

◆ 人民邮电出版社出版发行　　北京市丰台区成寿寺路 11 号
邮编　100164　　电子邮件　315@ptpress.com.cn
网址　https://www.ptpress.com.cn
涿州市京南印刷厂印刷

◆ 开本：787×1092　1/16
印张：18.25　　　　2021 年 11 月第 1 版
字数：541 千字　　　　2024 年 12 月河北第 7 次印刷

定价：69.80 元（附小册子）

读者服务热线：(010)81055256　印装质量热线：(010)81055316
反盗版热线：(010)81055315
广告经营许可证：京东市监广登字 20170147 号

前 言 PREFACE

Android 是谷歌（Google）公司发布的一款基于 Linux 平台的开源操作系统，是当前最流行的移动设备操作系统之一，主要应用于智能手机、平板电脑等移动设备。目前有不少高等院校的相关专业都将 Android 移动应用开发课程作为必修课程。本书旨在满足高等院校、培训机构的教学或者 Android 移动应用开发爱好者学习的需要，使读者轻松、愉快地步入 Android 移动应用开发的大门。

本书特点

本书基于 Android 10，使用 Android Studio 开发工具进行讲解。全书注重实践应用，将理论知识和案例紧密结合，以加深读者对 Android 移动应用开发基础知识和基本应用的理解，帮助读者掌握 Android 程序设计的基本思想和应用技术，从而快速提高开发技能。

本书是新形态的工作手册式教材，教师可以根据教学内容灵活组织教学。配套的工作手册每章都有预习要点、课堂笔记、实训记录、课程评价，学生可以对上课的内容进行记录、组织，最终形成一本学习笔记手册。

本书内容

全书共 9 章。第 1～8 章由浅入深地讲述 Android 移动应用开发必备的知识和技能，针对每个知识点和技能讲解典型案例，使读者能更好地理解 Android 移动应用开发技术；第 9 章通过一个完整的综合案例，使读者巩固前 8 章知识和技能的综合应用、理解 Android 移动应用开发的过程，以获得整体提高。本书各章内容如下。

第 1 章：主要介绍 Android 系统和讲解 Android 开发环境的搭建，以及 Android 模拟器的安装和配置。通过创建和运行第一个 App，测试 Android 开发环境。

第 2 章：主要讲解 Android 开发工具 Android Studio 的使用基础知识，包括 Android Studio 的特点和操作环境、Android Studio 项目结构、Android Studio 的开发技巧等。

第 3、4 章：主要讲解常用的 UI 布局和控件、UI 设计、Android 事件处理等，为读者学习 Android 界面设计和用户交互开发打下基础。

第 5 章：主要讲解 Android 重要组件 Activity 和组件桥梁 Intent。内容包括 Activity 的创建、跳转、传值，Activity 的生命周期，Intent 和 IntentFilter 的作用。

第 6 章：主要讲解 Android 中常用的高级控件 ListView 和 RecyclerView。内容包括 ListView 控件、BaseAdapter 适配器、RecyclerView 控件及其监听事件等。

第 7 章：主要讲解 Android 高级控件 ViewPager 和 Fragment。内容包括 ViewPager 控件、Fragment 控件和它的生命周期，以及应用 ViewPager 与 Fragment 实现底部导航。

第 8 章：主要介绍 Android 的网络编程框架 Volley 和 Json 解析框架 Gson。

第 9 章：主要讲解综合项目："影视分享"App 的开发，让读者了解从项目需求、界面设计、项目框架搭建到项目实现的开发过程。包括 Meterial Design 风格界面、侧滑导航、悬浮按钮、图片和数据访问框架、ShareSDK 框架和第三方登录等。

资源配套

本书为“Android 移动应用开发”课程的慕课版教材，其配套课程为 Google 高职教育合作课程，是 2019 年全国唯一入选的 Android 课程。同时，配套课程获 2020 年广西壮族自治区级职业教育在线精品课程认定，读者可以在中国大学 MOOC（慕课）平台进行学习。此外，本书还提供了课程资源包。资源包包含本书所有章节内容配备的微课视频、PPT、习题作业、试题、教材案例源代码和教学设计等资源。最新资源包也可以通过“人邮教育社区”（www.ryjiaoyu.com）获取。

致谢

本书由南宁职业技术学院软件技术专业团队的段仕浩、黄伟、赵朝辉担任主编，糴静、苏叶健、徐冬、许建豪担任副主编。在此，对在本书编写过程中提供帮助和支持的朋友表示感谢。

意见反馈

在编写本书的过程中，虽然编者力求完美，但不足之处在所难免，欢迎各界专家和读者朋友们给予宝贵意见。联系方式：3208246157@qq.com。

编者

2021 年 9 月

目 录 CONTENTS

第 4 章

第 5 章

第6章

第7章

第8章

第9章

第 1 章 Android 开发环境搭建

1.1 预习要点（见工作手册）

1.2 学习目标

在 Android 开发的过程中，首先需要解决 Android 开发环境搭建的问题。本章主要介绍什么是 Android 操作系统、如何搭建 Android 开发环境，以及如何使用 Android Studio 开发一个简单的 App。

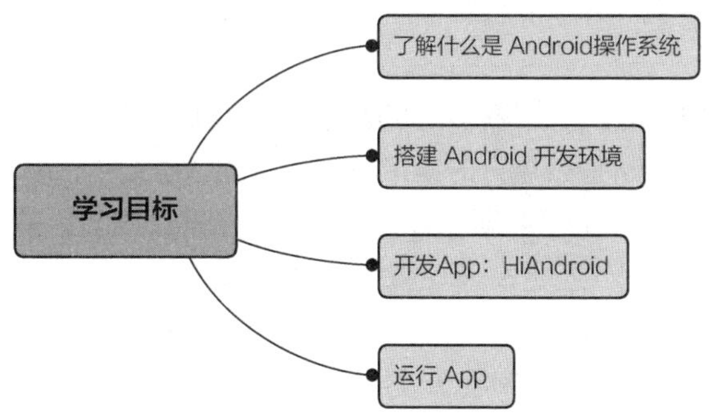

1.3 Android 操作系统

扫码观看
微课视频

在学习 Android 开发前，我们需要先了解什么是 Android 操作系统。

1.3.1 Android 操作系统简介

Android 操作系统是谷歌（Google）公司开发的一款开源移动操作系统，被国内用户称为“安卓”。Android 操作系统基于 Linux 内核设计，使用了谷歌公司自己开发的 Dalvik Java 虚拟机。

Android 平台完全开源，从底层的操作系统到上层的用户界面和应用程序都对外开放，这使得 Android 平台拥有越来越强大的开发者队伍。并且随着用户与应用程序的日益丰富，Android 操作系统成了目前全球拥有用户最多的移动操作系统，其 Logo 如图 1.1 所示。

图 1.1　Android 操作系统的 Logo

1.3.2 Android 10 的新特性

经过一段时间的开发和早期使用者数月的测试，谷歌公司在美国时间 2019 年 9 月 3 日发布了 Android 10 正式版。根据官方消息，谷歌公司已经公布了 Android Q 的名称，它并不像以前一样以甜食来命名，也不是以字母 Q 开头的英文字母命名，而是简单地被命名为 Android 10。谷歌公司该项目的负责人表示，他们正在改变其发布版本的命名方式，以更大限度地提升可访问性。Android 10 的 Logo 如图 1.2 所示。

图 1.2　Android 10 的 Logo

Android 10 主要有以下三大亮点。

- Android 10 走在了移动创新技术的前沿，具有先进的机器学习技术，同时支持新兴设备，例如折叠屏设备和 5G 设备。
- Android 10 主要提升了隐私性和安全性，提供多个新的内置隐私和安全功能。
- Android 10 扩展了用户的数字福利（Digital Wellbeing）控制，让用户可以通过使用 Android 10 来找到更好的平衡点。

借助 Android 10，开发者可以充分利用硬件创新和软件创新，使用户获得更好的应用体验。

Android 10 具有支持可折叠设备、支持 5G 网络平台、智能回复、深色主题、手势导航、设置面板、共享快捷方式、用户隐私及安全性等 8 个主要新特征，下面我们逐一介绍。

（1）支持可折叠设备

Android 10 基于强大的多窗口支持构建而成，扩展了跨应用窗口的多任务处理能力，还提供了屏幕连续性功能，可以在设备折叠或展开时维持应用程序的状态。Android 10 在 onResume 恢复方法和 onPause 暂停方法中添加了多项功能，可用于支持多项恢复，并在应用程序获得焦点时通知应用程序。此外，Android 10 还更改了 resizeableActivity（用于设置应用程序示范来支持分屏多任务模式）清单属性的工作方式，以帮助用户管理应用程序在可折叠设备和大屏幕设备上的显示方式。Android 10 可折叠设备应用程序展示效果如图 1.3 所示。

图 1.3　Android 10 可折叠设备应用程序展示效果

（2）支持 5G 网络平台

5G 有望在稳定提升速度的同时降低时延，Android 10 新增了针对 5G 的平台支持，并扩展了现有应用程序接口（Application Programming Interface，API）来帮助用户充分利用这些增强功能。用户可以连接 API 来检测设备是否具有大带宽连接，还可以检查连接是否按流量计费。借助这些功能，应用程序可以为使用 5G 的用户提供丰富的沉浸式体验。

（3）智能回复

Android 10 针对通知进行了智能化改进，如智能回复消息或在通知中打开某个地址的地图。用户的应用程序可以立即充分利用此功能，而用户无须执行任何操作。系统提供的智能回复和操作默认直接插入通知。用户可以根据需要自行提供回复或操作。Android 10 通知智能回复如图 1.4 所示。

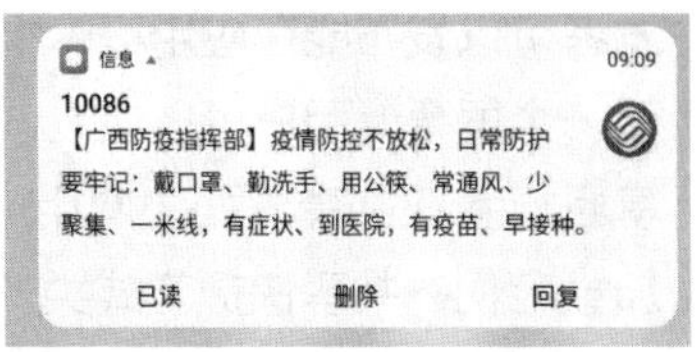

图 1.4　Android 10 通知智能回复

（4）深色主题

Android 10 新增了一个系统级的深色主题，非常适合光线较暗的场景且能帮助手机节省电量。用户在“设置”中进行相应的设置或开启“省电模式”即可激活新的系统级的深色主题。这会将系统界面的颜色更改为深色，并为支持深色主题的应用程序启用深色主题。我们可以为应用程序构建自定义深色主题，也可以选择使用新的 force dark 功能，让系统根据现有主题动态创建深色版本。我们还可以充分利用 AppCompat 的 DayNight 功能，为使用早期版本的 Android 用户提供深色主题。Android 10 深色主题模式如图 1.5 所示。

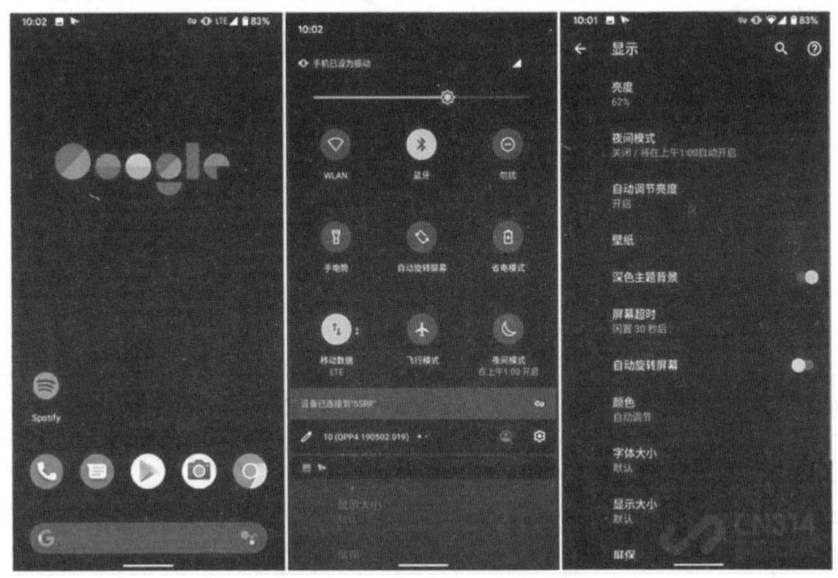

图 1.5　Android 10 深色主题模式

（5）手势导航

Android 10 引入了全手势导航模式，该模式不显示通知栏区域，允许应用程序使用全屏为用户提供更丰富、更易于沉浸的体验。它通过边缘滑动（而不是可见的按钮）保留了用户熟悉的“返回”“主屏幕”和“最近”手势导航。

（6）设置面板

现在，用户可以通过新的设置面板 API 在应用中直接显示系统设置。设置面板是浮动界面，用户可以通过调用它来显示可能需要使用的设置，如互联网连接、NFC 和音量。例如，浏览器可以显示具有飞行模式、WLAN（包括附近网络）和移动数据等连接设置的面板。

（7）共享快捷方式

共享快捷方式可使共享更加轻松、快捷，让用户能够直接跳转到其他应用程序来共享内容。开发者可以发布能在应用程序中启动特定 Activity（Activity 是 Android 的一个应用程序组件，它提供了一个屏幕，用户可以通过该屏幕进行交互以执行某些操作）的共享目标，同时附上内容；这些共享目标会在共享界面中向用户展示。因为共享目标是提前发布的，所以共享界面会在启动后立即加载它们。共享快捷方式类似于应用快捷方式，都使用同一个 API。Android 10 共享快捷方式如图 1.6 所示。

（8）用户隐私及安全性

① 用户隐私。

用户隐私是 Android 10 的一个主要关注点，相关改进包括在平台中提供更强大的保护措施以及使开发者在设计新功能时谨记隐私性。Android 10 基于先前版本构建，并引入了大量变更（如改进了系统界面、让权限授予流程更加严格以及对应用程序能够使用的数据实施了限制），目的是保护隐私并赋予用户更多控制权限。Android 10 中应用访问敏感权限时的用户隐私保护如图 1.7 所示。

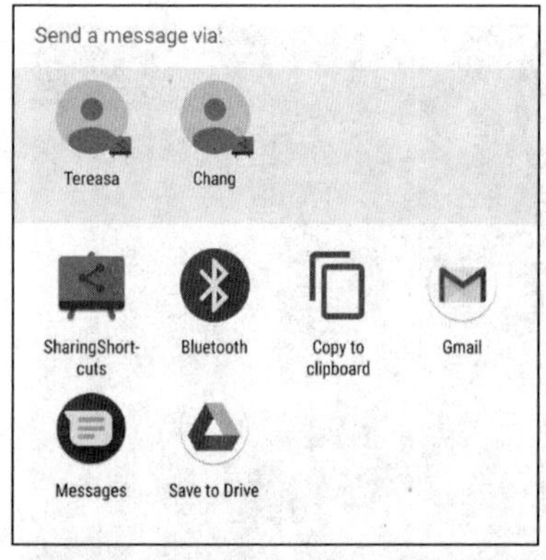

图 1.6　Android 10 共享快捷方式

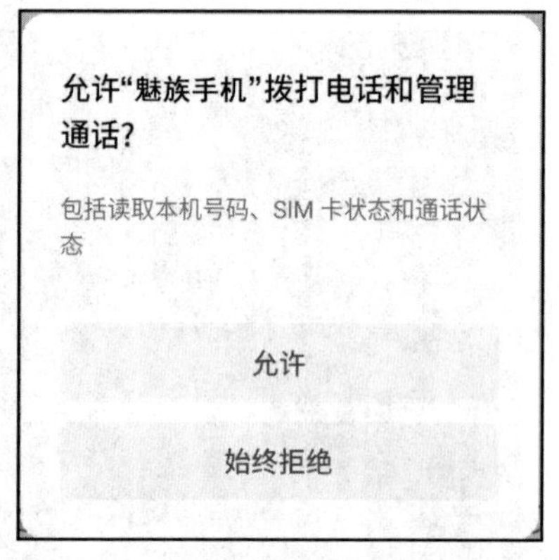

图 1.7　Android 10 用户隐私保护

② 用户安全性。

Android 10 引入了多项功能，可通过加密、启用 TLS 1.3、平台安全强化和身份验证方面的改进为用户提供更高的安全性。

- 存储加密：搭载 Android 10 的所有兼容设备都必须加密用户数据。为了提高加密效率，Android 10 引入了新加密模式 Adiantum。
- 默认启用 TLS 1.3：Android 10 默认启用 TLS 1.3，TLS 1.3 是 TLS 标准的主要修订版本，具有性能优势和更高的安全性。
- 平台安全强化：Android 10 引入了针对平台几个关键安全区域的安全强化功能。
- 生物识别功能的改进：Android 10 扩展了 BiometricPrompt 框架，以支持被动身份验证方法，如添加显式身份验证流程、添加隐式身份验证流程以及实现人脸识别等。在显式身份验证流程中，用户必须在身份验证期间确认 TEE 中的事务。对于需要被动身份验证的事务，隐式身份验证流程是一种更轻量的替代方案。此外，Android 10 还改进了按需回退设备凭据的流程。

1.3.3 Android 开发工具

随着移动应用开发程序的增多，使用 Android 开发工具，能高效快速地编写 Android 移动应用程序。目前主流的 Android 开发工具是 Android Studio，所以本教材选取其作为开发工具。Android Studio 的 Logo 如图 1.8 所示。

图 1.8 Android Studio 的 Logo

1.4 搭建 Android 开发环境

在进行 Android 开发前，首要任务是搭建 Android 开发环境。本节我们将学习如何在 Windows 10 操作系统下安装及配置 JDK、Android Studio 和 Android 模拟器。

1.4.1 JDK 的安装及配置

甲骨文（Oracle）公司已经发布了 JDK 14，但是在实际应用程序的开发中，Android 主流的开发环境仍是 JDK 8，因此我们推荐使用 JDK 8 作为开发环境。下面是 Windows 操作系统下 JDK 8 的安装及配置。

1. JDK 下载

可以通过百度等搜索引擎直接搜索或通过 Oracle 官网进入下载页面，下载自己需要的 JDK。目前的 Windows 操作系统基本上都是 64 位的，建议下载对应的 JDK。在 Oracle 官网下载时需要先登录。JDK 8 的下载页面如图 1.9 所示。

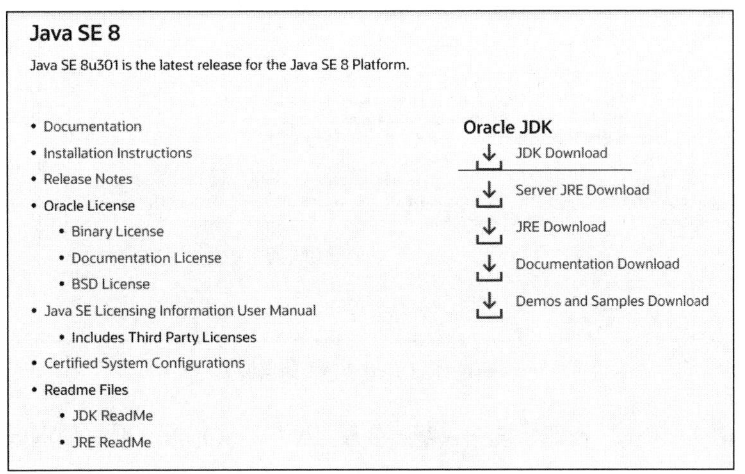

图 1.9 JDK 8 的下载页面

2. JDK 安装

运行下载的 JDK 安装包，单击“下一步”按钮安装即可。可以根据自己的需要修改安装地址，但请记住 JDK 的安装路径，以便安装完成后进行 JDK 的配置。JDK 的安装界面如图 1.10 所示。

3. JDK 配置

在 Windows 10 操作系统的桌面上，右建单击“此电脑”图标，选择“属性”，单击 “高级系统设置”，在“高级”标签下单击“环境变量”。“环境变量”对话框如图 1.11 所示。

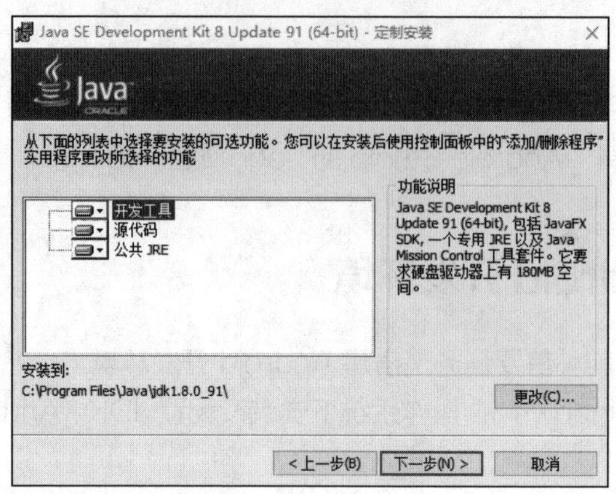

图 1.10　JDK 的安装界面

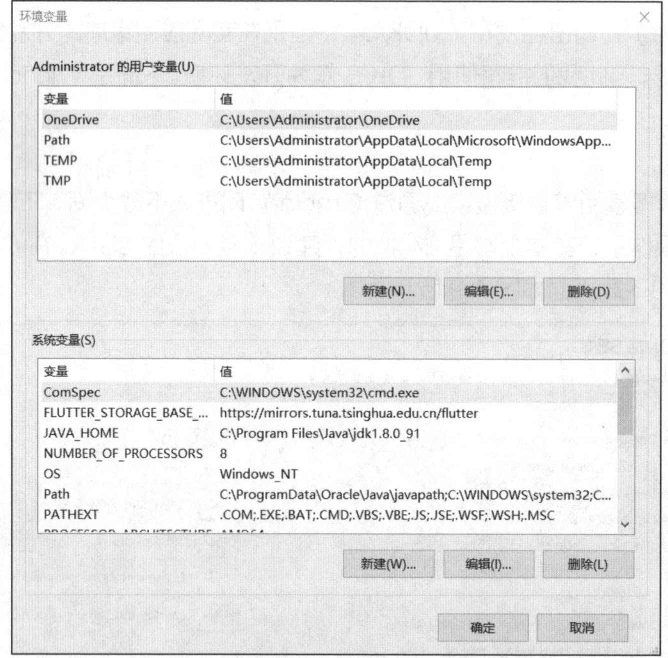

图 1.11 “环境变量”对话框

在“系统变量”下单击“新建”按钮，新建变量 JAVA_HOME，变量值指向安装 JDK 的文件夹。设置结果如图 1.12 所示。

然后将 JDK 安装文件夹的 bin 目录配置到 Path 环境变量。配置过程如图 1.13 所示。

4. 验证 JDK 配置是否成功

按“Win+R”组合键打开“运行”对话框，输入“cmd”，单击“确定”按钮后，打开命令行窗口。“运行”对话框如图 1.14 所示。

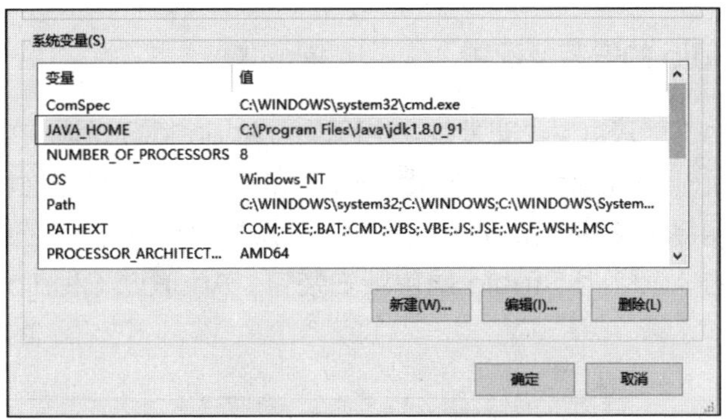

图 1.12　配置 JAVA_HOME 环境变量

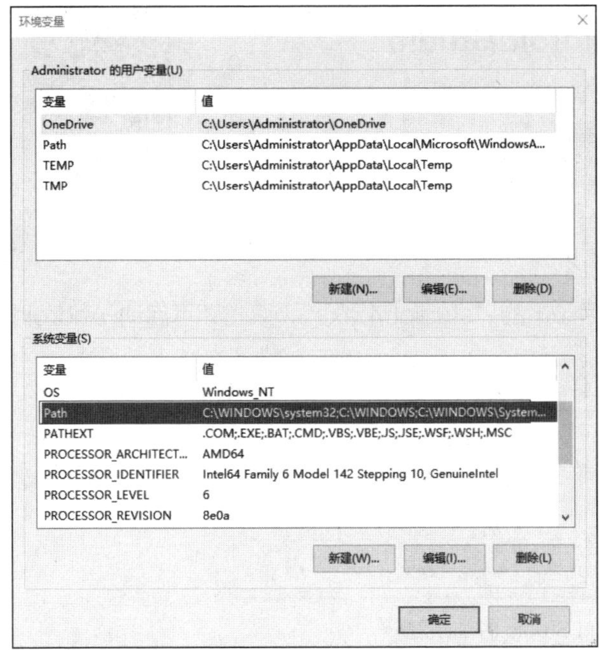

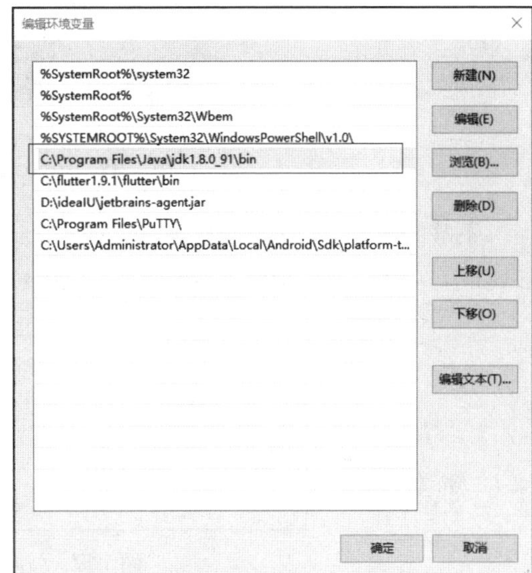

图 1.13　配置 Path 环境变量

在命令行窗口输入“java　version”（java 后空一格，java 命令与参数之间用空格进行分隔）命令后，按“Enter”键。如果出现 JDK 版本信息，则表示 JDK 配置成功。验证 JDK 是否配置成功的界面如图 1.15 所示。

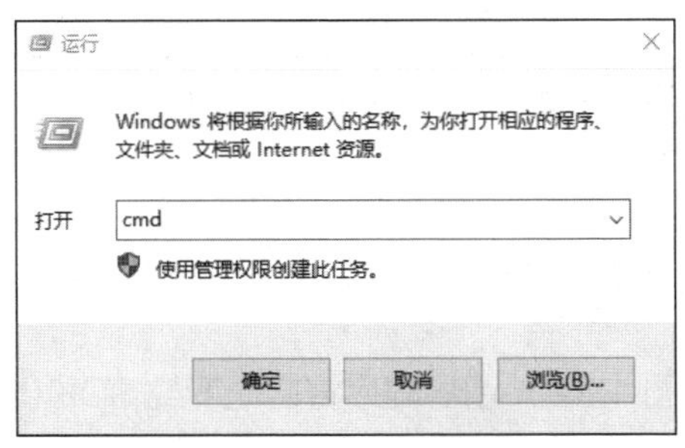

图 1.14　“运行”对话框

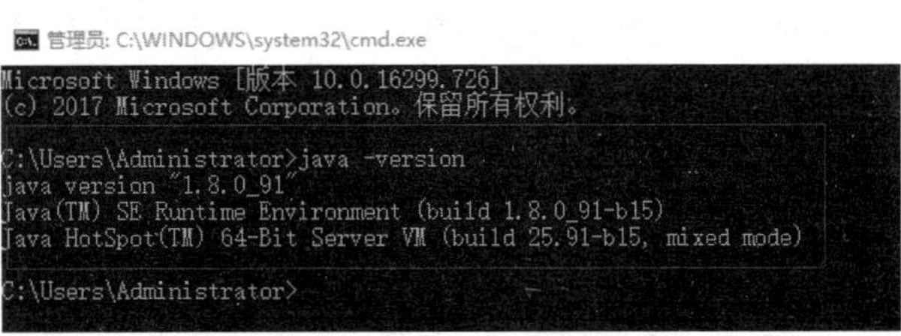

图 1.15　验证 JDK 是否配置成功

1.4.2 Android Studio 的安装及配置

可以到官网下载 Android Studio 安装包，也可以从 Android Studio 中文社区下载最新版本的 Android Studio（Android Studio 官方最新版本是 4.1，本书采用稳定性较好的 3.5 版本，开发者可以自由选择）。官网提供安装版和绿色版，建议下载绿色版，直接解压缩就可以使用；也可以直接使用素材中提供的 Android Studio 绿色版安装包。Android Studio 中文社区下载页面如图 1.16 所示。

图 1.16　Android Studio 中文社区下载页面

下载完成后，对其进行解压缩，找到 bin 目录下的“studio64.exe”，双击即可启动 Android Studio。Android Studio 的启动程序如图 1.17 所示。

studio.bat	2019/10/30 星期...	Windows 批处理...	5 KB
studio.exe	2019/10/30 星期...	应用程序	858 KB
studio.exe.vmoptions	2019/10/30 星期...	VMOPTIONS 文件	1 KB
studio.ico	2019/10/30 星期...	ICO 图片文件	348 KB
studio64.exe	2019/10/30 星期...	应用程序	987 KB
studio64.exe.vmoptions	2019/10/30 星期...	VMOPTIONS 文件	1 KB
WinProcessListHelper.exe	2019/10/30 星期...	应用程序	171 KB

图 1.17　Android Studio 的启动程序

注意：Android Studio 的安装路径不能包含中文字符。

Android Studio 首次启动时，程序会要求对其进行配置，可以按照配置向导进行初始化配置。

启动过程中，首先配置 Android Studio Settings，如图 1.18 所示。

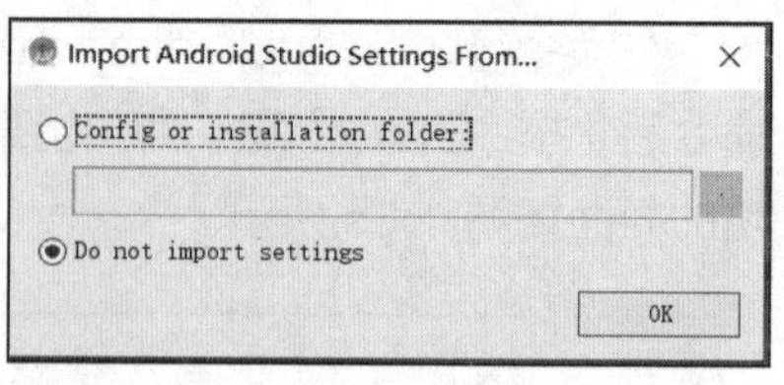

图 1.18　配置 Android Studio Settings

选择“Do not impor settings”后单击“OK”按钮，出现图 1.19 所示的 Android SDK 启动界面，进行 SDK 的检查。

单击“Cancel”按钮，然后进入 Android Studio 安装向导界面，如图 1.20 所示。

单击“Next”按钮进入用户界面（User Interface，UI）主题设置界面，如图 1.21 所示，可以选择自己喜欢的风格，这里选择 Light 风格。

单击“Next”按钮，进入 Android SDK 下载界面（见图 1.22），引导程序将自动下载 SDK（注意，此时需要保证计算机已联网）。

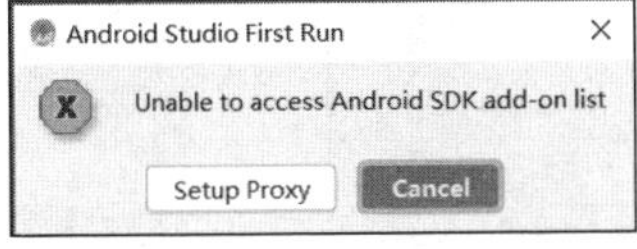

图 1.19　Android SDK 启动界面

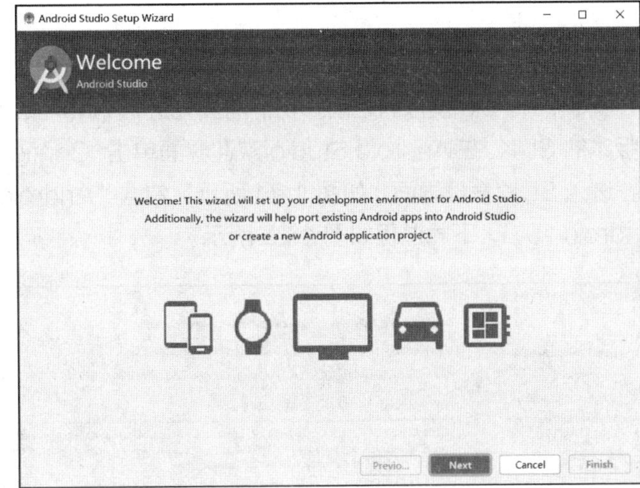

图 1.20　Android Studio 安装向导界面

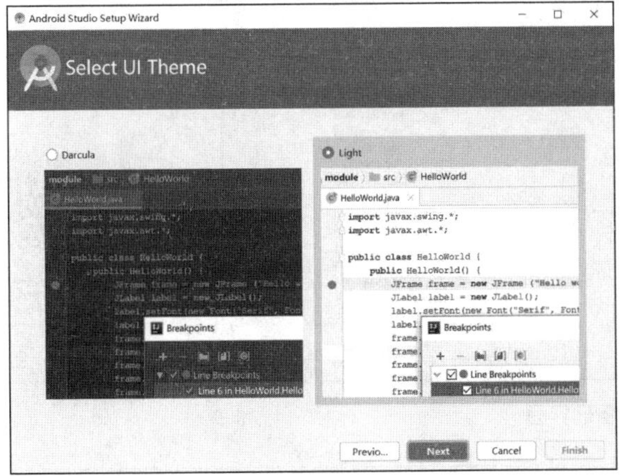

图 1.21　Android Studio 主题设置界面

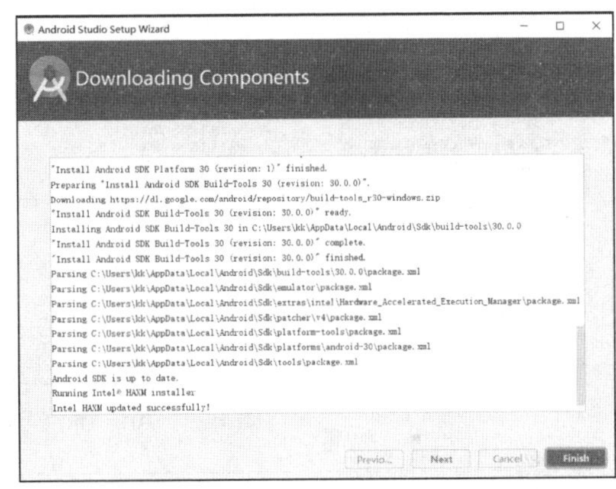

图 1.22　Android SDK 下载界面

注意：Android SDK 的安装路径不能包含中文字符。

下载完成 SDK 后，单击“Finish”按钮进入 Android Studio 欢迎界面，如图 1.23 所示。

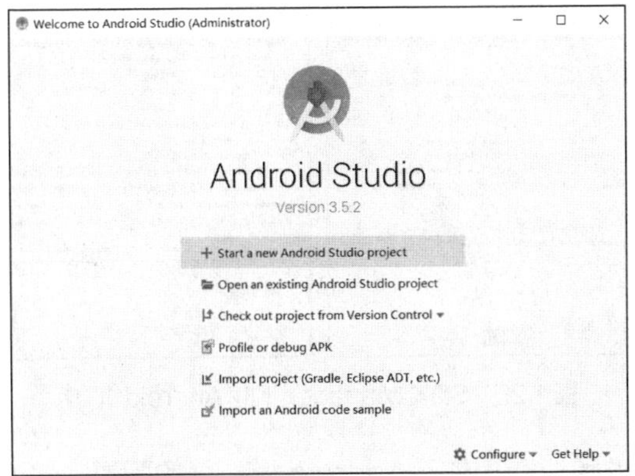

图 1.23　Android Studio 欢迎界面

1.4.3　Android 模拟器的安装及配置

在安装 Android 模拟器之前，我们需要先进入 Android SDK 管理界面下载 Android 操作系统对应版本的 SDK。在 Android Studio 欢迎界面单击“Configure”下拉按钮，选择“SDK Manager”选项，进入 SDK 管理界面，如图 1.24 所示。勾选“Android 10.0”，单击“OK”按钮，下载并安装 Android 10.0，下载过程如图 1.25 所示。

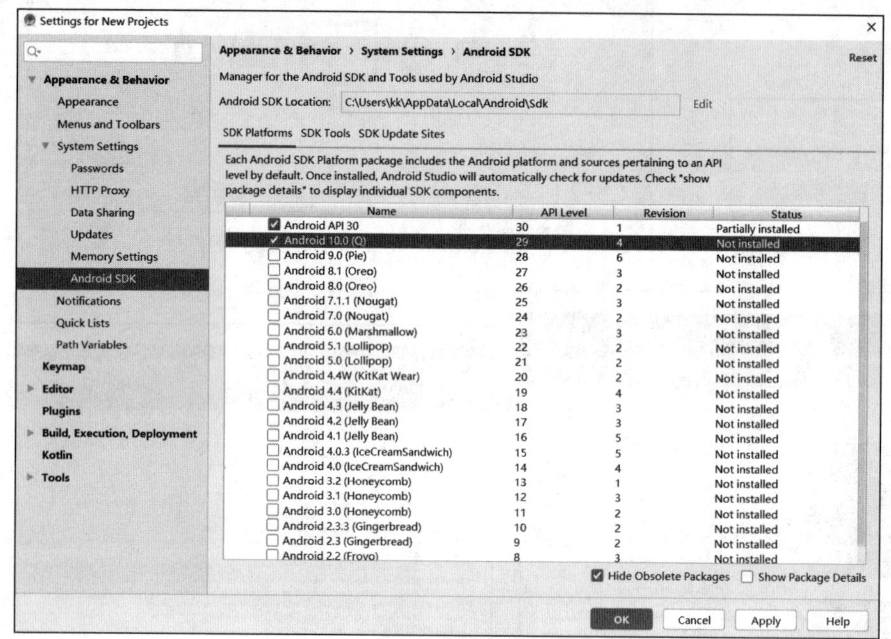

图 1.24　Android SDK 管理界面

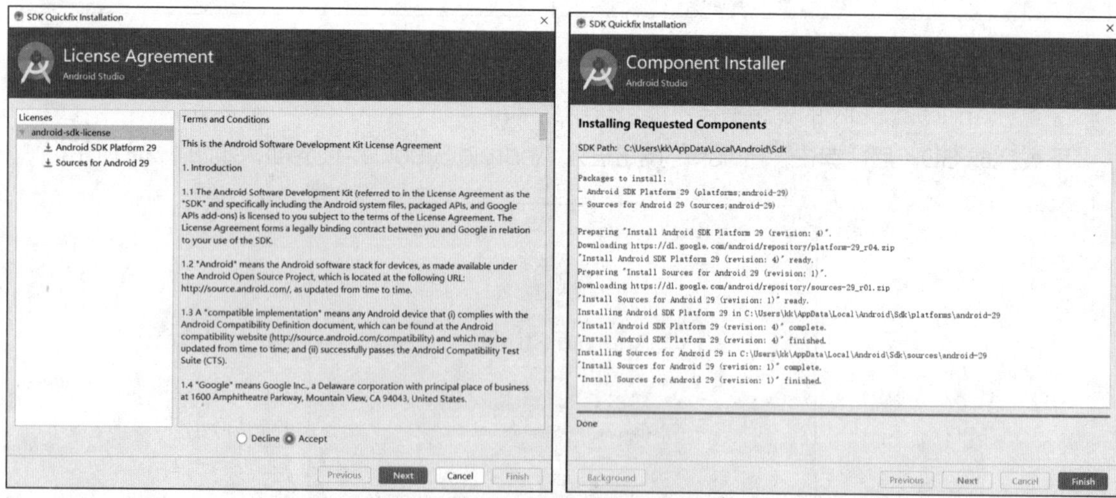

图 1.25　SDK Manager 下载 Android 10.0

Android 10.0 下载完成后，即可进行 Android 模拟器的配置。在 Android Studio 欢迎界面，单击“Configure”下拉按钮，选择“AVD Manager”选项，进入 Android 模拟器配置界面，如图 1.26 所示。

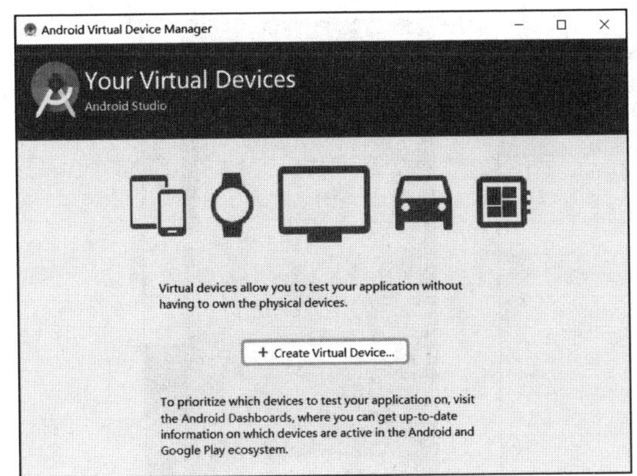

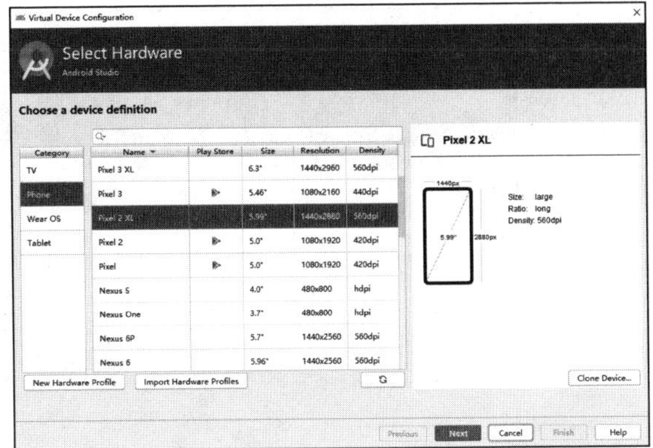

图 1.26　Android 模拟器配置界面

在创建模拟器的过程中，需要选择运行的设备，在这个过程中需要下载设备的 Android 镜像。Android 镜像下载界面如图 1.27 所示。

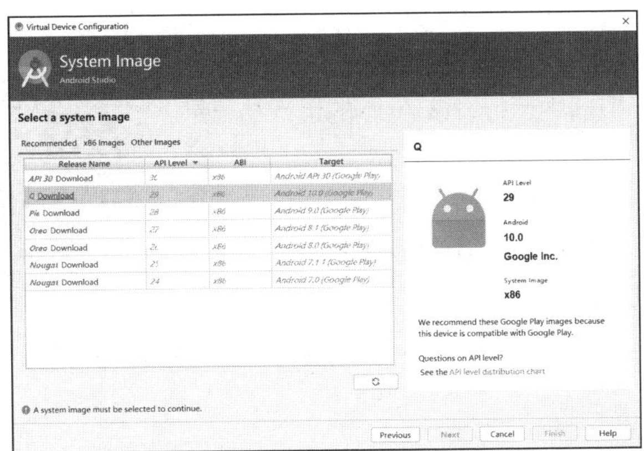

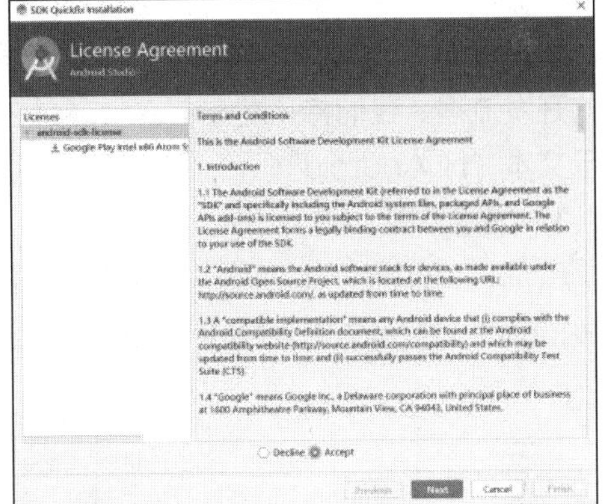

图 1.27　Android 镜像下载界面

选择“Android 10（API 29）”的镜像，下载完成后，即可选中该镜像并创建模拟器，如图 1.28 所示。

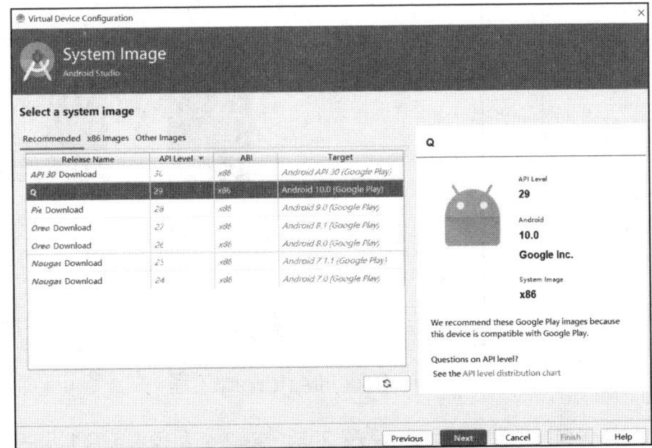

图 1.28　选择 Android 镜像并创建模拟器

模拟器安装完成后，在图 1.29 所示的界面，单击▶按钮，即可启动模拟器。

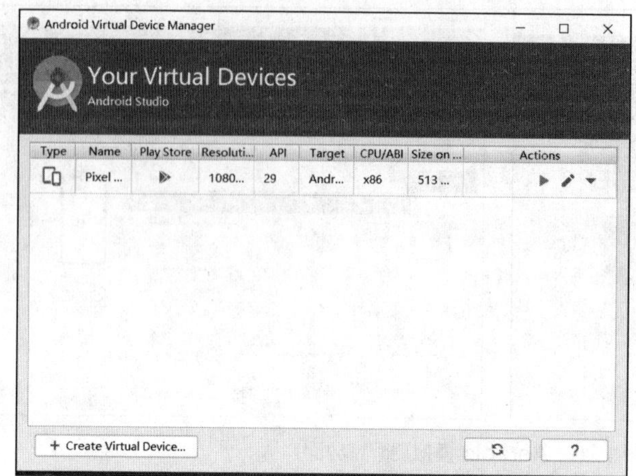

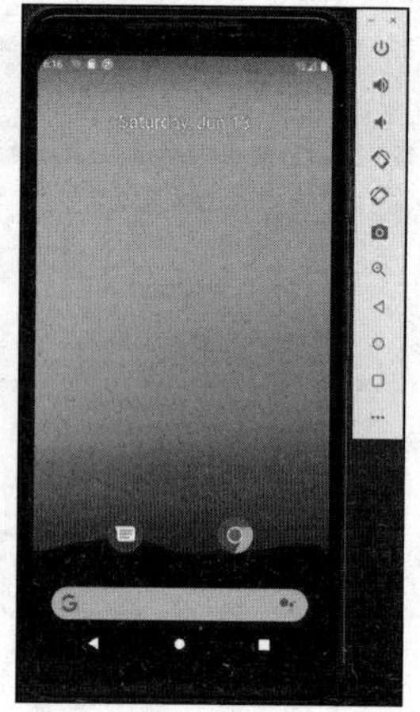

图 1.29　启动 Android 模拟器

1.4.4　案例 1：我的第一个 App（HiAndroid）

本案例作为大家首次接触 Android 开发的第一个案例，主要展示 Android 应用的开发流程。我们将开发一个 App，并在模拟器中运行，该 App 的运行结果是显示文本“Hi Android”。

扫码观看
微课视频

1. 创建工程

启动 Android Studio，在欢迎界面创建名为 HiAndroid 的工程。创建 HiAndroid 工程如图 1.30 所示。

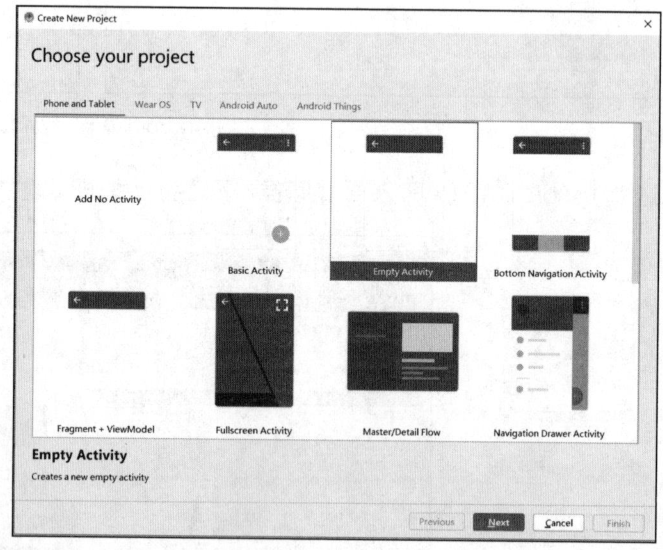

图 1.30　创建 HiAndroid 工程

单击“Next”按钮，进入工程配置界面配置工程信息，如图 1.31 所示。

在该界面输入工程的相关信息，包括工程名、工程存放路径（路径不能包含中文字符）、工程支持的最小 API 版本等信息。单击“Finish”按钮完成 HiAndroid 工程的创建。此时，工程会被创建。这个过程耗时较长，请耐心等待。图 1.32 所示为创建成功的 HiAndroid 工程。

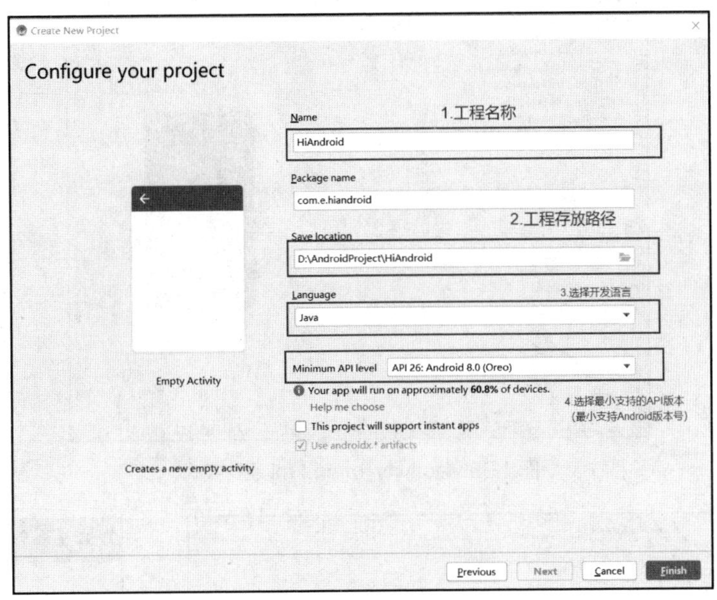

图 1.31　配置工程信息

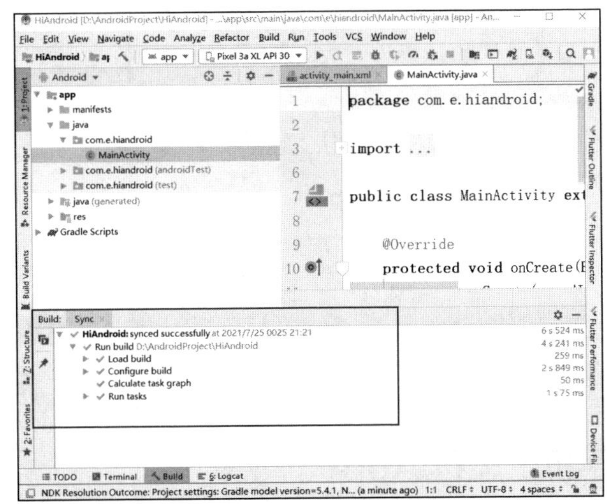

图 1.32　创建成功的 HiAndroid 工程

注意：创建过程中将会下载相应的组件，请确保计算机已联网。

2. 功能开发

我们在工程中找到布局文件（activity_main.xml），切换至设计模式，如图 1.33 所示。

找到“TextView”控件，在 Android Studio 右侧的属性面板中找到“text”属性，输入“我的第一个 App”，如图 1.34 所示。

3. 查看运行结果

在 Android Studio 的工具栏单击▶按钮，可以在模拟器中查看运行结果，如图 1.35 所示。

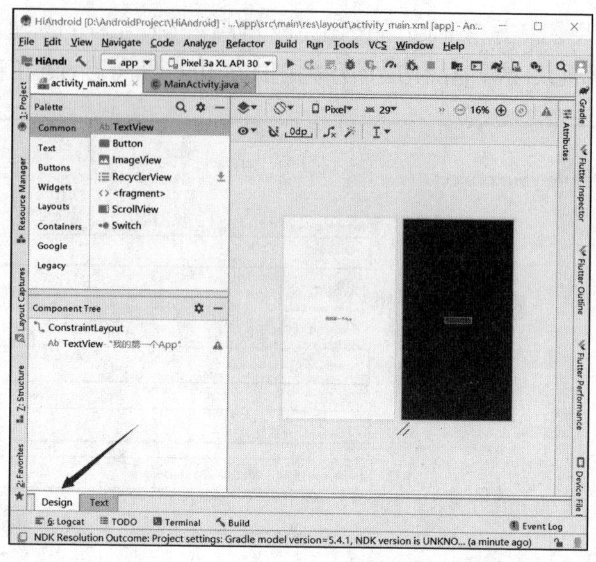

图 1.33　activity_main.xml 设计模式

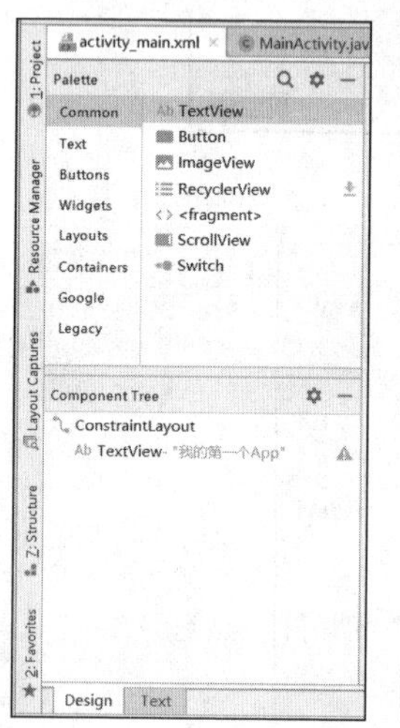

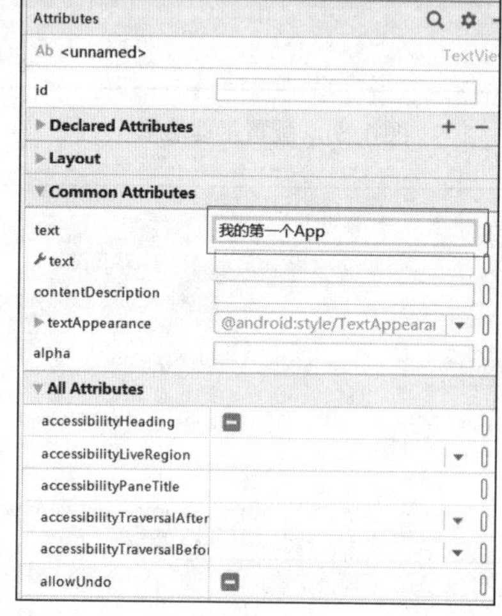

图 1.34　设置 App 显示的文本内容

图 1.35　运行结果

1.5 如何在手机上运行 App

在开发 App 的过程中，如果想在自己的手机上查看运行结果或进行调试，就需要用到手机调试。下面介绍如何在手机中调试 App。

1.5.1　手机调试的配置

下面以“魅族 17”手机的调试为例，其他机型的手机可参考下面的步骤，Android 手机的调试步骤大同小异。

首先需要用 USB 把手机连接到计算机上，连接后在手机弹出的界面选择连接方式为“文件传输”，如图 1.36 所示。

下一步，进入手机的设置界面，选择“关于手机”选项，打开手机信息界面。连续选择“系统版本”，开启“开发者模式”，如图 1.37 所示。

再次进入手机的设置界面，选择“辅助功能”选项，进入辅助功能界面，就可以看到“开发者选项”了，如图 1.38 所示。

图 1.36　连接方式

图 1.37　开启“开发者模式”

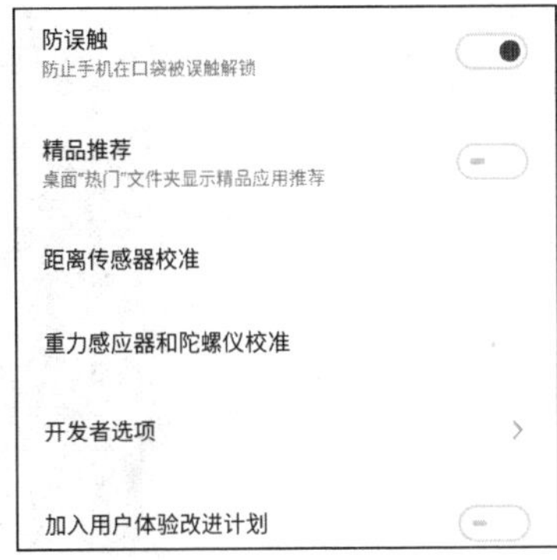

图 1.38　辅助功能的“开发者选项”

选择“开发者选项”，进入开发者选项设置界面，允许“USB 调试”，如图 1.39 所示。

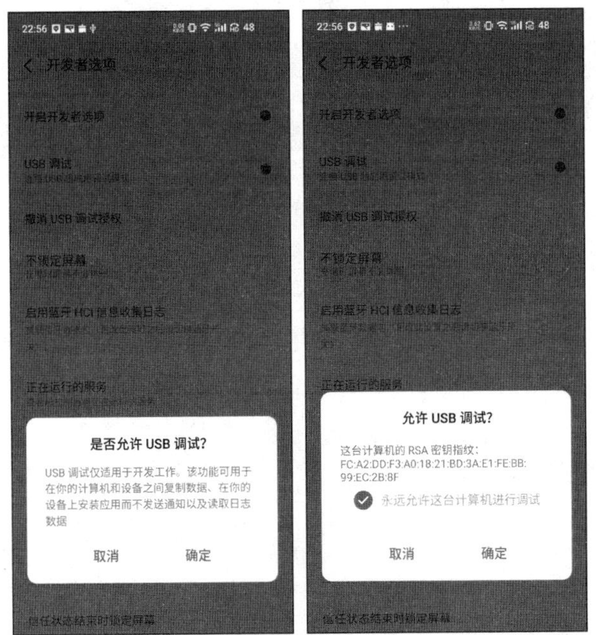

图 1.39　允许“USB 调试”

完成以上配置后，在 Android Studio 的工具栏就可以看到“魅族 17”了，如图 1.40 所示。

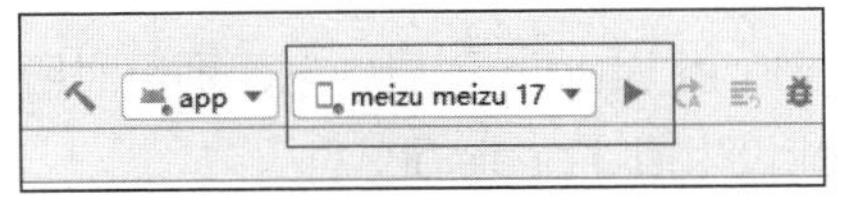

图 1.40　手机调试配置成功界面

1.5.2 案例 2：手机调试 HiAndroid

配置完成后，单击▶按钮将“HiAndroid”App 安装到手机上，可以运行 App 并查看结果，如图 1.41 所示。开发过程中的各种调试也可在手机上进行。

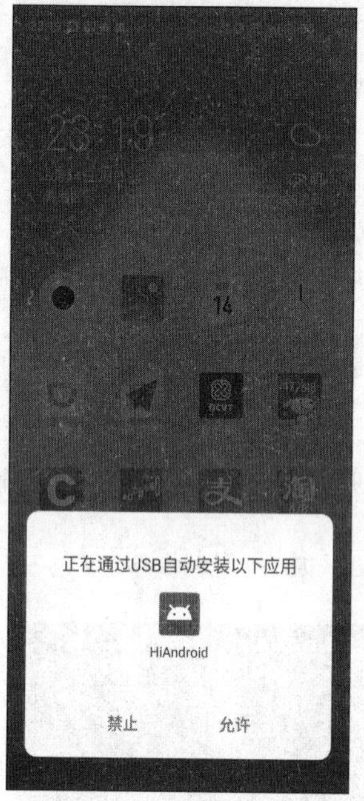

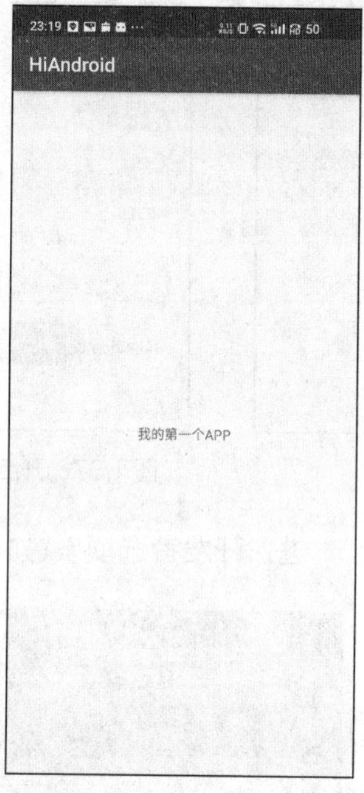

图 1.41 手机调试结果

1.6 课程小结

本章主要介绍 Android 操作系统，重点介绍了 Android 10 的新特性和亮点。我们学习了 Android 开发环境的搭建（包括 Android Studio 的安装及配置），并开发了自己的第一个 App。

1.7 自我测评

一、选择题

1. 下列关于模拟器的说法，正确的是（　　）。
   A. 在模拟器上可预览和测试 Android 应用程序
   B. 只可以在模拟器上预览 Android 应用程序
   C. 只可以在模拟器上测试 Android 应用程序
   D. 模拟器属于物理设备
2. 下列选项中，属于在 Android Studio 工具中创建项目时所选按钮的是（　　）。
   A. Start a new Android Studio project
   B. Open an existing Android Studio project

C. Profile or debug APK
D. Import an Android code sample

3. 下列关于创建程序的描述，不正确的是（　　）。
A. 需要指定程序的项目名称
B. 需要指定程序的存储路径
C. 不需要指定程序最小的 SDK 版本
D. Android Studio 提供了不同类型的 Activity

4. 下列工具中，用于创建模拟器的是（　　）。
A. SDK Manager　　B. USB Manager
C. AVD Manager　　D. Build tools

5. 进行手机调试时，需要在手机中开启（　　）。
A. 调试者模式　　B. USB 模式
C. 开发者模式　　D. 不需要任何操作

二、判断题

1. 创建模拟器时，不需要使用系统镜像。（　　）
2. Android Studio 集成了 Android 开发所需的工具。（　　）
3. 创建工程时，可以指定工程最小的 SDK 版本。（　　）
4. 在 Android Studio 工具中可以编辑代码，但不可以查看布局效果。（　　）
5. Android SDK 的下载包括 SDK 版本和 Tools 工具。（　　）

三、编程题

请参考本章的案例，编程实现一个“Hello”App 的开发。

要求：该 App 展示一段文字“欢迎您学习本课程”，且在模拟器和手机中运行。

1.8 课堂笔记（见工作手册）

1.9 实训记录（见工作手册）

1.10 课程评价（见工作手册）

1.11 扩展知识

1. 改变手机行业的 2007 年

2007 年年初，苹果正式发布 iPhone，电容式触摸屏、先进的 UI 第一次应用在手机上，开创了手机行业的新时代。此时，谷歌公司仍对 Android 遮遮掩掩，但最终还是在当年 11 月创立了“Open Handset Alliance”（手持设备开放联盟），联合 HTC、摩托罗拉等手机厂商，高通和德州仪器等处理器厂商以及 T-Mobile 等运营商，正式进军手机行业。

而第一款真正意义上的“Android 手机”，则于 2008 年 10 月正式问世，它便是 HTC Dream（T-Mobile G1）。这款手机并不像 iPhone 那样前卫，它仍保留了 QWERTY 侧滑式全键盘，不过 3.2 英寸（1 英寸=2.54cm）的电容触摸屏、处理器等在当时是很先进的。

Android 操作系统第一次真正出现在硬件上，集成了大量的谷歌服务且内置了软件商店；此时的苹果公司刚刚发布了 iPhone OS 2.0，App Store 应运而生。“智能手机大战”就这样开始了。

2. Android 版本号及对应的版本名

表 1.1 直观展示了各个 Android 的名称、版本号和 API 等级。

表 1.1 Android 版本号及对应的版本名

版本名	版本号	API 等级
Android 11	11.0	30
Android 10	10.0	29
Android Pie	9.0	28
Android Oreo	8.0、8.1	26、27
Android Nougat	7.0、7.1.2	24、25
Android Marshmallow	6.0、6.0.1	23
Android Lollipop	5.0、5.1.1	21、22
Android KitKat	4.4、4.4.4	19、20
Android Jelly Bean	4.1、4.3	16、18
Android Ice Cream Sandwich	4.0.1、4.0.4	14、15
Android Honeycomb	3.0、3.2	11、13
Android Gingerbread	2.3、2.3.7	9、10
Android Froyo	2.2	8
Android Eclair	2.0、2.1	5、7
Android Donut	1.6	4
Android Cupcake	1.5	3
—	1.1	2
—	1.0	1

第 2 章 Android Studio 使用入门

2.1 预习要点（见工作手册）

2.2 学习目标

在第 1 章中，我们完成了 Android 开发环境的搭建，本章将介绍 Android 开发工具、Android 项目结构和 Android Studio 开发技巧，为后续高效地开发 Android 项目打下基础。

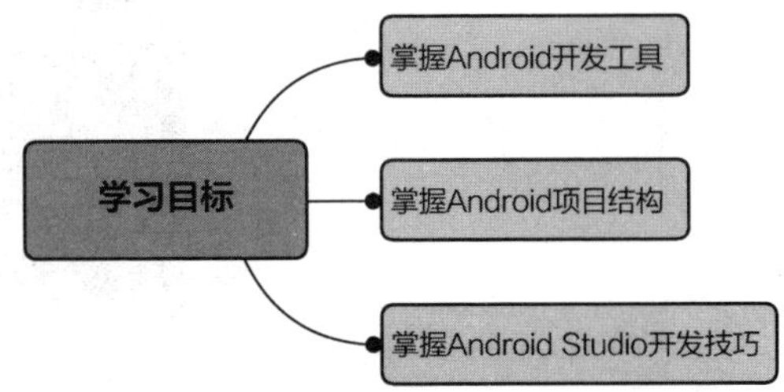

2.3 Android 开发工具

“工欲善其事，必先利其器。”在真正进入 Android 应用开发之前，我们首先要熟悉 Android 开发工具——Android Studio。下面我们将逐一介绍 Android Studio 的特点、界面和功能。

2.3.1 Android Studio 的特点

Android Studio 是谷歌公司在 2013 年的 I/O 大会上专门为 Android 开发者“量身定制”的一个集成开发环境，它在 Windows 操作系统、macOS 和 Linux 操作系统上均可运行。

由于 Android Studio 基于 IntelliJ IDEA，所以其具备了 IntelliJ 强大的代码编辑器和开发者工具，为开发者提供了一个智能、便捷的编码环境。下面列出 Android Studio 在编辑器和开发工具方面的几个特点。

- 自带酷炫的 Darcula 主题黑色界面。
- 开发者可在布局界面和代码中实时预览颜色、图片和 String 字符串等项目资源信息。
- 直接定位和打开代码中引用的文件和资源。
- 对于项目文件，可以跨工程移动、搜索和跳转。
- 代码编辑器具有自动保存功能，无须手动保存。

- 智能重构和预测报错，灵活、方便地编译整个项目。
- 具有强大的代码智能提示和自动补全功能。

除了具有上述特点外，Android Studio 还提供了很多在提高 Android 应用程序编译和开发效率方面的功能，已经成为开发者开发 Android 应用程序的首选开发工具。

2.3.2 Android Studio 的界面和功能

Android Studio 拥有功能非常强大的集成开发环境，而且界面操作并不复杂。Android Studio 主界面大体由菜单栏、文件路径、工具栏、项目结构列表、状态栏、信息输出等工具区和编辑区域组成，如图 2.1 所示。

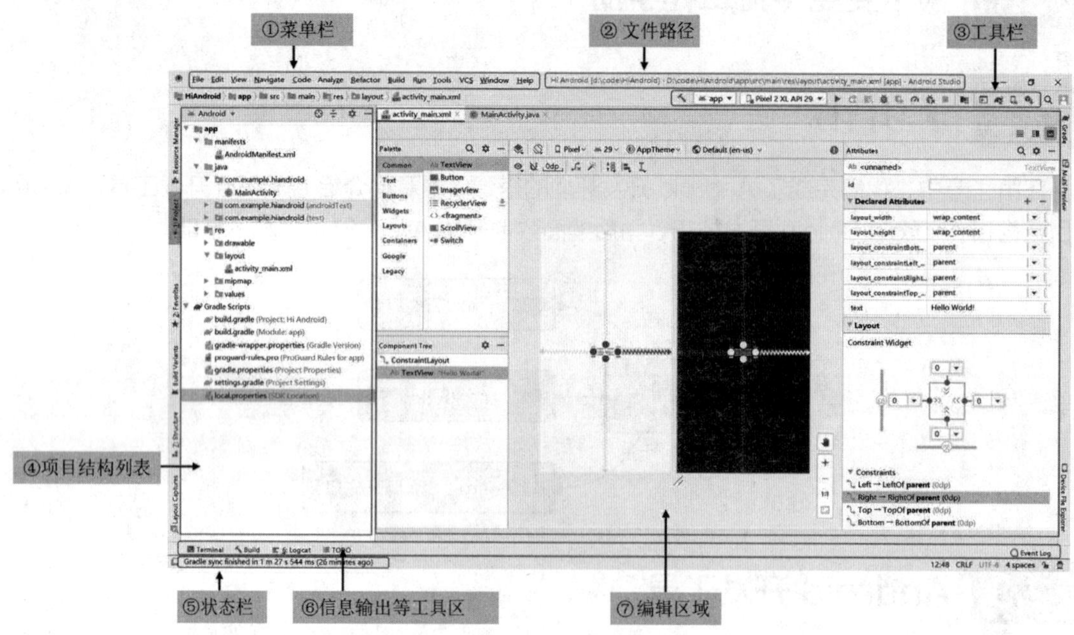

图 2.1 Android Studio 主界面

以下列出的 7 个界面区域的介绍分别对应图 2.1 标注的 7 个界面区域。

- 菜单栏：提供了文件管理、编辑、视图、导航、代码、分析、重构、构建、运行、工具、版本控制、窗口管理、帮助等功能。
- 文件路径：这里显示当前编辑区域打开的文件在操作系统中的文件路径。
- 工具栏：从菜单栏中提取出一些使用频率较高的功能，以工具图标按钮的方式供用户快速操作。
- 项目结构列表：提供了多种视图模式来查看项目的目录文件结构，可以对项目中的目录和文件进行操作。
- 状态栏：位于界面的最底部，主要显示 Android Studio 当前的状态和执行的任务等信息。
- 信息输出等工具区：提供查看各种信息输出的工具，例如我们在调试程序时常用的 Logcat 日志输出工具。单击工具区上的按钮，即能打开和关闭对应的工具。
- 编辑区域：所有打开的各类型文件都是在此区域进行编辑的，可通过单击编辑区域顶部的标签来快速切换已经打开的文件。双击文件标签，还能放大或还原编辑区域。

下面将逐一介绍菜单栏和工具栏。

1. 菜单栏

菜单栏包含文件管理、编辑、视图、导航、代码、分析、重构、构建、运行、工具、版本控制、窗口管理和帮助共 13 个类别的功能菜单，如图 2.2 所示。

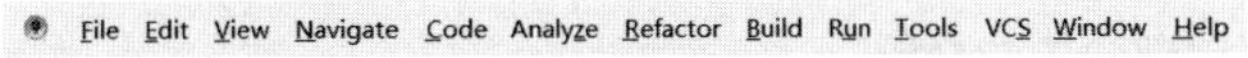

File Edit View Navigate Code Analyze Refactor Build Run Tools VCS Window Help

图 2.2　菜单栏

以下是其中几种常用菜单的具体介绍。

（1）文件管理菜单

文件管理菜单主要提供文件相关操作和项目设置功能。单击“File”菜单后，弹出菜单列表，如图 2.3 所示。

下面是“File”菜单部分功能介绍。

① New：新建功能，如新建工程、模板、文件、包和 Android 资源文件等类型。

② Open：打开一个文件或者一个工程。

③ Profile or debug APK：分析或调试 APK。在 Android Studio 3.0 之后，提供了一个无须源码调试 APK 的功能。

④ Open Recent：打开最近打开过的工程项目列表。

⑤ Close Project：关闭当前工程项目。

⑥ Settings：打开 Android Studio 设置窗口。

⑦ Project Structure：打开当前工程结构配置，提供查看 SDK Location、项目依赖等信息功能。

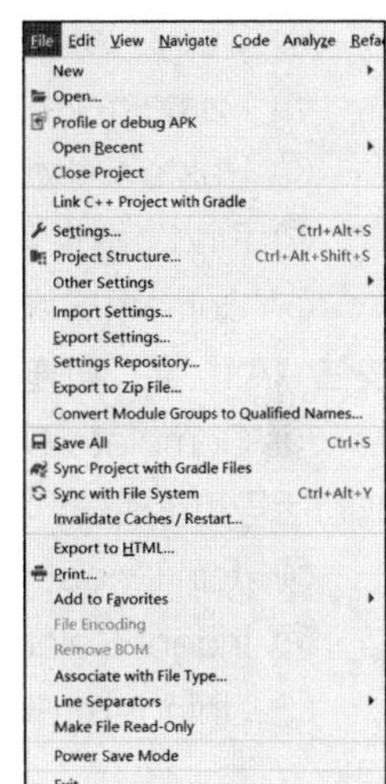

图 2.3 “File”菜单列表

⑧ Import Settings：导入一个保存了 Android Studio 当前设置的 JAR 文件。

⑨ Export Settings：导出一个保存了 Android Studio 当前设置的 JAR 文件。

⑩ Settings Repository：设置 git 配置仓库地址。可以把当前工程代码同步到托管服务网站上，例如 GitHub。

⑪ Export to Zip File：把当前项目源码导出为一个压缩文件。

⑫ Save All：保存整个工程文件。

⑬ Sync Project with Gradle Files：根据项目中 Gradle 的配置，同步 Gradle。当出现类似“Gradle project sync failed”的错误提示时，可以尝试使用该命令同步 Gradle。

⑭ Sync with File System：将文件系统即硬盘上的工程文件同步到集成开发环境本地工程中。

⑮ Invalidate Caches/Restart：清除无效缓存和重启 Android Studio。当项目出现异常时，可以尝试使用该命令清除缓存。

⑯ Add to Favorites：将当前打开的文件添加到收藏夹中，可实现快速打开文件和定位代码断点等功能。

⑰ File Encoding：修改文件编码，如 UTF8、GBK 等。

⑱ Line Separators：打开换行符选择列表，可选风格包括 Windows 风格、UNIX 风格、OS X 风格和经典 MAC 风格。

⑲ Power Save Mode：切换省电模式开关。启动省电模式后，代码智能提示功能和后台任务会被禁用。

（2）编辑菜单

编辑菜单主要提供编辑文件的操作，如查找、选择、复制、粘贴和语句补全等操作。单击“Edit”菜单后，弹出图 2.4 所示的菜单列表。

下面是“Edit”菜单部分功能介绍。

① Undo：撤销上一步的操作。

② Redo：恢复上一步的操作。

③ Copy Path：复制当前文件的路径。

④ Copy Reference：复制当前鼠标指针所在文件或者类名等参考信息。

⑤ Paste from History：从历史复制记录中进行粘贴。

⑥ Paste without Formatting：无格式粘贴。

⑦ Find：提供多种查找与替换的功能。

⑧ Column Selection Mode：编辑代码时，开启或关闭列选择模式。当开启列选择模式时，按住“Alt”键，再拖动鼠标，可以实现列/块选择操作。

⑨ Complete Current Statement：补全代码语句。例如，为 if、while、for、switch 语句生成圆括号和花括号。

⑩ Join Lines：将选择的多行代码合并为一行代码。

⑪ Indent Selection：缩进选择，与“Tab”键的效果相同。

⑫ Unindent Line or Selection：对单行代码或多行代码块取消缩进，与“Tab”键的效果相反。

（3）视图菜单

视图菜单主要用于设置 Android Studio 界面的显示和隐藏工具视图、功能面板等。单击“View”菜单后，弹出图 2.5 所示的菜单列表。

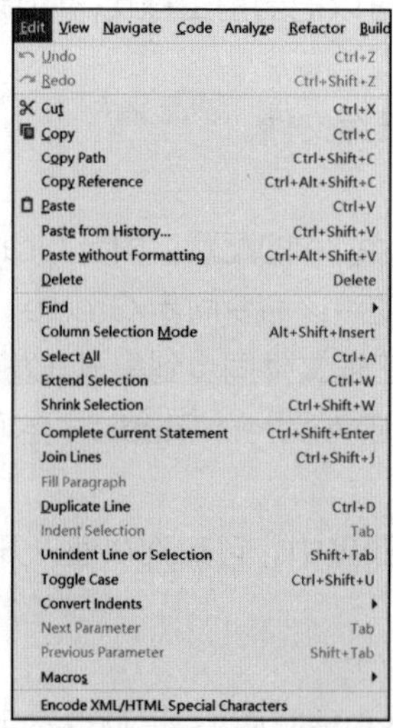

图 2.4 “Edit”菜单列表

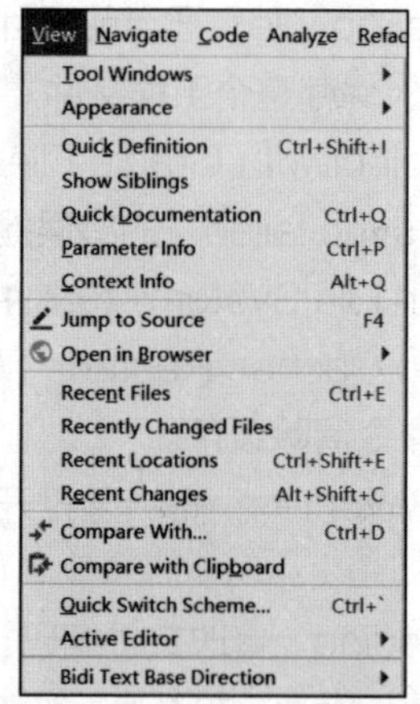

图 2.5 “View”菜单列表

下面是“View”菜单部分功能介绍。

① Tool Windows：打开或关闭工具窗口，如 Project 项目视图、Logcat 日志工具、Build 构建工具、Favorites 收藏夹等。

② Appearance：提供 Android Studio 界面外观模式的切换以及一些界面区域的显示和隐藏功能，如演示模式、全屏模式，以及显示和隐藏工具栏、工具窗口栏、状态栏等。

③ Quick Definition：快速查看某个变量、方法、对象、父类、接口等的定义。

④ Parameter Info：查看方法参数的说明，当光标停留在参数上，使用快捷键或者单击该命令时，会显示参数信息。

⑤ Recent Files：打开最近打开过的文件。

⑥ Recently Change Files：打开最近修改过的文件。

⑦ Compare with Clipboard：和剪贴板的内容进行对比。

⑧ Quick Switch Scheme：快速切换方案，如 Android Studio 界面颜色编辑环境、代码风格、快捷键偏好等。

（4）导航菜单

导航菜单主要提供快速定位到类、文件、方法、代码行等功能。单击“Navigate”菜单后，弹出图 2.6 所示的菜单列表。

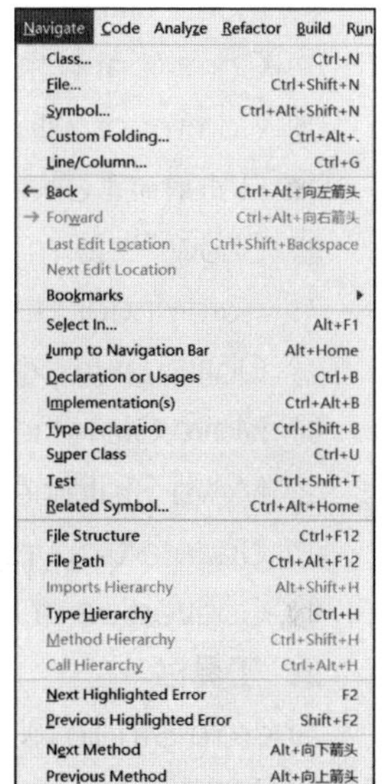

图 2.6 “Navigate”菜单列表

下面是“Navigate”菜单部分功能介绍。

① Class：快速定位到某个类。

② File：快速定位到某个文件。

③ Symbol：定位到包含某个符号的变量、方法、类等。

④ Line/Column：快速跳转到某行或某列。

⑤ Back：后退到编辑过的位置。

⑥ Forward：前进到编辑过的位置。

⑦ Last Edit Location：上一个编辑位置。

⑧ Next Edit Location：下一个编辑位置。

⑨ Implementations：快速定位某个方法、类的实现位置。

⑩ Type Declaration：查看类型声明。

⑪ Super Method：打开父类，与“Implementations”的功能相反。

⑫ File Structure：显示文件结构，通过结构目录快速跳转到某个方法。

⑬ File Path：显示当前文件的全路径，用于快速打开路径上的文件。

⑭ Type Hierarchy：显示当前类的继承和实现的层级关系，用于快速打开层级关系的类或接口。

⑮ Call Hierarchy：显示所有调用某个方法的文件，用于快速定位调用这个方法的位置。

⑯ Next Highlighted Error：高亮和定位下一个错误。

⑰ Previous Highlighted Error：高亮和定位上一个错误。

⑱ Next Method：定位下一个方法。

⑲ Previous Method：定位上一个方法。

（5）代码菜单

代码菜单主要提供与代码相关的功能，如重载或实现父类的方法等。单击“Code”菜单后，弹出图 2.7 所示的菜单列表。

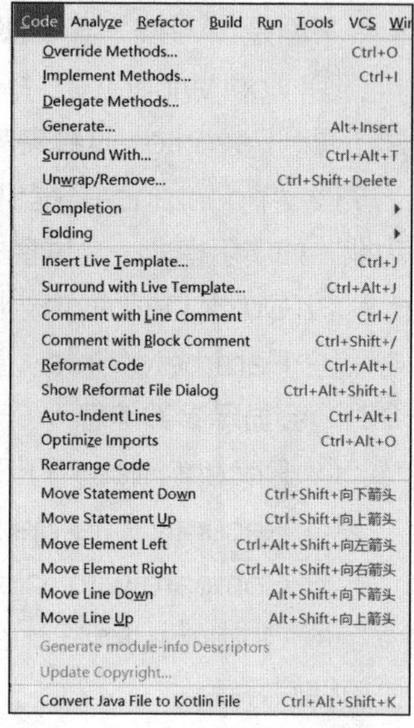

图 2.7 “Code”菜单列表

下面是“Code”菜单部分功能介绍。

① Override Methods：显示当前类可重写或实现的方法，用于快速添加重写或实现方法定义的代码。

② Implement Methods：显示当前类可实现的方法，可用于快速添加实现方法定义的代码。

③ Delegate Methods：快速生成代理方法。

④ Generate：生成各种代码，如构造函数、get()、set()、toString()等常规方法。

⑤ Surround With：使用特定的语法包裹选中的元素，如注释。

⑥ Unwrap/Remove：打开或消除。

⑦ Folding：提供代码、注解等的折叠与展开的操作。

⑧ Insert Live Template：插入模板。

⑨ Comment with Line Comment：行注释。

⑩ Comment with Block Comment：块注释。

⑪ Reformat Code：格式化代码。

⑫ Show Reformat File Dialog：显示重新格式化文件的对话框。

⑬ Auto-Indent Lines：自动缩进选中的元素。

⑭ Optimize Imports：优化代码。

⑮ Move Statement Down：语句下移。

⑯ Move Statement Up：语句上移。

⑰ Update Copyright：更新版权信息。

⑱ Convert Java File to Kotlin File：将 Java 代码转化到 Kotlin 代码。

2. 工具栏

Android Studio 刚安装好时，工具栏与文件导航栏在同一栏里，因为受到空间限制，有一些工具图标没有完整地显示出来。Android Studio 默认工具栏如图 2.8 所示。

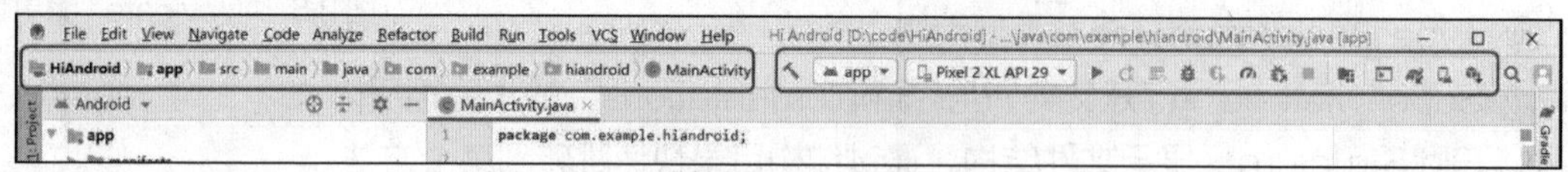

图 2.8 Android Studio 默认工具栏

下面介绍如何显示完整的工具栏和如何增加或删除“图标”文字。

（1）显示完整的工具栏

如果需要显示完整的工具栏，则可以通过单击“View”→“Appearance”→“Toolbar”进行设置，如图 2.9 所示。

单击“Toolber”命令后，文件导航栏与工具栏分成两行显示，这样就能看到完整的工具栏，如图 2.10 所示。

（2）增加/删除工具图标

工具栏集合了应用程序开发过程中常用的一些功能，但根据个人的使用偏好，Android Studio

同样提供了增加或删除工具栏上的工具图标，具体设置方法如下。

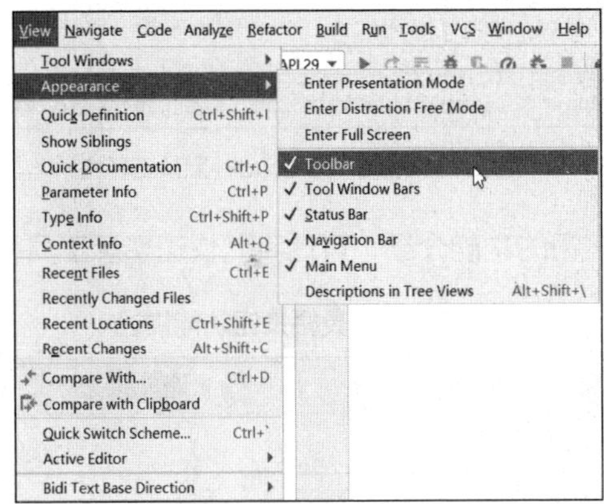

图 2.9 “View”菜单设置

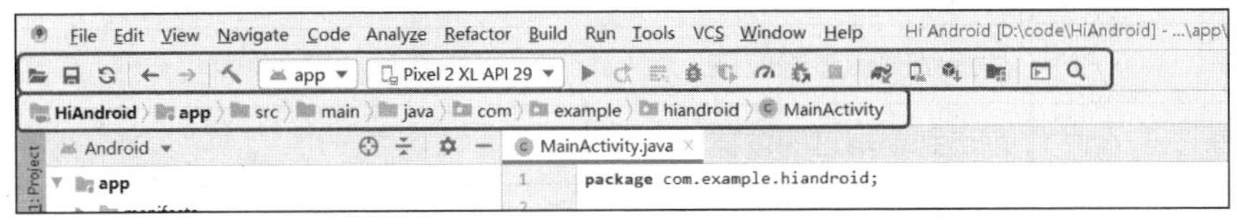

图 2.10 显示 Android Studio 完整的工具栏

首先将鼠标指针移动到工具栏空白处，单击鼠标右键，弹出一个快捷菜单，如图 2.11 所示。

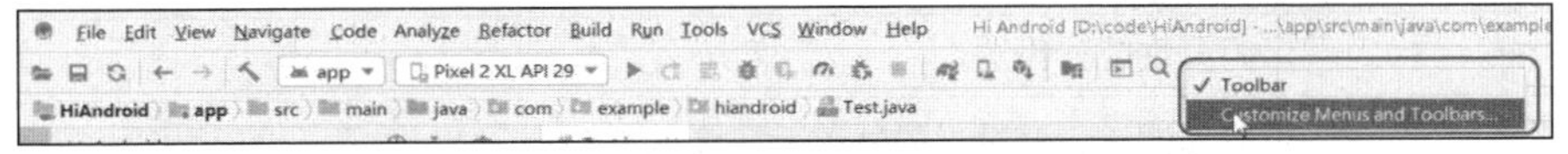

图 2.11 快捷菜单

选择快捷菜单中的“Customize Menus and Toolbars”后，将打开“Menus and Toolbars”对话框。在该对话框中展开“Main Toolbar”目录，通过窗口上方的“+”和“−”按钮，即可对“Main Toolbar”目录下选中的工具按钮进行添加或删除操作，如图 2.12 所示。

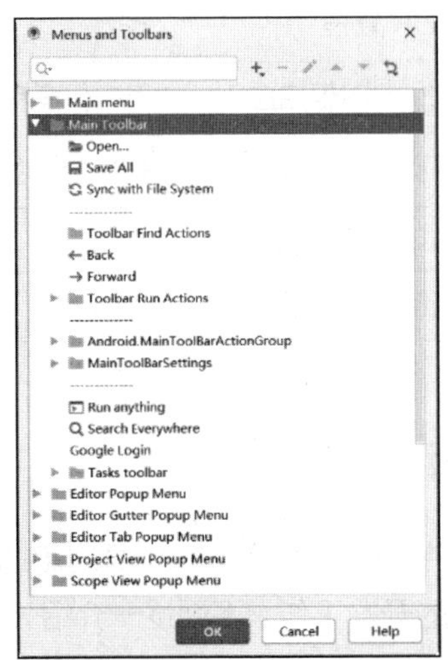

图 2.12 “Menus and Toolbars”对话框

工具栏里的按钮通常汇集了我们在开发和运行 App 时频繁使用的功能，图 2.13 所示为默认工具栏。

图 2.13　Android Studio 默认工具栏

表 2.1 展示了工具栏中按钮的功能介绍，可让我们快速熟悉工具栏的使用。

表 2.1　工具栏按钮功能描述

按钮	功能描述
	打开文件或工程
	保存全部
	同步当前工程
	后退到编辑过的位置
	前进到编辑过的位置
	编译构建工程
	运行当前项目
	Debug 当前应用
	打开性能分析器
	附着调试，调试当前处于运行状态的 App
	停止运行
	同步 Gradle
	模拟器镜像管理
	Android SDK 管理
	重启 Activity 但不重启应用，如果有代码和资源的修改，可即时生效
	仅应用代码更改而不重新启动任何内容，如果只有代码修改，可即时生效
app	打开程序调试设置对话框
Pixel 2 XL API 29	可选运行当前项目的设备

2.4 Android 项目结构

使用 Android Studio 创建的 Android 项目，有自身固定的项目结构。开发者只有熟悉了项目结构，才能在此基础上进行下一步的开发工作。下面逐一介绍 Android 的项目结构和各个项目文件的作用。

2.4.1 Android 项目结构解析

Android Studio 提供了多种项目结构展示模式，其中，Project 视图模式和 Android 视图模式为使用较频繁的两种模式。单击项目结构区域顶部的下拉列表，可以选择其中一种结构展示模式，如图 2.14 所示。下面分别对 Project 视图模式和 Android 视图模式进行介绍。

1. Project 视图模式

以第 1 章中创建的“HiAndroid” App 为例介绍 Project 视图模式的项目结构，如图 2.15 所示。

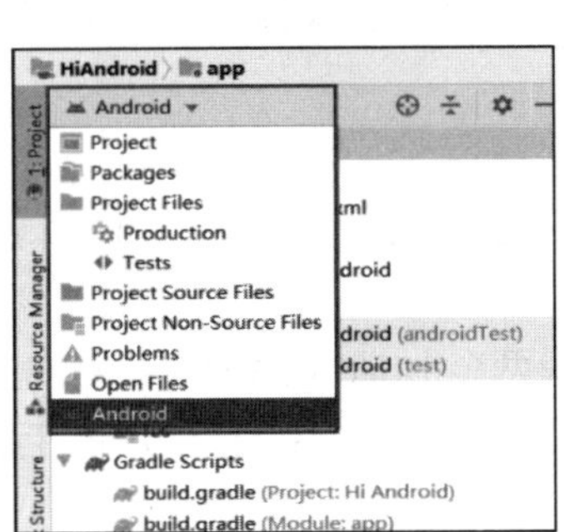

图 2.14 模式选择下拉列表

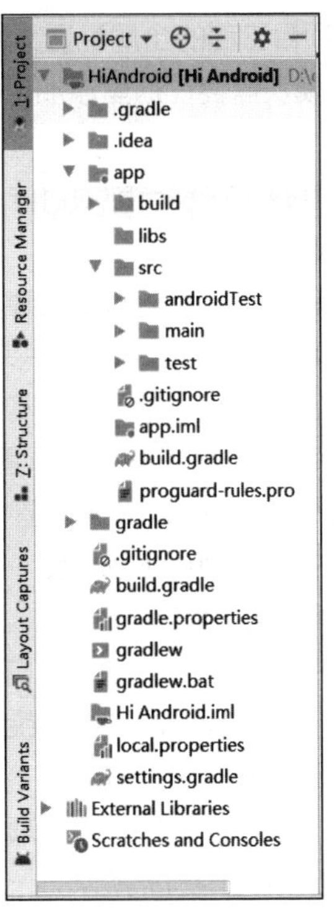

图 2.15 Project 视图模式的项目结构

以下列出的是各个目录和文件的功能和用途。

（1）.gradle 和.idea 目录：.gradle 目录存放 Gradle 编译系统，包含各个版本的 gradle 工具。当前项目使用的版本由 gradle-wrapper.properties 文件配置指定，该文件位于 gradle\wrapper 目录下，可以被修改。.idea 目录存放 Android Studio 集成开发环境所需要的文件。.gradle 和.idea 目录存放的文件都是 Android Studio 自动生成的，一般情况下无须改动。

（2）app 目录：该目录存放项目应用程序模块（module），主要包含应用程序的程序代码、资源文件和模块的配置信息等。

① build 目录：这是编译当前程序代码后，保存生成的文件的目录。

② libs 目录：该目录保存项目使用到的第三方 JAR 文件。

③ src 目录：该目录保存开发项目的代码和资源文件。

（3）gradle：这是 Wrapper 的 JAR 文件和配置文件所在的位置。

（4）build.gradle：该文件是 gradle 的构建脚本，是可实现 gradle 编译功能的相关配置文件。

（5）gradle.properties：该文件指定 gradle 相关的全局属性设置。

（6）local.properties：该文件指定关联到 Android Studio 的 Android SDK 路径，通常这个文件的内容是自动生成的，无须修改。

（7）settings.gradle：默认的 settings.gradle 文件内容如下。

```
//设置项目工程名称
rootProject.name='Hi Android'
//声明构建工程包含的模块
include ':app'
```

settings.gradle 是项目工程的全局配置文件，主要声明需要加入构建的模块，本例中只有一个模块“:app”。新增一个模块需要在这里添加配置文件，通过 Android Studio 添加依赖的模块会自动添加相应的配置文件。

（8）External Libraries：这是当前项目依赖的 Lib 库，在编译时自动下载。

2. Android 视图模式

Android 视图模式是 Android Studio 创建项目后默认显示的结构模式。Android 视图模式下，只保留了开发中编辑频率较高的文件和文件夹，所以它是开发时常用的模式。图 2.16 所示为 Android 视图模式下“HiAndroid”的目录结构。

（1）app 目录：该目录相当于 Project 视图模式的 app/src/main 目录。

① manifests/AndroidManifest.xml：是 App 应用程序模块的配置文件，应用程序使用到的权限、组件等都需要先在这里声明才能使用。

② java 目录：存放编写的 Java 代码。

③ res 目录：存放资源文件，包括图片、布局、字符串等。图片存放在 drawable 目录下，布局存放在 layout 目录下，字符串存放在 values 目录下。

（2）Gradle Scripts 目录：在 Gradle Scripts 目录中有两个 build.gradle 文件，分别对应 Android 视图模式和 Project 视图模式中项目根目录的 build.gradle 文件和 app 目录下的 build.gradle 文件，其位置如图 2.17 所示。

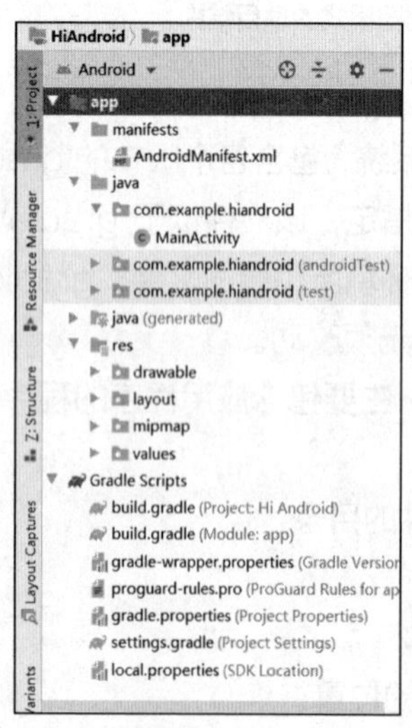

图 2.16 Android 视图模式下“HiAndroid”的目录结构

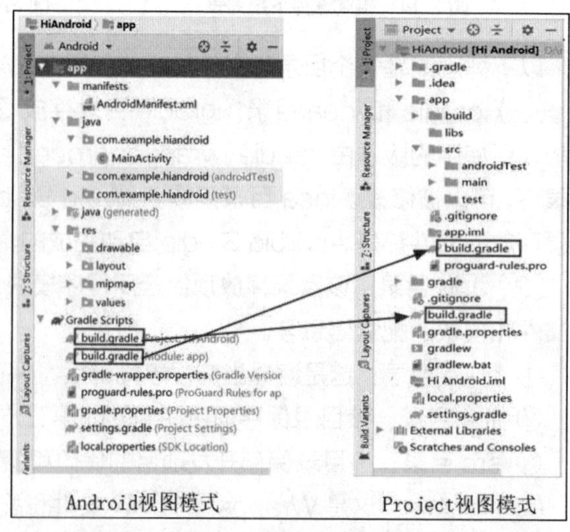

图 2.17 两种视图模式下 build.gradle 文件的位置

通常我们较多关注 app 目录下的 build.gradle（Module:app）文件，它包含了当前 app 目录的 gradle 配置信息，如图 2.18 所示。

build.gradle (:app)
You can use the Project Structure dialog to view and edit your project configuration　Open (Ctrl+Alt+Shift+S)　Hide notification

```
apply plugin: 'com.android.application'

android {
    compileSdkVersion 29
    buildToolsVersion "29.0.3"

    defaultConfig {
        applicationId "com.example.hiandroid"
        minSdkVersion 26
        targetSdkVersion 29
        versionCode 1
        versionName "1.0"
        testInstrumentationRunner "androidx.test.runner.AndroidJUnitRunner"
    }
    buildTypes {
        release {
            minifyEnabled false
            proguardFiles getDefaultProguardFile('proguard-android-optimize.txt'),
                    'proguard-rules.pro'
        }
    }
}
dependencies {
    implementation fileTree(dir: 'libs', include: ['*.jar'])
    implementation 'androidx.appcompat:appcompat:1.1.0'
    implementation 'androidx.constraintlayout:constraintlayout:1.1.3'
    testImplementation 'junit:junit:4.12'
    androidTestImplementation 'androidx.test.ext:junit:1.1.1'
    androidTestImplementation 'androidx.test.espresso:espresso-core:3.2.0'
}
```

声明是Android程序
编译程序所使用的SDK版本
构建工作版本
应用包名（应用的ID，唯一标识）
项目最低兼容的SDK版本
目标软件兼容的API版本
当前项目版本号和版本名称
是否对项目的代码进行混淆
声明项目中依赖的第三方函数库，包括libs目录下jar包文件

图 2.18　app 目录下的 build.gradle 文件配置信息

2.4.2　Android 应用程序清单文件解析

每个 Android 项目 app 模块的根目录下都有一个 AndroidManifest.xml 文件，我们把它称为应用程序清单文件。该文件的作用是向 Android 的构建工具、Android 操作系统和 Google Play 提供应用程序的基本信息。这些基本信息包括应用程序的包名称、应用程序的组件（包括所有活动、服务、广播接收器和内容提供者组件）、应用程序为访问 Android 操作系统或其他应用程序的受保护部分所需的权限，以及应用程序需要的硬件和软件功能等。

以“HiAndroid”App 为例，下面是该项目 app 模块下的 AndroidManfest.xml 文件代码。

```
<?xml version="1.0" encoding="utf-8"?>
<manifest xmlns:android=http://*****.com/apk/res/android
    package="com.example.hiandroid">
    <application
        android:allowBackup="true"
        android:icon="@mipmap/ic_launcher"
        android:label="@string/app_name"
        android:roundIcon="@mipmap/ic_launcher_round"
        android:supportsRtl="true"
        android:theme="@style/AppTheme">
        <activity android:name=".MainActivity">
            <intent-filter>
                <action android:name="android.intent.action.MAIN" />
                <category android:name="android.intent.category.LAUNCHER" />
            </intent-filter>
```

```
        </activity>
    </application>
</manifest>
```

下面是对这段代码中出现的元素的介绍。

（1）manifest 元素：这是文件的根节点。它必须包含 application 元素，并且指明 xmlns:android 和 package 属性。

① xmlns:android 属性：声明 Android 命名空间，使 Android 的各种标准属性能在文件中使用。

② package 属性：声明应用程序包名，是唯一的应用程序 ID，与 app/build.gradle 文件中的 applicationId 属性值一致。

（2）application 元素：包含 package 中应用程序级别组件声明的根节点。此元素也可包含应用程序的一些全局和默认的属性，如图标、标签、主题、必要的权限等。

① android:icon 属性：应用程序的图标。应用程序安装到手机后，都会有图标，用户可通过单击图标打开应用程序。通过这个属性设置，可以自定义图标。

② android:label 属性：在图标下显示的应用程序名称标签，也是组件的默认标签。该标签的值是一个指向 string 资源的引用。

③ android:theme 属性：该属性定义了应用程序使用的主题，它是一个指向 style 资源的引用。

（3）activity 元素：activity 是应用程序与用户交互的可视化界面组件。

（4）android:name 属性：属性值与 java 目录下对应的 Activity 类相同。

（5）intent-filter 子标签：这组子标签指明，MainActivity 是从手机主屏幕启动当前应用程序时打开的第一个界面；这指明 activity 可以以哪种类型的意图（intent）启动 Activity。该子标签主要包含 action、data 与 category 这 3 个元素。

① action 元素：常见的 android:name 值为 android.intent.action.MAIN，表明此 activity 是应用程序的入口，即第一个打开界面。

② category 元素：category 也只有 android:name 属性。常见的 android:name 值为 android.intent.category.LAUNCHER（决定应用程序是否显示在程序列表中）。

2.4.3 res 资源目录解析

Android 项目是指将逻辑代码和界面资源分离的一种项目，项目中需要使用到的静态资源，比如图片、布局、颜色、字符串、样式和主题、音频、视频等均被视为项目资源，统一存放在项目 app 目录下的 res 独立子目录中进行管理，如图 2.19 所示。

使用 Android Studio 创建的项目，并没有将全部的资源目录和资源文件都创建出来，因为有些类型的资源并不常用，需要开发者在使用时自行创建。表 2.2 展示了 Android 支持的资源类型和它们在工程中的存储方式。

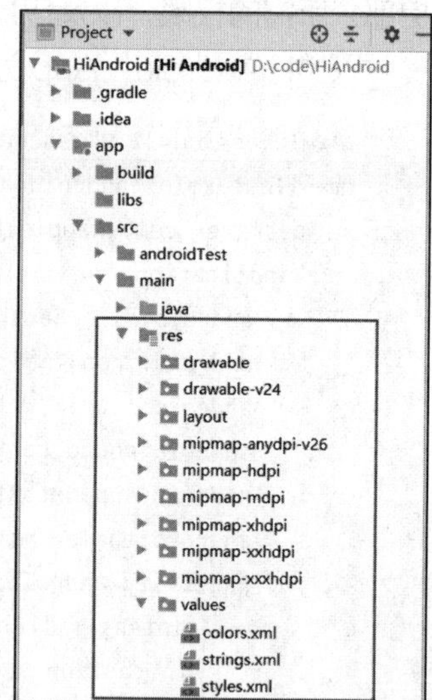

图 2.19　res 目录结构

表 2.2 Android 资源类型列表

资源类型	所需的目录	文件名	适用的关键 XML 元素
字符串数组	values/	arrays.xml（推荐）	<string-array>
颜色值	values/	colors.xml（推荐）	<color>
尺寸	values/	dimens.xml（推荐）	<dimen>
位图图像	drawable/	.png、.jpg、oval.xml 等	支持的图形文件或 XML 文件定义的 Drawable 图形
动画序列（补间）	anim/	fancy_anim.xml 等	<set><alpha><scale><rotate>等
菜单文件	menu/	my_menu.xml	<menu>
原始文件	raw/	xx.mp3、yy.txt 等	
布局文件	layout/	activity_main.xml 等	
样式和主题	values/	styles.xml	<style>
字符串	values/	strings.xml（推荐）	<string>

当我们需要往 Android 项目中添加资源文件时，需要遵守资源文件的命名规则。res 目录下出现的资源文件的名称，只能以小写字母和下划线作为首字母，随后的名字中只能出现 a~z、0~9、_ 这些字符，否则编译项目时会提示错误。例如，将一张名为 Cat.jpg 的图片从文件系统中复制粘贴到 drawable 目录下，当编译程序时，提示此错误信息：

```
'C' is not a valid file-based resource name character: File-based resource
names must contain only lowercase a-z, 0-9, or underscore
```

1. 图片资源

Android 项目中能够使用的图片资源主要有 PNG、JPG、GIF 等格式。根据图片的使用目的不同，存放图片的目录有两种：drawable 目录和 mipmap-××目录。其中，drawable 目录用于存放界面使用的图片资源，mipmap-××目录用于存放应用程序的启动图标的图片资源。

在 res 目录下，你会发现多个以 mipmap 开头的文件夹。为什么存放图标的目录要划分这些文件夹呢？这是因为 Android 官方建议开发者在每一种分辨率的文件夹下面都存放一些相应尺寸的图标文件，以便程序能够根据设备分辨率（即 dpi，一般称作像素密度，简称密度，表示一英寸有多少像素点）自动匹配不同尺寸图片展示的能力，比如说一台屏幕密度是 xxhdpi 的设备，可以自动加载 mipmap-xxxhdpi 下的图片作为应用程序的启动图标，这样图标看上去就会更加清晰。

扫码观看
微课视频

那么，这些可存放不同分辨率图片的文件夹应该存放多大的图片才合适呢？表 2.3 列出了密度与分辨率的匹配规则。

表 2.3 匹配规则

密度（dpi）类型	密度（dpi）范围	代表的屏幕分辨率（px）	换算（dp/px）
mdpi	120～160dpi	230×480	1dp=1px
hdpi	160～240dpi	480×800	1dp=1.5px
xhdpi	240～320dpi	720×1280	1dp=2px
xxhdpi	320～480dpi	1080×1920	1dp=3px
xxxhdpi	480～640dpi	2160×3840	1dp=4px

表中的 dpi 是 Dots Per Inch 的缩写，即每英寸包含的像素个数。

如何在项目中引用图片呢？通常在 Java 代码和 XML 文件中引用图片资源，具体方法如下。

（1）在 Java 代码中引用图片资源

可以通过"R.drawable.图片名""R. mipmap.图片名"格式引用 drawable、mipmap-**文件夹下的图片，例如在 ID 为 imageView 的图片显示控件对象上显示名为 cat 的图片，示例代码如下：

```
//实例化图片显示控件对象 imageView
ImageView imageView=findViewById(R.id.imageView);
//为 imageView 图片显示控件对象设置一张 drawable 目录下名为 cat 的图片
imageView.setImageResource(R.drawable.cat);
```

或者通过调用 ContextCompat.getDrawable(context,resId)方法生成 Drawable 对象，参数 context 表示上下文对象，参数 resId 表示资源 ID。

```
//实例化图片显示控件对象 imageView
ImageView imageView=findViewById(R.id.imageView);
//使用 R.drawable.cat 图片资源生成 Drawable 对象
Drawable catDrawable =ContextCompat.getDrawable(this,R.drawable.cat);
//将 Drawable 对象图片作为 imageView 控件背景显示
imageView.setBackground(catDrawable);
```

如果在 Activity 的方法里调用上述代码，"this"表示 Activity 对象。

（2）在 XML 文件中引用图片资源

在布局文件、AndroidManifest.xml 文件等中引用图片资源。例如布局文件中 ImageView 控件的属性 app:srcCompat 引用了 drawable 目录下名为 cat 的图片资源，示例代码如下：

```
<ImageView
    android:id="@+id/imageView"
    android:layout_width="wrap_content"
    android:layout_height="wrap_content"
    app:srcCompat="@drawable/cat" />
```

在 AndroidManifest.xml 文件中引用 mipmap 目录下名为 ic_launcher_round 的图片资源：

```
android:roundIcon="@mipmap/ic_launcher_round"
```

2. 布局资源

在 res 目录下有一个 layout 目录，它用于存放项目的布局资源文件。布局资源文件是定义用户界面布局的 XML 文件，它决定了界面显示哪些控件元素和那些控件元素显示的位置。

在程序中引用布局资源，有以下两种方式。

（1）在 Java 代码中引用布局资源

在 MainActivity.java 中，使用 setContentView()方法加载布局资源文件，示例代码如下：

```
public class MainActivity extends AppCompatActivity {
    @Override
    protected void onCreate(Bundle savedInstanceState) {
        super.onCreate(savedInstanceState);
        setContentView(R.layout.layout);
    }
}
```

（2）在 XML 文件中引用布局资源

有的时候我们需要将一个布局文件嵌入另一个布局文件，可以使用 include 标签实现嵌入效果。示例代码如下：

```
<include layout="@layout/content_layout"></include>
```

通过@layout/布局文件名，实现对布局资源的引用。

3. 颜色资源

res 目录下有 3 个 xml 文件，它们分别是 colors.xml、strings.xml、styles.xml。首先介绍 colors.xml 的作用。

在 Android 程序中，颜色也被视为一种资源，通常定义在 res/values/colors.xml 文件中，示例代码如下：

```
<resources>
    <color name="colorPrimary">#6200EE</color>
    <color name="colorPrimaryDark">#3700B3</color>
    <color name="colorAccent">#03DAC5</color>
    <color name="myColor">#B77738</color>
</resources>
```

以上代码中，每组<color></color>标签定义一个颜色资源，name 属性指定颜色资源的名称，标签中以“#”开头的是颜色值。

当我们需要改变界面元素的颜色时，通过引用以上定义的颜色资源即可。下面介绍两种常用的颜色引用方式。

（1）在 Java 代码中引用颜色资源

通过调用 ContextCompat.getColor(context,resId)方法，获取定义在 colors.xml 文中的 myColor 颜色资源，参数 context 表示上下文对象，参数 resId 表示资源 ID，示例代码如下：

```
//实例化 textView 文本显示控件
TextView textView=findViewById(R.id.textView);
//引用 colors.xml 中定义的名为 myColor 的颜色资源，改变显示的文字颜色
textView.setTextColor(ContextCompat.getColor(this,R.color.myColor));
```

如果上述代码在 Activity 的方法里调用，那么“this”即表示 Activity 对象，“R.color.myColor”即为资源 ID。

（2）在 XML 布局文件中引用颜色资源

示例代码如下：

```
<TextView
    android:id="@+id/textView"
    android:layout_width="wrap_content"
    android:layout_height="wrap_content"
    android:text="Hello World!"
    android:textColor="@color/myColor" />
```

以上布局代码中 TextView 引用了名为 myColor 的颜色资源。

4. 字符串资源

为了预防乱码和方便后期国际化扩展，Android 官方不建议在项目代码和布局资源等 XML 文

件里直接使用字符串，而是将需要在项目代码或者布局资源等 XML 文件里使用的字符串定义到 strings.xml 文件中，示例代码如下：

```
<resources>
    <string name="app_name">Hi Android</string>
    <string name="myString">我创建的字符串</string>
</resources>
```

字符串资源使用<string></string>标签进行定义，其中 name 属性是字符串资源的名称，标签中间是字符串资源。

以上述代码为例，介绍两种引用字符串的方式。

（1）在 Java 代码中引用字符串资源

直接使用“R.string.字符串资源名”格式引用字符串资源，示例代码如下：

```
//实例化 textView 文本显示控件
TextView textView=findViewById(R.id.textView);
//将字符串资源 myString 显示在 textView 控件上
textView.setText(R.string.myString);
```

除此之外，还可以使用 Context 类中的 getString()方法引用字符串资源并生成字符串对象，示例代码如下：

```
String str= getResources().getString(R.string.myString);
```

这行语句表示，引用 myString 字符串资源生成字符串对象 str。

（2）在 XML 文件中引用字符串资源

示例代码如下：

```
<application
    android:allowBackup="true"
    android:icon="@mipmap/ic_launcher"
    android:label="@string/app_name"
    ......
</application>
```

上述代码是 AndroidManifest.xml 文件里的代码片段，android:label 属性使用格式“@string/字符串资源名”引用字符串资源。

5. 样式和主题资源

Android 应用程序中的样式和主题资源，用于指定界面元素的显示风格，它们定义在 res 目录下的 styles.xml 文件里。

（1）样式资源

样式是一个或者多个格式化属性的集合，我们经常使用它来设置字体大小、颜色等属性，它也可以作为一个独立的属性被添加到 View 的属性中。示例代码如下：

```
<resources>
    <style name="myStyle1">
        <item name="android:textColor">#FFFF0000</item>
        <item name="android:textSize">20sp</item>
    </style>
```

```
    <style name="myStyle2">
      ......
    </style>
    </resources>
```

以上代码中，每组<style></style>标签定义一个样式资源，name 属性指定样式资源的名称。<style></style>标签之间通常包含若干组<item></item>子标签，用于定义具体样式的属性和值。

在布局文件中，样式资源通过样式名实现引用，示例代码如下：

```
<TextView
    android:id="@+id/textView1"
    android:layout_width="wrap_content"
    android:layout_height="wrap_content"
    android:text="Hello World!"
    style="@style/mystyle1"/>
<TextView
    android:id="@+id/textView2"
    android:layout_width="wrap_content"
    android:layout_height="wrap_content"
    android:text="Hello World!"
    style="@style/mystyle1"/>
```

以上代码中，textView1、textView2 两个 TextView 控件同时使用了 mystyle1。当需要修改样式时，只需要修改 mystyle1 样式资源，就能实现控件外观的统一改变。

（2）主题资源

主题资源属于比较特殊的样式资源。与使用样式一样，使用主题同样需要定义一组 style 标签，不同的是样式只作用于一个控件 View，而主题是作用于某个 activity 或者整个项目。styles.xml 文件中定义的主题示例代码如下：

```
<resources>
    <style name="AppTheme" parent="Theme.AppCompat.Light.DarkActionBar">
          <item name="colorPrimary">@color/colorPrimary</item>
          <item name="colorPrimaryDark">@color/colorPrimaryDark</item>
          <item name="colorAccent">@color/colorAccent</item>
      </style>
</resources>
```

在以上代码中，主题的名字为 AppTheme，parent 属性设置 Android 操作系统提供的父主题。

使用主题时，需在 activity 或者 application 的属性中添加 android:theme 属性，并在属性中引用 style 资源。AndroidManifest.xml 文件中引用的示例代码如下：

```
<application
    android:allowBackup="true"
    android:icon="@mipmap/ic_launcher"
    android:theme="@style/AppTheme"
    ......
</application>
```

2.4.4 案例 1：古诗赏析 App

扫码观看
微课视频

通过对上述 Android 项目结构等内容的学习，完成一个古诗赏析 App 的开发。

1. 需求描述

创建一个名为 ResDemo 的项目。启动项目，进入项目主界面，在界面中心位置显示一首古诗,在界面中搭配一张合适的背景图。

出塞

王昌龄

秦时明月汉时关，万里长征人未还。

但使龙城飞将在，不教胡马度阴山。

2. 界面设计

根据上述需求，我们最终设计的界面效果如图 2.20 所示。

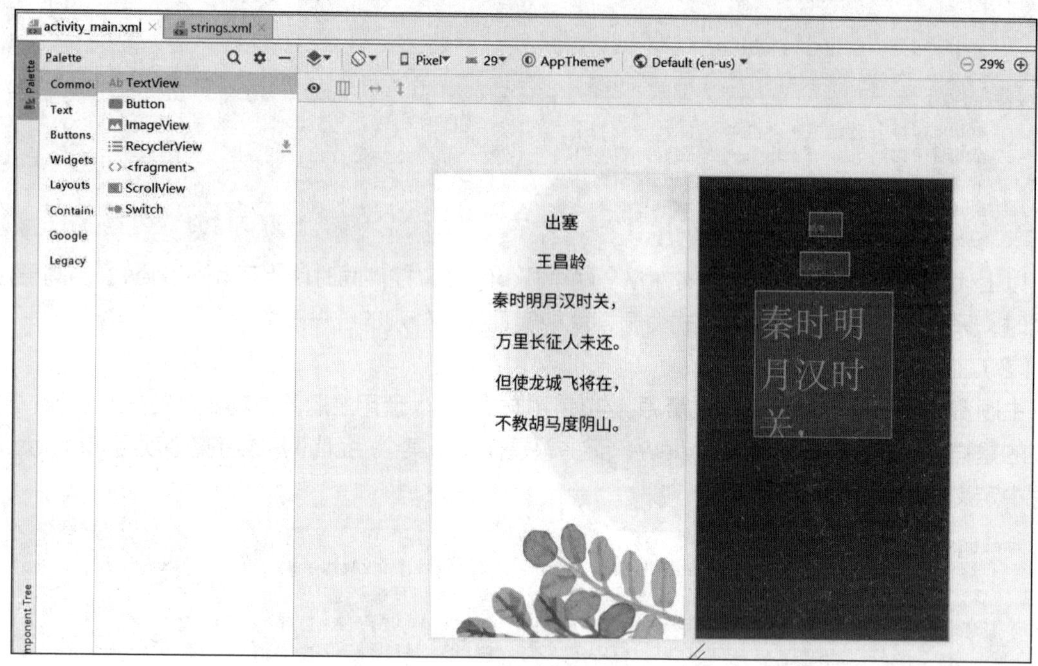

图 2.20　界面效果

（1）添加图片资源

我们将图片资源 bg.png 复制到 drawable 目录下，如图 2.21 所示。

（2）添加字符串资源

将古诗的标题、作者和内容这 3 部分作为 3 个字符串资源添加到 values/strings.xml 文件中。strings.xml 文件的代码如下：

```
<resources>
    <string name="app_name">ResDemo</string>
    <string name="title">出塞</string>
    <string name="author">王昌龄</string>
    <string name="content"> 秦时明月汉时关，\n\n 万里长征人未还。\n\n 但使龙城飞将在，\n\n 不教胡马度阴山。
    </string>
</resources>
```

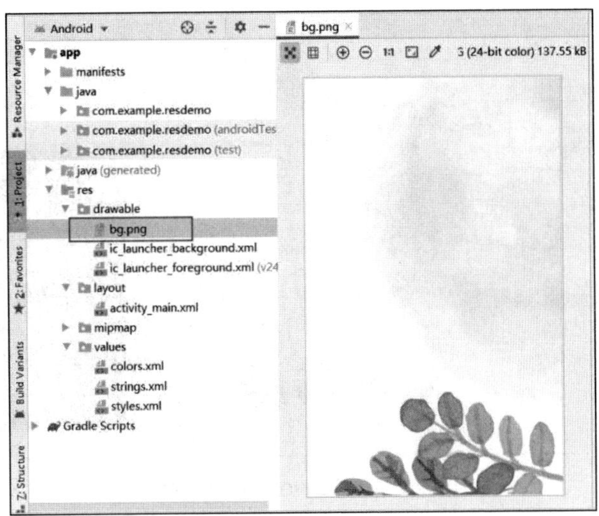

图 2.21　添加图片资源

（3）添加样式资源

古诗的标题、作者和内容这 3 部分需要显示在 3 个 TextView 控件上。这 3 个 TextView 控件的风格样式几乎是一致的。因此，我们将样式属性相同的部分抽取出来，单独创建一个样式资源“TextStyle”添加到 values/styles.xml 文件中。styles.xml 文件的代码如下：

```
<resources>
    <!-- Base application theme. -->
    <style name="AppTheme" …
    </style>
    <style name="TextStyle" >
        <!-- Customize your theme here. -->
        <item name="android:textSize">27dp</item>
        <item name="android:layout_gravity">center</item>
        <item name="android:layout_marginBottom">25dp</item>
        <item name="android:textColor">@android:color/black</item>
    </style>
</resources>
```

（4）编辑 activity_main.xml 布局文件

完成上述资源的添加后，接下来开始开发布局界面。首先，修改 activity_main.xml 布局文件的默认根布局为 LinearLayout。LinearLayout 是一个能够以水平方向或垂直方向自动排列控件的布局容器。按照当前案例的界面需求，使用该布局更合适。

接下来，我们打开 activity_main.xml 布局文件编辑窗口，选择设计模式。在 Component Tree 窗口中，右击 ConstraintLayout。在弹出的快捷菜单中单击“Convert view”命令，如图 2.22 所示。

单击“Convert view”命令后，弹出一个“布局选择”，如图 2.23 所示。

选择 LinearLayout 并单击“Apply”按钮，完成布局修改操作。

接下来，我们从“Palette”面板拖动 2 个 TextView 控件到“Component” Tree 窗口的 LinearLayout 里，如图 2.24 所示。

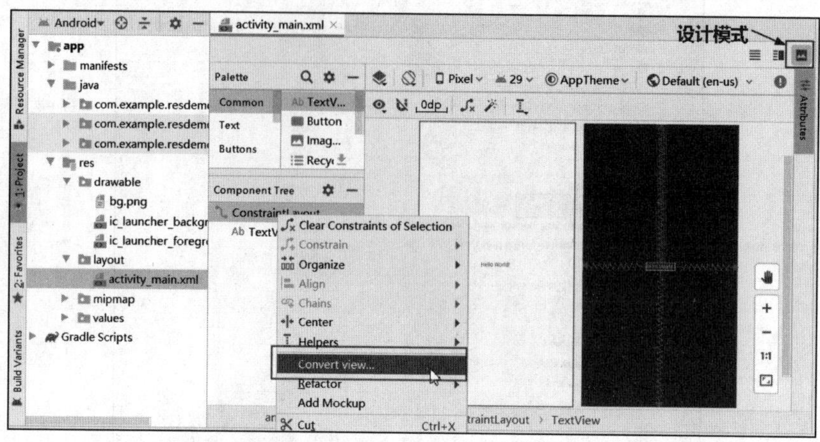

图 2.22 “Convert view”命令

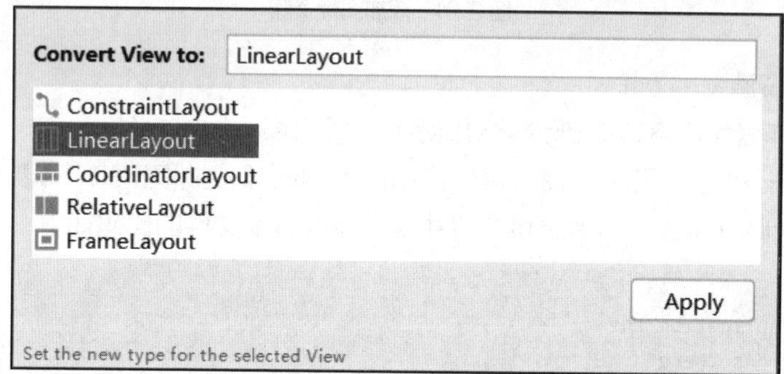

图 2.23 “布局选择”

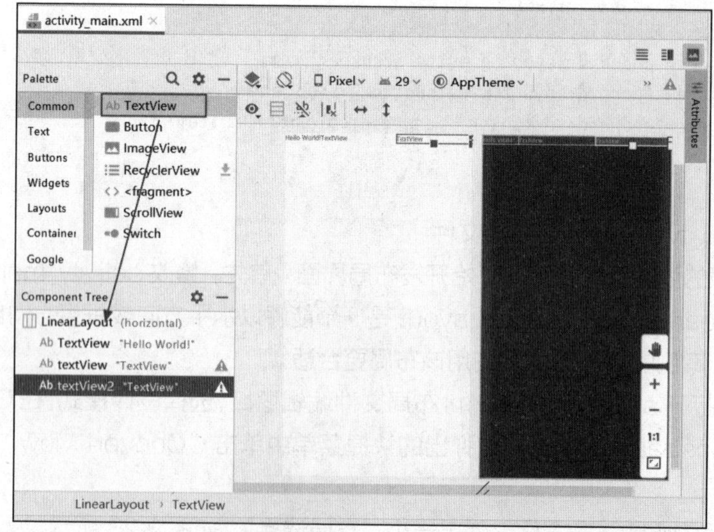

图 2.24 拖动 TextView 控件

完成上述操作之后，开始编辑 activity_main.xml 布局文件的代码。将编辑窗口的设计模式切换到代码模式或者代码与设计共存模式，如图 2.25 所示。

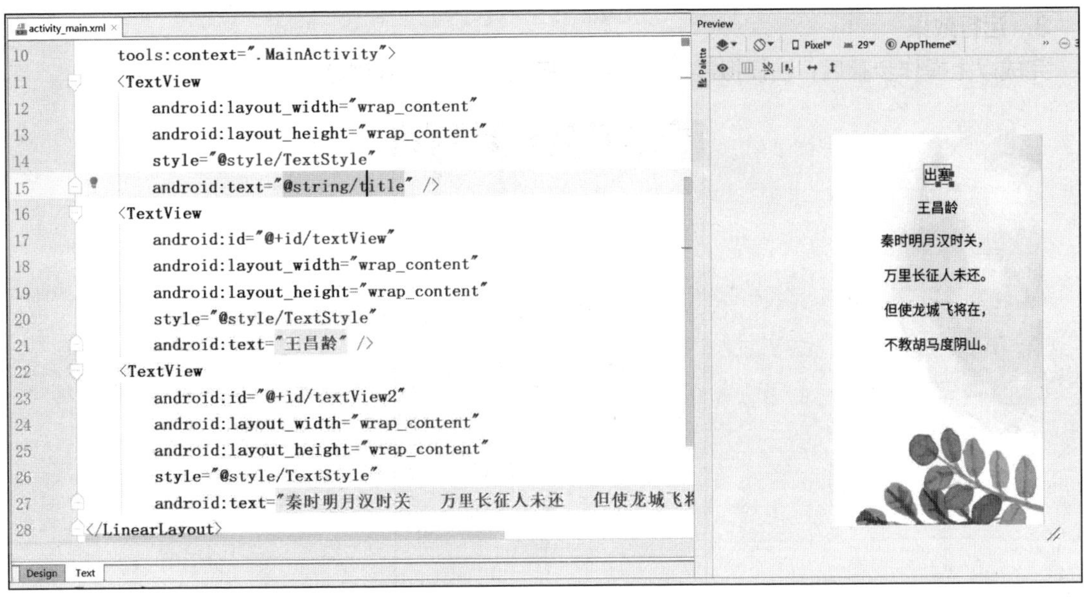

图 2.25　布局文件的代码编辑模式

activity_main.xml 布局文件的完整代码如下：

```
<?xml version="1.0" encoding="utf-8"?>
<LinearLayout xmlns:android="http:// ******.com/apk/res/android"
    xmlns:app="http:// ******.com/apk/res-auto"
    xmlns:tools="http:// ******.com/tools"
    android:layout_width="match_parent"
    android:layout_height="match_parent"
    android:orientation="vertical"
    android:paddingTop="55dp"
    android:background="@drawable/bg"
    tools:context=".MainActivity">
    <TextView
        android:layout_width="wrap_content"
        android:layout_height="wrap_content"
        style="@style/TextStyle"
        android:text="@string/title" />
    <TextView
        android:id="@+id/textView"
        android:layout_width="wrap_content"
        android:layout_height="wrap_content"
        style="@style/TextStyle"
        android:text="@string/author" />
    <TextView
        android:id="@+id/textView2"
        android:layout_width="wrap_content"
        android:layout_height="wrap_content"
        style="@style/TextStyle"
        android:text="@string/content" />
</LinearLayout>
```

3. 运行效果

完成以上操作步骤后，在模拟器或手机中运行 App，将看到图 2.26 所示的运行效果。

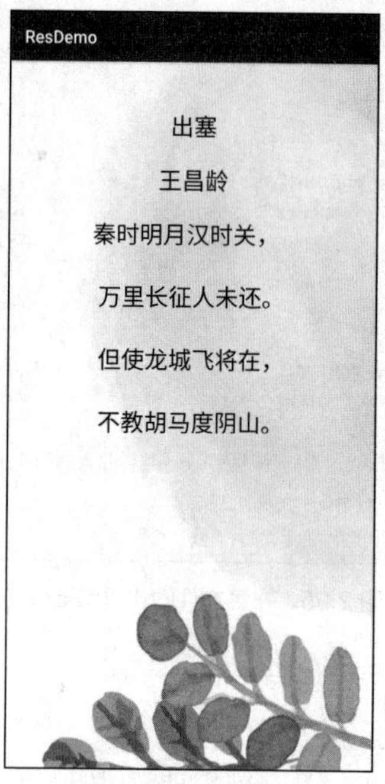

图 2.26　运行效果

2.5 Android Studio 开发技巧

Android Studio 具有强大的代码编辑功能，初学者如果掌握了这些功能的使用技巧，可以提升项目开发速度。下面我们逐一介绍 Android Studio 的使用技巧。

2.5.1　项目导入/导出

如何导入一个已有的项目或导出一个正在编辑的项目，是 Android Studio 用户遇到的第一个问题。本小节将向大家介绍快速地导入和导出项目。

1. 导入一个已有的项目

导入一个之前开发过的项目或者从外部获得的项目，通常有 3 种方法。

（1）从欢迎界面导入项目

首先，我们选择“File”菜单下的“Close Project”子菜单关闭当前项目，然后 Android Studio 会在屏幕中央弹出一个欢迎界面，如图 2.27 所示。

欢迎界面的左侧列出了你编辑过的项目，单击列表项目就能直接打开该项目。如果列表中没有你想要导入的项目，那么你可以单击欢迎界面上的“Open an existing Android Studio project”，然后打开“Open File or Project”对话框，从对话框中选中你想要导入的项目，如图 2.28 所示。

在“Open File or Project”对话框选中打开的项目后，会弹出一个“Open Project”对话框，如图2.29所示。它询问是在当前窗口(This Window)打开这个导入的项目，还是另创建一个Android Studio 窗口（New Window）导入项目。选好之后，项目就能成功导入了。

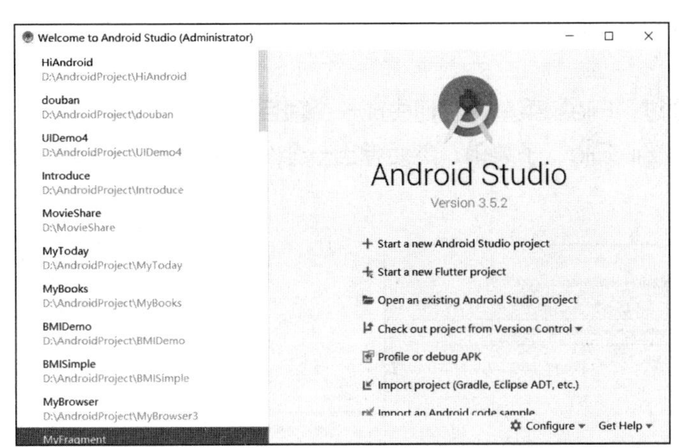

图 2.27　Android Studio 欢迎界面

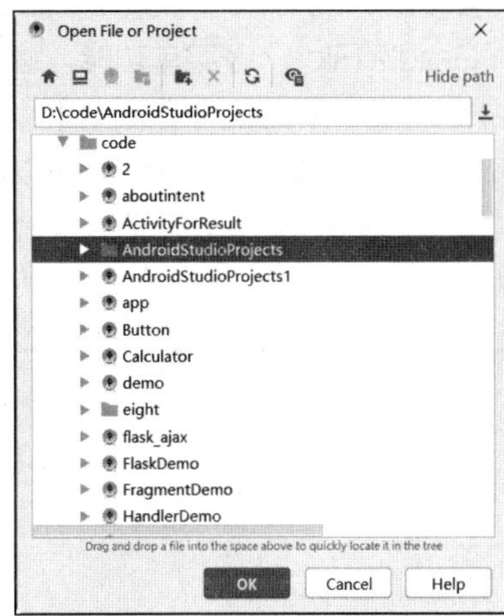

图 2.28　“Open File or Project”对话框

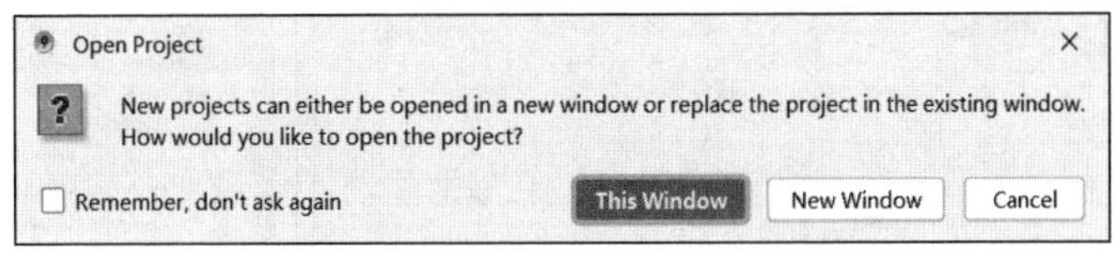

图 2.29　“Open Project”对话框

（2）从“Open”子菜单导入项目

通过选择“File”菜单下的“Open”命令，同样可以将图 2.28 所示的“Open File or Project”对话框打开，完成从硬盘目录选取导入的项目操作。

（3）通过“Open Recent”命令导入项目

通过选择“File”主菜单下的“Open Recent”命令，能快速地弹出最近编辑的子菜单，如图 2.30 所示。

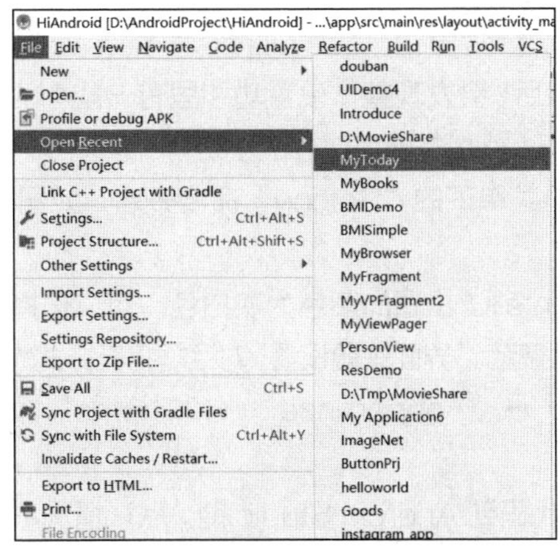

图 2.30　从最近编辑的项目列表打开项目

当我们第一次导入一个外部（非本地）创建的项目时，Android Studio 可能会花一定的时间去自动下载配置相应版本的 gradle 和 SDK 编译工具。为导入项目下载文件如图 2.31 所示。

有时候下载完成了，项目还是无法正常编译和运行，可以尝试使用“File”菜单的“Sync Project with Gradle Files”子菜单功能，继续同步 Gradle 配置。

2. 导出一个正在编辑的项目

项目导出的操作比较简单，可以通过“File”菜单为我们生成一个项目压缩包文件。

选择“File”菜单下的“Export to Zip File”子菜单，然后弹出一个“Save Project As Zip”对话框，如图 2.32 所示。

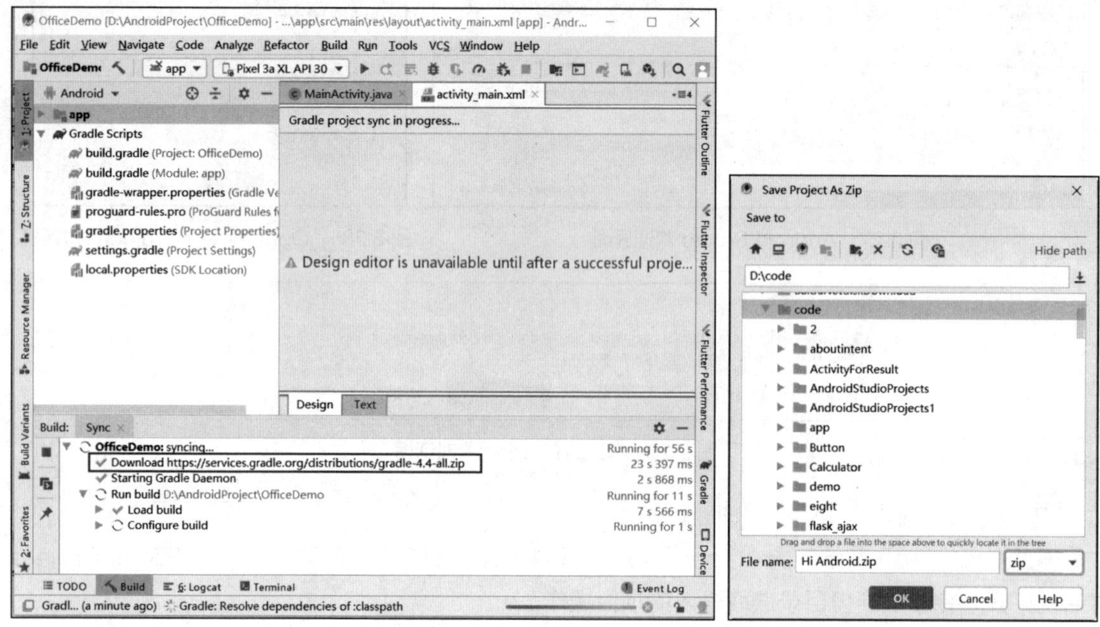

图 2.31　为导入项目下载文件　　　　图 2.32 “Save Project As Zip”对话框

选择好路径后，单击“OK”按钮，就能在所选目录下看到项目压缩包文件。

2.5.2　Android Studio 偏好设置

安装好 Android Studio 以后，会发现整体设置功能里有一些“好用”的功能。它们能让开发者使用 Android Studio 时更加得心应手。

整体设置窗口通过“File”菜单下的“Setting”命令开启，如图 2.33 所示。

1. 界面主题设置

Android Studio 默认的 IntelliJ 主题的颜色为灰白色，可以选择使用炫酷的 Darcula 黑色主题，能减少用眼疲劳。“界面主题设置”对话框打开方式为“Settings”→“Appearance & Behavior”→“Appearance”→“Theme”，如图 2.34 所示。

2. 自动导入包设置

当你从其他地方复制一段代码到 Android Studio 时，默认情况下需要一个一个地导入包，非常耗时耗力。但如果我们设置了自动导入包的功能，导入包的工作就由 Android Studio 自动完成。“自动导入包设置”对话框的打开方式为“Settings”→“Editor”→“General”→“Auto Import”，如图 2.35 所示，将“Add unambiguous imports on the fly”复选框和“Optimize imports on the fly（for current project）”复选框都勾选上即可。

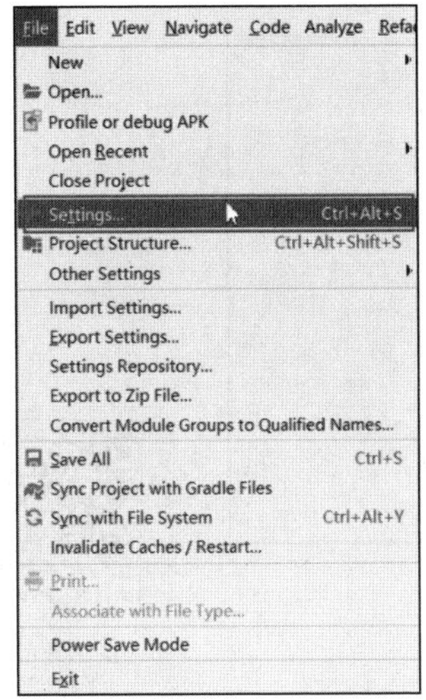

图 2.33 “Setting”子菜单

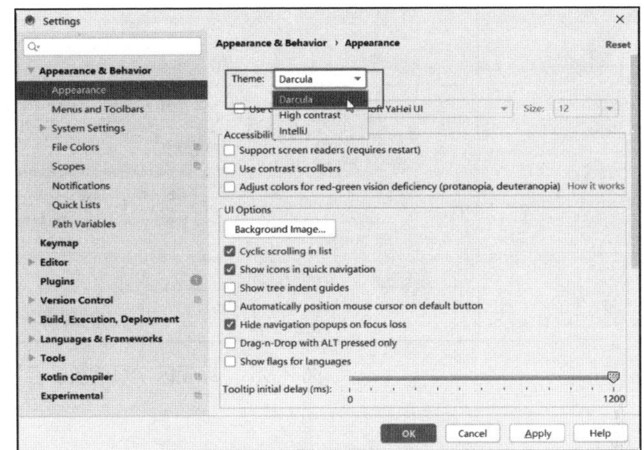

图 2.34 “界面主题设置”对话框

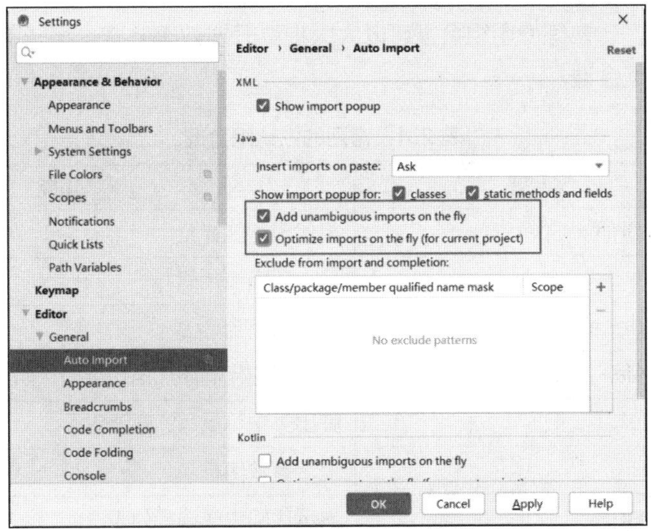

图 2.35 “自动导入包设置”对话框

3. 编辑区字号缩放设置

试想一下，如果能够像在浏览器中通过按住 Ctrl 并滚动鼠标滚轮，根据个人喜好和需要自由调整编辑区代码字号的大小，那该是多么方便。Android Studio 本身就具备这样的功能，但默认情况下是不开启的。“编辑区字号缩放设置”对话框的打开方式为“Settings”→“Editor”→“General”，如图 2.36 所示，勾选“Change font size (Zoom) with Ctrl+ Mouse Wheel”复选框。

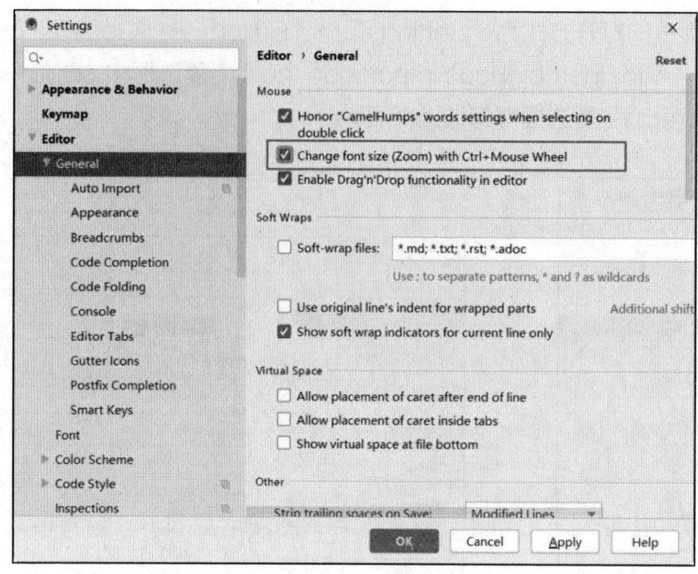

图 2.36 “编辑区字号缩放设置”对话框

2.5.3 Android Studio 组合键

利用多个按键的组合也可以实现某些快捷操作，例如 Windows 操作系统中常用的组合键“Ctrl+C”和“Ctrl+V”。熟练使用组合键可以大大提高开发效率并减少某些错误的发生。表 2.4 列举了一些常用的默认组合键。

表 2.4 常用的默认组合键

分类	组合键	功能
代码提示和生成	Ctrl + Shift + Space	将代码智能补全
	Ctrl + J	导入行模板代码
	Ctrl+Space	将代码补全
	Ctrl + Alt + T	为选择的代码添加语句结构，如 if、for、try/catch 等
	Ctrl + O	弹出类中可重写的方法对话
	Ctrl + P	提示参数信息
	Alt + Insert	显示代码生成选择列表
	Alt + Enter	导入包，快速修复
编辑代码	Ctrl + Shift + Up/Down	移动当前行代码
	Ctrl + /或 Ctrl + Shift + /	添加单行或多行注释
	Ctrl + D	复制当前行代码到下一行
	Ctrl + Alt + L	将代码格式化
选择代码	Ctrl + W	逐步扩大选中代码的范围
	Ctrl + Shift + W	逐步缩小选中代码的范围

续表

分类	组合键	功能
查看代码	Alt + Up/Down	光标在类方法间快速移动
	Ctrl + B 或 Ctrl + Click	查看声明
	Ctrl + “–”	光标所在方法折叠收起
	Ctrl + Shift + “–”	当前类所有方法折叠收起
	Ctrl + H	查看父类层级
	Ctrl + Alt + H	定位一个方法被调用的位置
	Ctrl + “+”	光标所在方法展开
	Ctrl + Shift + “+”	当前类所有方法展开
替换、查找	Ctrl + F	查找
	Double Shift（双击 Shift）	打开 search everywhere 查找
	Ctrl + R	替换
	Alt + J	选中下一个与当前已选代码相同的代码

表 2.4 中展示的组合键只是很少的一部分，如果需要查看更多的快捷（组合）键，可以通过选择“Help”菜单下的“Keymap Reference”命令，查看更多的默认快捷（组合）键说明文档。另外，还可以通过“File”→“Setting”→“Keymap”打开快捷（组合）键的设置窗口，修改或新增快捷（组合）键。

2.5.4 Android Studio 日志工具的使用

扫码观看
微课视频

Logcat 是 Android 的一个命令行工具，可用于转储系统消息日志，包括设备抛出错误时的堆栈轨迹和开发者的应用中使用 Log 类写入的消息。

在编写程序的过程中，经常需要查看程序的运行过程，比如进度情况或者某个变量的赋值情况，这个时候就需要通过调用 Log 类的日志方法，使用 Android Studio 的“Logcat”窗口来查看对应的日志。

Android 中的日志工具 Log（android.util.Log）类提供了表 2.5 中的 5 种方法，供我们输出日志信息。

表 2.5 Log 类的日志方法

方法	作用
Log.v()	用于输出琐碎的日志信息。对应级别为 verbose，是 Android 日志里面级别最低的一种
Log.d()	用于输出调试信息。对应级别为 debug, 比 verbose 高一级
Log.i()	用于输出用户数据。数据可以帮你分析用户行为数据。对应级别为 info，比 debug 高一级
Log.w()	用于输出警告信息。提示程序在这个地方可能有潜在的危险，最好去处理一下。对应级别为 warn，比 info 高一级
Log.e()	用于输出程序中的错误信息。一般代表程序出现了严重问题，必须尽快修复。对应级别为 error，比 warn 高一级

5 种 Log 类的日志方法需要传入两个参数。

- 第一个参数是 tag，一般传入类名，用于对输出信息进行过滤。
- 第二个参数是字符串类型的 msg，表示输出的日志内容。

下面我们来看 Log 类的使用方法。在 Android Studio 中创建一个名为 LogDemo 的 Android 项目，在 MainActivity 中调用 5 种 Log 类的日志方法如下：

```
import android.os.Bundle;
import android.util.Log;
import androidx.appcompat.app.AppCompatActivity;
public class MainActivity extends AppCompatActivity {
    private static final String TAG = "MainActivity";
    @Override
    protected void onCreate(Bundle savedInstanceState) {
        super.onCreate(savedInstanceState);
        setContentView(R.layout.activity_main);
        Log.v(TAG,"verbose");
        Log.d(TAG,"debug");
        Log.i(TAG,"information");
        Log.w(TAG,"warning");
        Log.e(TAG,"error");
    }
}
```

运行“LogDemo”项目后，“Logcat”窗口输出了“LogDemo”项目的日志信息，其中包括 Logcat 输出的日志信息，如图 2.37 所示。

图 2.37 “LogDemo”项目的日志信息

在没有限定的情况下，Logcat 输出的信息很多，要找到想看的日志信息就需要借助于过滤器。通常，最简单的过滤方法是使用 TAG 过滤，如图 2.38 所示。

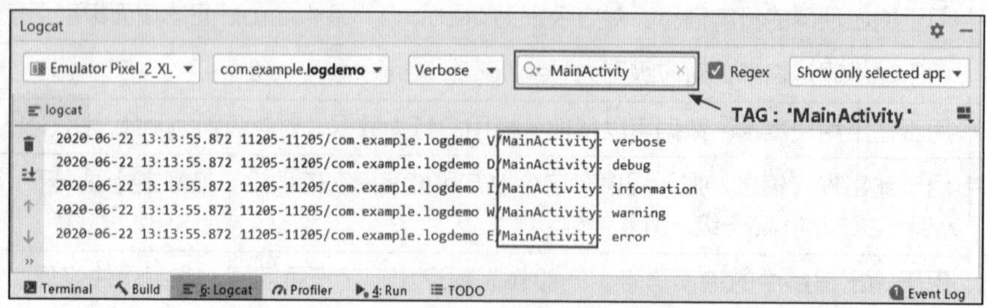

图 2.38 使用 TAG 过滤的日志信息

我们如果只需要查看某一级别的日志信息，如 Error 级别的信息，则可以使用级别过滤，如图 2.39 所示。

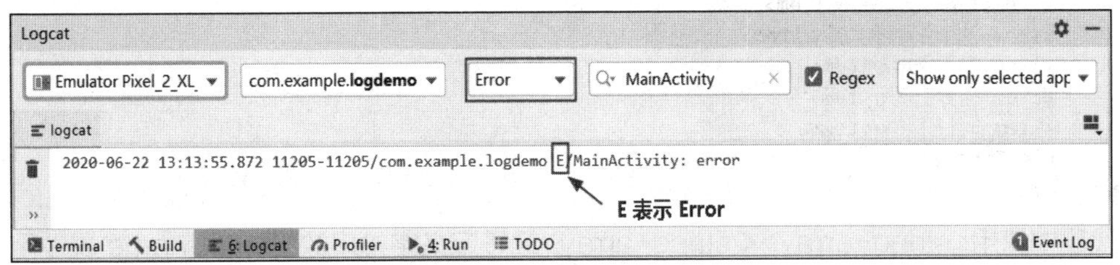

图 2.39　Error 级别的日志信息

如果上述过滤方法还无法满足信息的过滤需要，我们还可以使用“Logcat”窗口右上角的下拉列表的“Edit Filter Configuration”，打开过滤器设置窗口，进一步添加信息过滤限制条件。

2.5.5　案例 2：使用 Logcat 工具输出调试信息

本案例将带领初学者了解如何使用 Android Studio 的 Logcat 工具，分析和寻找程序中的错误。

1. 需求描述

本案例要求从字符串数组资源中读取多部电影的名称，然后让这些电影的名称显示到手机上。如果项目运行出错，需要通过“Logcat”窗口输出错误信息，判断出错代码的位置，修正代码，使程序能正常运行。

2. 功能实现

（1）创建名为 DebugCodeDemo 的项目，并在 res/values 资源目录下创建 arrays.xml 数组资源文件。首先选中 res/values 目录，单击鼠标右键，在弹出的快捷菜单中选择“New”→“Values Resource File”后，打开“New Resource File”对话框，如图 2.40 所示。

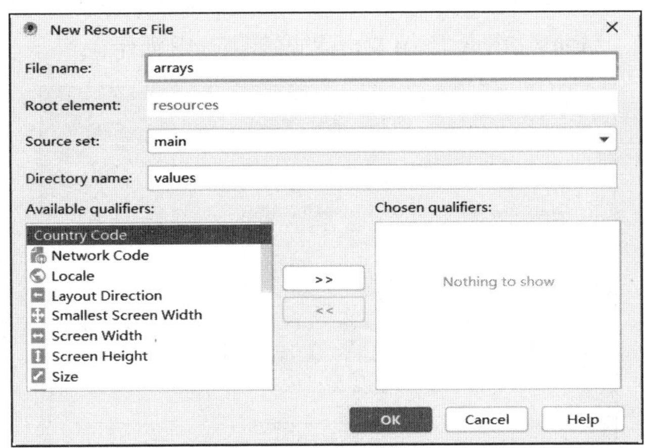

图 2.40　新建资源文件对话框

然后，在对话框中输入文件名“arrays”，单击“OK”按钮，完成文件的创建。在文件中定义数组资源数据，输入以下代码：

```xml
<?xml version="1.0" encoding="utf-8"?>
<resources>
    <string-array name="array_movie_names">
        <item>肖申克的救赎</item>
        <item>这个杀手不太冷</item>
        <item>霸王别姬</item>
        <item>盗梦空间</item>
        <item>阿甘正传</item>
    </string-array>
</resources>
```

在代码中使用<string-array></string-array>标签定义字符串数组资源，name 属性用于设置资源的名称。在代码中通过资源名“array_movie_names”引用该资源。

（2）编辑 activity_main.xml 布局文件。为了能在手机上显示电影名称，需要修改 activity_main.xml 布局文件中 TextView 控件的属性。双击打开 res/layout 目录下的 activity_main.xml 文件，在 TextView 控件下添加 id 属性和 textSize 属性，activity_main.xml 布局文件代码如图 2.41 所示。

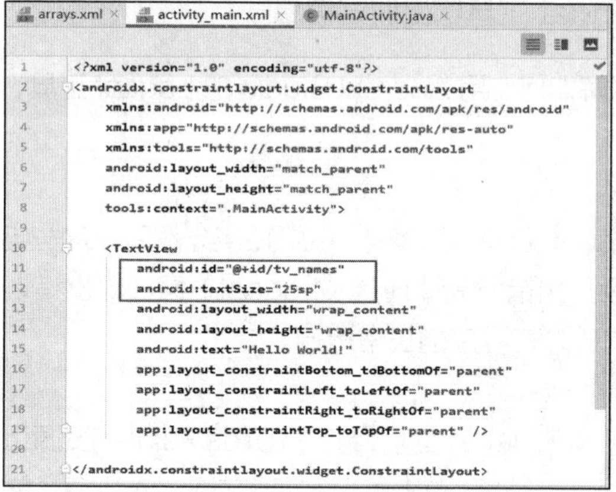

```xml
<?xml version="1.0" encoding="utf-8"?>
<androidx.constraintlayout.widget.ConstraintLayout
    xmlns:android="http://schemas.android.com/apk/res/android"
    xmlns:app="http://schemas.android.com/apk/res-auto"
    xmlns:tools="http://schemas.android.com/tools"
    android:layout_width="match_parent"
    android:layout_height="match_parent"
    tools:context=".MainActivity">

    <TextView
        android:id="@+id/tv_names"
        android:textSize="25sp"
        android:layout_width="wrap_content"
        android:layout_height="wrap_content"
        android:text="Hello World!"
        app:layout_constraintBottom_toBottomOf="parent"
        app:layout_constraintLeft_toLeftOf="parent"
        app:layout_constraintRight_toRightOf="parent"
        app:layout_constraintTop_toTopOf="parent" />

</androidx.constraintlayout.widget.ConstraintLayout>
```

图 2.41　activity_main.xml 布局文件代码

（3）编写 MainActivity 类代码。可在 MainActivity 类中实现数组资源的获取，并使数组中的电影名称逐一显示到窗口，MainActivity.java 文件代码如图 2.42 所示。

```java
package com.example.debugcodedemo;

import androidx.appcompat.app.AppCompatActivity;
import android.os.Bundle;
import android.widget.TextView;

public class MainActivity extends AppCompatActivity {

    @Override
    protected void onCreate(Bundle savedInstanceState) {
        super.onCreate(savedInstanceState);
        setContentView(R.layout.activity_main);
        //从数组资源中读取电影名数组数据
        String[] movies = getResources().getStringArray(R.array.array_movie_names);
        //保存数组中的电影名称
        StringBuffer strNames =new StringBuffer("好评电影：") ;
        //循环levels数组
        for (int i = 0; i <= movies.length; i++) {
            //将电影名称链接保存到strNames
            strNames.append("\n" + i+"."+movies[i]) ;
        }
        //实例化布局文件上的显示文本控件TextView
        TextView tv_names = findViewById(R.id.tv_names);
        //将字符串strNames显示到tv_names控件上
        tv_names.setText(strNames);
    }
}
```

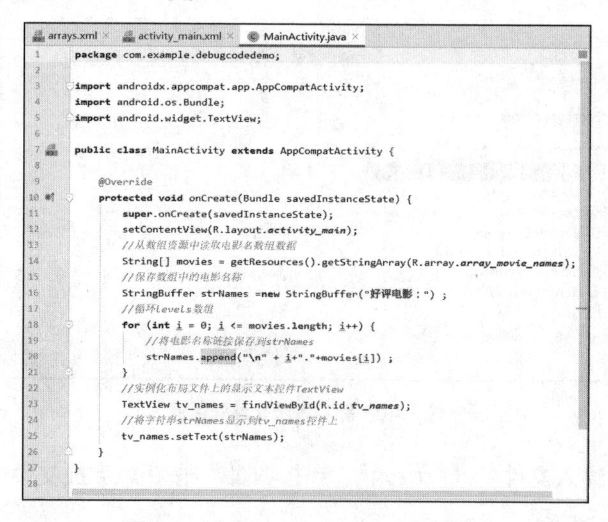

图 2.42　MainActivity.java 文件代码

3. 运行效果

单击运行当前项目后，模拟器并没有能正常运行该项目，而是弹出了以下提示信息或者程序直接闪退，如图 2.43 所示。

4. 调试程序

根据模拟器上的提示，无法获得项目出错的原因。为了获取更多运行时的报错信息，首先打开“Logcat”窗口，然后再运行一次项目。设置日志信息输出的级别为 Error，“Logcat”窗口显示了多行红色的报错信息，如图 2.44 所示。

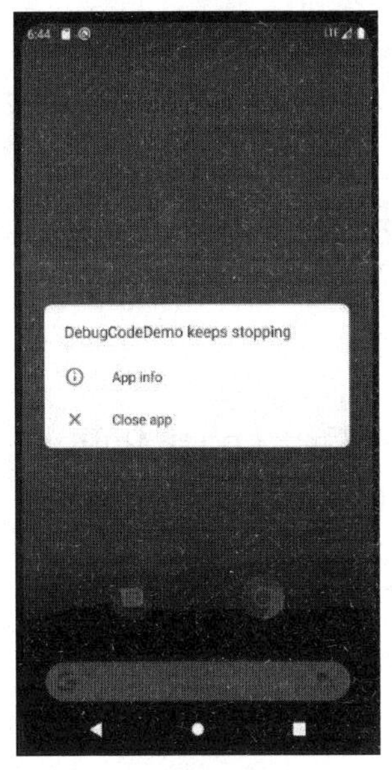

图 2.43　模拟器项目运行异常

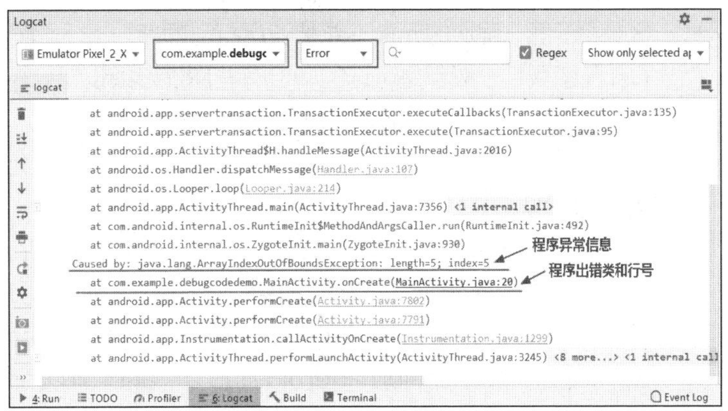

图 2.44　程序异常信息

从程序的报错信息可知，问题是访问数组下标越界了。Logcat 日志信息提供了出错代码在 MainActivity.java 文件的第 20 行。我们将第 20 行代码中的 for 语句的“<=”改为“<”，把循环次数减少一次即可。修改好代码后，我们再运行一次项目，就能得到正确的运行结果，如图 2.45 所示。

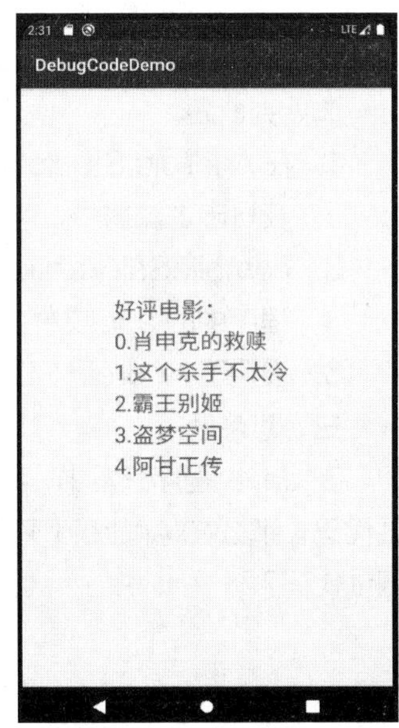

图 2.45　项目正确的运行结果

2.6 课程小结

本章我们学习了 Android Studio 的使用方法，包括 Android Studio 的界面操作、Android Studio 开发技巧、项目文件结构的解析等，还介绍了如何使用 Logcat 工具过滤日志信息和调试程序。

2.7 自我测评

一、选择题

1. 下列关于 Logcat 的描述，正确的是（　　）。
   A. Android 使用 android.util.Log 类的静态方法实现输出程序的调试信息
   B. Logcat 区域中日志信息显示的颜色是一致的
   C. warning 级别的日志显示的是调试的信息
   D. info 级别的日志显示的是运行失败后的错误消息
2. Android 程序中 Log.w()用于输出（　　）级别的日志信息。
   A. 调试　　B. 信息　　C. 警告　　D. 错误
3. 关于 AndroidManifest.xml 文件，下列描述错误的是（　　）。
   A. 在所有元素中只有 manifest 和 application 是必需的，且只能出现一次
   B. 处于同一层次的元素不能被随意打乱顺序
   C. 元素属性一般都是可选的，但有些属性必须设置
   D. 对可选的属性，即使不写也要有默认的数值项说明
4. 使用 Android Studio 时，默认情况下，使用（　　）组合键能够弹出 Log 类中可重写的方法对话框。
   A. Ctrl+Alt+Space　　B. Ctrl+J　　C. Alt+Insert　　D. Ctrl+O
5. 下列代码中，属于调用摄像头硬件权限的是（　　）。
   A. <uses-permission android:name="android.permission.CAMERA"/>
   B. <uses-permission android:name="android.permission.MOUNT_UNMOUNT_FILESYSTEMS" />
   C. <uses-permission android:name="android.permission.WRITE_EXTERNAL_STORAGE"/>
   D. <uses-permission android:name="android.permission.INTERNET"/>

二、判断题

1. 在 Android Studio 中可以编辑代码，不可以查看布局效果。（　　）
2. 在日志过滤器中，可以使用 TAG 过滤信息。（　　）
3. compileSdkVersion 属性值表示程序支持的目标 SDK 版本。（　　）
4. 程序中的 app 文件夹用于存放程序的代码和资源等内容。（　　）
5. 设置了 Android SDK 的存储路径之后，不可以再次修改。（　　）

三、思考题

在 Java 程序开发中，我们经常使用 System.out.println()方法输出程序运行过程的数据或调试代码。那么在 Android 开发中，是否可以使用 System.out.println()方法替代 Log 日志工具来调试代码？

2.8 课堂笔记（见工作手册）

2.9 实训记录（见工作手册）

2.10 课程评价（见工作手册）

2.11 扩展知识

AndroidManifest.xml 文件的结构

AndroidManifest.xml 是每个 Android 程序必需的文件。它位于整个项目的根目录，描述了 package 中暴露的组件（Activity、Service 等）、各自的实现类、各种能被处理的数据和启动位置。除了能声明程序中的 Activity、ContentProvider、Services 和 Intent Receiver，还能指定 Permission 和 Instrumentation（安全控制和测试）。

下面为使用元素和属性时的一些惯例和原则。

（1）元素

只有 mainifest 和 application 元素是必需的。这两个元素必须在程序清单中定义，并且只能出现一次。其他元素可以不出现或出现多次——尽管其中有些元素是一个有实用意义的程序清单文件所必需的。

如果一个元素包含其他元素，则所有的值都是通过属性来定义的而不是通过元素内容来定义的。

同一层次的元素之间没有先后顺序的关系。比如 activity、provider 和 service 可以以任何次序出现或交替出现（一个特例是 activity-alias，它必须紧跟在它对应的 activity 之后）。

（2）属性

严格来说，所有的属性都是可选的。但实际上必须定义某些元素的属性值才能使该元素，具体可以参考开发文档。如果某个属性确实是可选的，开发文档定义它的缺省值。

除了根元素 manifest 的一些属性，其他所有属性的属性名称都以 android:作为前缀，比如 android:alwaysRetainTaskState。

（3）声明类名称

有很多元素对应某个 Java 对象，包括应用程序元素本身(application 元素)和一些主要的程序组件——Activity、Service、BroadcastReceiver 和 ContentProvider。

（4）多个值

如果可以为某个元素设置多个值，那么对每个值都要重复元素定义，而不使用一个元素定义设置多个值。

（5）资源值

一些属性可以显示用户的资源值，比如某个 Activity 可以有标题和一个图标。这些属性值应当提供本地化支持并且可以通过显示主题来设置。

资源值可以使用如下格式来定义：

```
@ [package:] type: name
```

其中 package 为资源和应用程序中同一个包时可以忽略；type 为资源类型，比如 string 或 drawable；name 为资源的标识符。

（6）字符串值

当某个属性值为一个字符串时，必须使用“\\”来对某些特殊字符进行转义，比如 “\\n” 代表新行，“\\uxxxx” 代表某个 Unicode 字符。

第 3 章 Android 常用 UI 布局及控件一

3.1 预习要点（见工作手册）

3.2 学习目标

在进行 Android 开发的过程中，经常会使用布局和控件进行 UI 设计。本章主要介绍 Android 开发中常用布局及控件的使用。

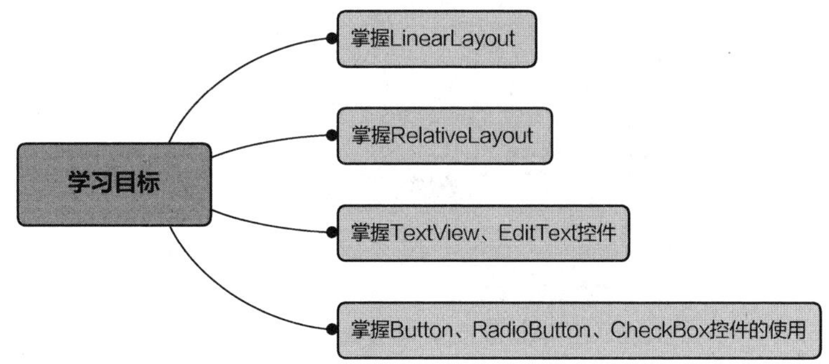

3.3 常用 UI 布局

Android 提供了多种布局类型。本章主要对 LinearLayout（线性布局）、RelativeLayout（相对布局）的应用进行介绍。

3.3.1 LinearLayout

LinearLayout 是最常用的布局之一，下面我们来一起学习。

1. LinearLayout 介绍

LinearLayout 将其包含的子控件以横向或纵向的方式排列，简单来说就是将其子元素排列成一行或一列。LinearLayout 的排列方式如图 3.1 所示。

2. LinearLayout 的排列方式

放置在 LinearLayout 里的控件是按照线性顺序排列的，方向有两种：水平排列和垂直排列。可以通过设置 LinearLayout 的 orientation（方向）属性来控制其排列方式。

使用 LinearLayout 前，需要将其从控件列表中拖入布局文件，如图 3.2 所示。

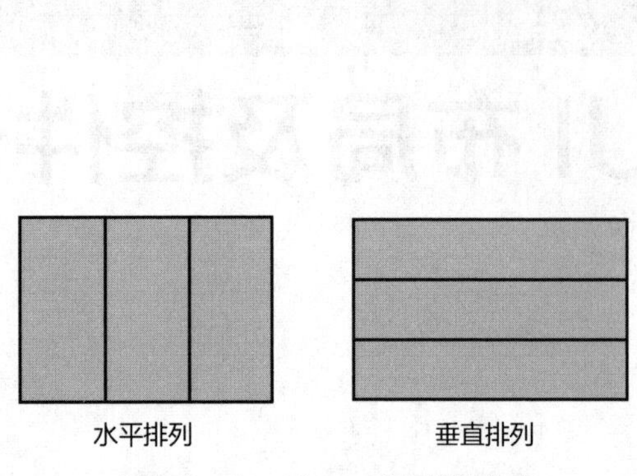

图 3.1　LinearLayout 的排列方式

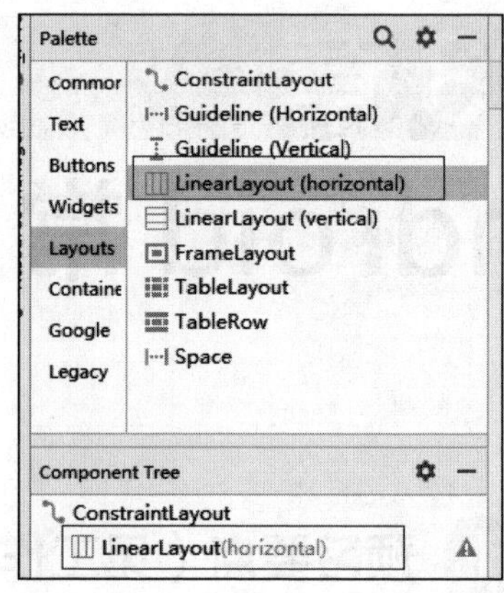

图 3.2　将 LinearLayout 拖入布局文件

接下来，切换至布局文件的设计模式，在“Attributes”中找到“orientation”进行设置，属性值包含 horizontal（水平排列）、vertical（垂直排列）。在“Attributes”中设置 orientation 属性如图 3.3 所示。

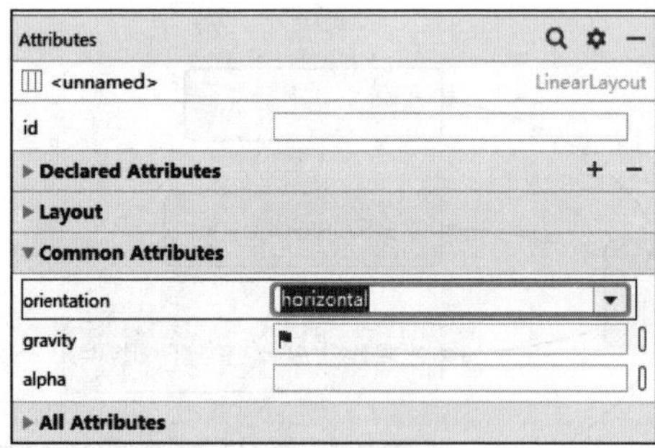

图 3.3　在“Attributes”中设置 orientation 属性

我们也可以在布局文件的代码模式下，通过设置 LinearLayout 标签中的 orientation 属性，控制子元素的排列方式，具体可参考如下代码：

```
android:orientation="vertical"   // 垂直排列
android:orientation="horizontal" // 水平排列
```

下面这个例子展示了使用 LinearLayout 来水平排列两个文本。供参考的代码如下：

```
<LinearLayout
    android:layout_width="match_parent"
    android:layout_height="match_parent"
    android:orientation="horizontal">
    <TextView
        android:id="@+id/textView3"
        android:layout_width="wrap_content"
        android:layout_height="wrap_content"
        android:background="#F44336"
        android:layout_weight="1"
        android:text="Hello World" />
    <TextView
```

```
        android:id="@+id/textView2"
        android:layout_width="wrap_content"
        android:layout_height="wrap_content"
        android:background="#00BCD4"
        android:layout_weight="1"
        android:text="Hello World" />
</LinearLayout>
```

运行效果如图 3.4 所示。

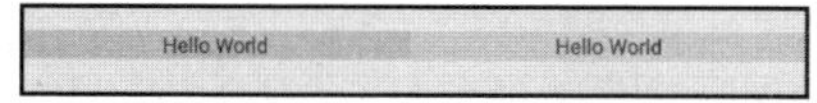

图 3.4　LinearLayout 水平排列的运行效果

3. 摆放位置

前文讲到了排列问题，现在来讲摆放位置的问题。我们可以通过设置 gravity（元素摆放位置）和 layout_gravity（元素相对父控件摆放位置）属性来解决子元素的摆放问题。

- layout_gravity 是指当前控件在父控件里面的摆放位置，不过需要注意的一点是，父控件设置的 gravity 的级别要低于子控件设置的 layout_gravity。
- gravity 是针对当前控件内容摆放的。如果是容器，则针对的是容器里面子控件的摆放；如果是控件，则针对的是控件内容的摆放。
- layout_weight 是一个很重要的属性，简单来说就是按比例来分配控件占用父控件的大小。

其中 gravity 属性是比较常用的，使用它可以控制当前控件在父控件里面的摆放位置。gravity 属性值如表 3.1 所示。

表 3.1　gravity 属性值

属性值	位置	效果
top	在布局顶部（horizontal 时可用）	■■■
bottom	在布局底部（horizontal 时可用）	■■■
left	在布局左侧（vertical 时可用）	■■■
right	在布局右侧（vertical 时可用）	■■■
center_horizontal	水平居中（vertical 时可用）	■■■
center_vertical	垂直居中（horizontal 时可用）	■■■
center	水平或垂直居中（均有效）	■■■

下面这个例子展示了 gravity 属性的使用——将两个文本框居中显示。供参考的源代码如下：

```
<LinearLayout
    android:layout_width="match_parent"
```

```
    android:layout_height="match_parent"
    android:gravity="center"
    android:orientation="vertical">
    <TextView
        android:id="@+id/textView3"
        android:layout_width="match_parent"
        android:layout_height="wrap_content"
        android:background="#F44336"
        android:text="Hello World" />
    <TextView
        android:id="@+id/textView2"
        android:layout_width="match_parent"
        android:layout_height="wrap_content"
        android:background="#00BCD4"
        android:text="Hello World" />
</LinearLayout>
```

运行效果如图 3.5 所示。

Hello World
Hello World

图 3.5　LinearLayout 居中显示的运行效果

3.3.2　RelativeLayout

RelativeLayout 又称相对布局，也是一种比较常用的布局。它可以通过相对定位的方式让控件出现在布局的任何位置。在实际开发过程中，建议使用 RelativeLayout 来进行 UI 设计，因为使用 RelativeLayout 可以减少 UI 中的嵌套结构，从代码维护及运行效率上来说，具备一定的优势。

使用 RelativeLayout 前，需要将其从控件列表中拖入布局文件，如图 3.6 所示。

接下来，我们在 RelativeLayout 中加入两个按钮，供参考的代码如下：

```
<RelativeLayout xmlns:android="http://schemas.*****.com/apk/res/android"
    android:layout_width="match_parent"
    android:layout_height="match_parent">
    <Button
        android:id="@+id/btn1"
        android:layout_width="wrap_content"
        android:layout_height="wrap_content"
        android:text="第一个按钮" />
    <Button
        android:id="@+id/btn2"
        android:layout_width="wrap_content"
        android:layout_height="wrap_content"
        android:text="第二个按钮" />
</RelativeLayout>
```

运行效果如图 3.7 所示。

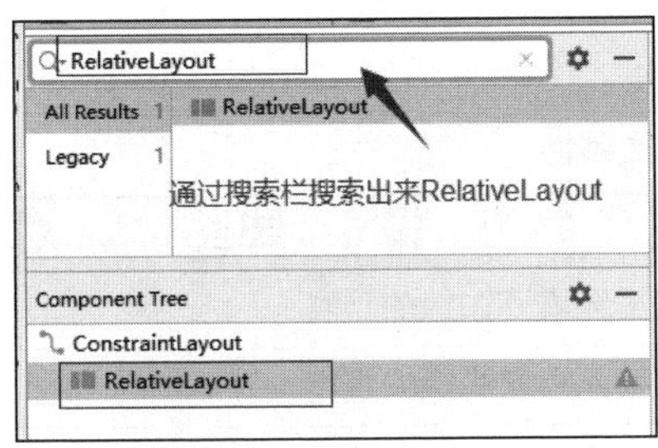

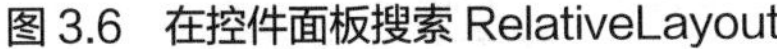

图 3.6 在控件面板搜索 RelativeLayout

图 3.7 RelativeLayout 的运行效果

通过上面的预览效果，我们看到两个按钮是叠放在一起的，这是因为我们还未设置控件的相关摆放属性。RelativeLayout 中的属性非常多，不过这些属性都有规律可循，并不难理解和记忆。下面我们来介绍 RelativeLayout 中的属性，这些属性主要分为 3 类。

- 第 1 类：属性值为 true 或者 false。
- 第 2 类：属性值必须为 ID 的引用名“@id/id-name”。
- 第 3 类：属性值为具体的像素值，如 30dip、40dpi；

RelativeLayout 的第一类属性，如表 3.2 所示。

表 3.2 第一类属性

属性名称	描述
layout_centerHrizontal	水平居中
layout_centerVertical	垂直居中
layout_centerInparent	相对于父控件完全居中
layout_alignParentBottom	贴紧父控件的下边缘
layout_alignParentLeft	贴紧父控件的左边缘
layout_alignParentRight	贴紧父控件的右边缘
layout_alignParentTop	贴紧父控件的上边缘
layout_alignWithParentIfMissing	如果找不到对应的兄弟控件，就以父控件作为参照物

RelativeLayout 的第二类属性，如表 3.3 所示。

表 3.3 第二类属性

属性名称	描述
layout_below	在某元素的下方
layout_above	在某元素的上方
layout_toLeftOf	在某元素的左边
layout_toRightOf	在某元素的右边
layout_alignTop	本元素的上边缘和某元素的上边缘对齐
layout_alignLeft	本元素的左边缘和某元素的左边缘对齐
layout_alignBottom	本元素的下边缘和某元素的下边缘对齐
layout_alignRight	本元素的右边缘和某元素的右边缘对齐

RelativeLayout 的第三类属性，如表 3.4 所示。

表 3.4　第三类属性

属性名称	描述
layout_marginBottom	离某元素底边缘的距离
layout_marginLeft	离某元素左边缘的距离
layout_marginRight	离某元素右边缘的距离
layout_marginTop	离某元素上边缘的距离

以上 3 个表格所列的属性就是使用 RelativeLayout 进行 UI 设计时常用的属性，我们可以通过设置控件的这些属性，将控件合理地摆放在 UI 中。

下面我们通过一个例子展示将 5 个按钮分布在 UI 的 4 个角及中心的 UI 设计。供参考的代码如下：

```
<RelativeLayout
    android:layout_width="match_parent"
    android:layout_height="match_parent">
    <Button
        android:id="@+id/btn1"
        android:layout_width="wrap_content"
        android:layout_height="wrap_content"
        android:layout_alignParentLeft="true"
        android:text="左上角" />
    <Button
        android:id="@+id/btn2"
        android:layout_width="wrap_content"
        android:layout_height="wrap_content"
        android:layout_alignParentRight="true"
        android:text="右上角" />
    <Button
        android:id="@+id/btn3"
        android:layout_width="wrap_content"
        android:layout_height="wrap_content"
        android:layout_centerInParent="true"
        android:text="中间" />
    <Button
        android:id="@+id/btn4"
        android:layout_width="wrap_content"
        android:layout_height="wrap_content"
        android:layout_alignParentBottom="true"
        android:text="左下角" />
    <Button
        android:id="@+id/btn5"
        android:layout_width="wrap_content"
        android:layout_height="wrap_content"
        android:layout_alignParentRight="true"
        android:layout_alignParentBottom="true"
        android:text="右下角" />
</RelativeLayout>
```

运行效果如图 3.8 所示。

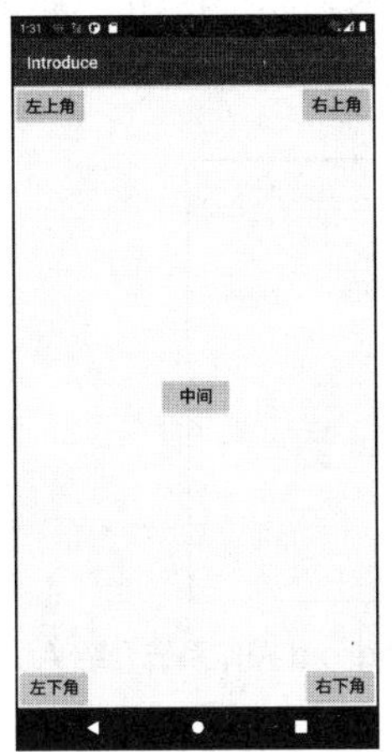

图 3.8　RelativeLayout 的运行效果

扫码观看
微课视频

3.3.3　案例 1：Android 操作系统介绍 App

通过对上面两个布局的学习，我们大致掌握了这两个布局的基本用法。现在我们使用它们来开发一个项目：Android 操作系统介绍 App。

1. 需求描述

在本案例中，我们制作一个 Android 操作系统的介绍界面，主要使用 RelativeLayout 进行 UI 设计，其运行效果如图 3.9 所示。

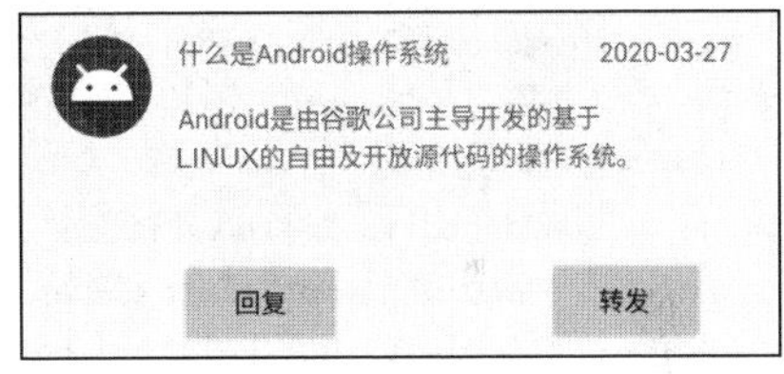

图 3.9　Android 操作系统介绍 App 运行效果

2. 资源添加

在 UI 中，要显示相关的介绍文字，可以在字符串资源中将这些文字信息添加到资源文件 strings.xml（Android 的字符串资源文件）。在控件需要使用到相关文字时，引用对应的字符串资源，便可以在界面显示文字信息。

Android 工程的字符串资源文件 strings.xml 的配置代码如下：

```
<resources>
    <string name="app_name">Android 介绍</string>
    <string name="DetailTitme">什么是 Android 操作系统</string>
    <string name="DetailDate">2020-03-27</string>
    <string name="DetailContent">
Android 是由谷歌公司主导开发的基于 Linux 的自由及开放源代码的操作系统。
    </string>
    <string name="BtnReply">回复</string>
    <string name="BtnRew">转发</string>
</resources>
```

3. 布局设计

在进行 UI 设计时，我们使用 RelativeLayout 进行布局。其中涉及的 TextView、Button、

ImageView 控件，我们会在后文详细讲解。

UI 中包含了图标、标题、时间、内容及两个按钮。通过设置它们的属性进行布局，Android 操作系统介绍 App 的 UI 布局如图 3.10 所示。

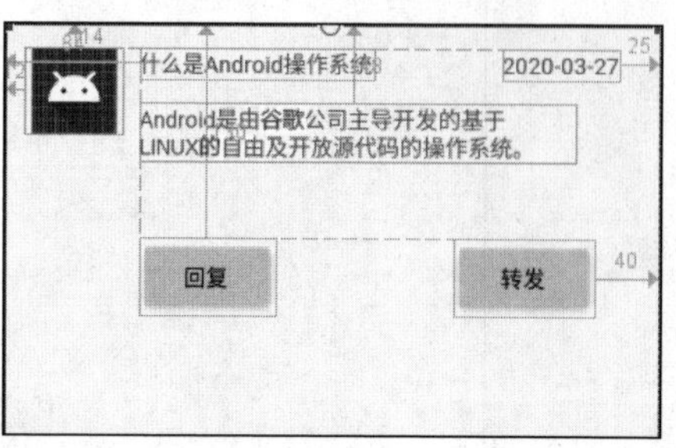

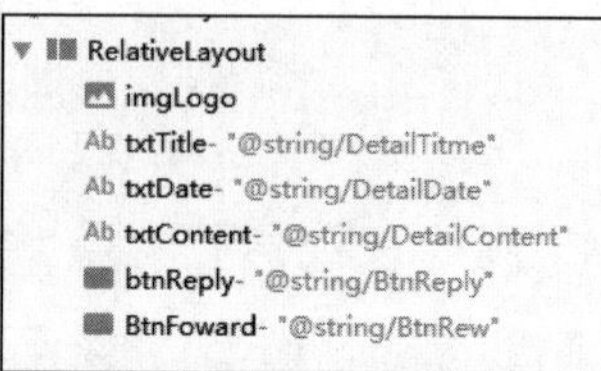

图 3.10　Android 操作系统介绍 App 的 UI 布局

XML 布局文件对应的代码如下：

```
<RelativeLayout
    android:layout_width="match_parent"
    android:layout_height="match_parent">
    <ImageView
        android:id="@+id/imgLogo"
        android:layout_alignParentStart="true"
        android:layout_alignParentTop="true"
        android:layout_marginStart="12dp"
        android:layout_marginTop="14dp"
        app:srcCompat="@mipmap/ic_launcher" />
    <TextView
        android:id="@+id/txtTitle"
        android:layout_width="wrap_content"
        android:layout_height="wrap_content"
        android:layout_alignParentStart="true"
        android:layout_alignTop="@+id/imgLogo"
        android:layout_marginStart="84dp"
        android:text="@string/DetailTitme" />
    <TextView
        android:id="@+id/txtDate"
        android:layout_width="wrap_content"
        android:layout_height="wrap_content"
        android:layout_alignParentEnd="true"
        android:layout_alignTop="@+id/imgLogo"
        android:layout_marginEnd="25dp"
        android:text="@string/DetailDate" />
    <TextView
        android:id="@+id/txtContent"
        android:layout_width="275dp"
        android:layout_height="wrap_content"
        android:layout_alignParentTop="true"
        android:layout_alignStart="@+id/txtTitle"
        android:layout_marginTop="48dp"
```

```
        android:text="@string/DetailContent" />
    <Button
        android:id="@+id/btnReply"
        android:layout_width="wrap_content"
        android:layout_height="wrap_content"
        android:layout_alignParentTop="true"
        android:layout_alignStart="@+id/txtTitle"
        android:layout_marginTop="130dp"
        android:text="@string/BtnReply" />
    <Button
        android:id="@+id/BtnFoward"
        android:layout_width="wrap_content"
        android:layout_height="wrap_content"
        android:layout_alignParentEnd="true"
        android:layout_alignTop="@+id/btnReply"
        android:layout_marginEnd="40dp"
        android:text="@string/BtnRew" />
</RelativeLayout>
```

4. 运行效果

完成 Android 操作系统介绍 App 的 UI 布局设计后，就可以在模拟器或者手机上运行并查看效果。其运行效果如图 3.11 所示。

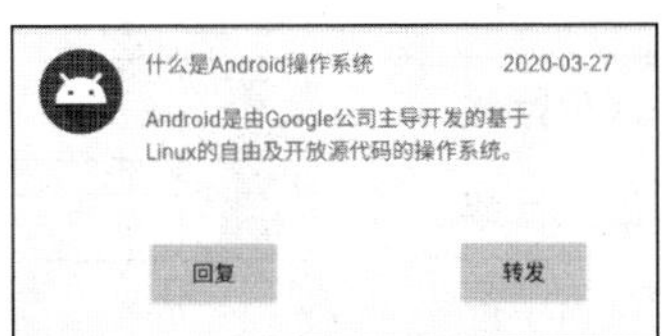

图 3.11　Android 操作系统介绍 App 运行效果

3.4 常用 UI 控件

在进行 UI 设计的时候，我们除了使用布局设计整个 UI 的架构，还需要用 UI 控件来填充布局，进行 UI 的细节设计。现在我们来学习 Android 常用 UI 控件的应用。

扫码观看
微课视频

3.4.1 TextView 和 EditText 控件

1. TextView 控件

在学习其他控件前，我们需要介绍 Android 的 View 类的相关知识。它是所有 Android 控件和容器的父类，我们必须对其属性有所了解。View 类的常见属性如表 3.5 所示。

表 3.5　View 类的常见属性

属性名称	描述
id	控件，对象标识
layout_width	宽，x 轴，match_parent（匹配父元素），wrap_content（匹配内容），数值，单位 dp

续表

属性名称	描述
layout_height	高，y轴，同 layout_width
gravity	内容，子元素在视图中的停靠位置
layout_gravity	视图在布局中的停靠位置
padding	视图的内边距
layout_margin	视图相对父元素的外边距
visibility	可见性，visible，invisible，gone

TextView 控件继承自 View 类，用于在界面上显示一段文本信息。它除了继承 View 类的属性之外，还有自己的属性，其常见属性如表 3.6 所示。

表 3.6 TextView 控件的常见属性

属性名称	描述
text	文本内容（字符串或@string/字符串资源）
textSize	字号，单位 sp
textColor	字体颜色
minLine	最小行数
maxLine	最大行数
singleLine	是否单行
ellipsize	省略文字
autoLink	文本链接方式

下面这个例子展示了用 TextView 控件显示一段文本信息，供参考的代码如下：

```
<TextView
    android:id="@+id/txtMsg"
    android:layout_width="match_parent"
    android:layout_height="wrap_content"
    android:gravity="center"
    android:text="我是一段文本"
    android:textColor="#F44336"
    android:textSize="25sp" />
```

TextView 控件运行效果如图 3.12 所示。

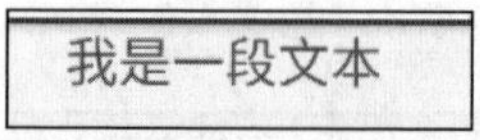

我是一段文本

图 3.12 TextView 控件运行效果

2. EditText 控件

EditText 控件允许用户在控件里输入和编辑内容，并可以在程序中对这些内容进行处理。EditText 控件继承自 TextView 控件，具有 TextView 的所有属性的同时，还有自己的属性，其常见属性如表 3.7 所示。

表 3.7 EditText 控件的常见属性

属性名称	描述
text	输入的文本
maxLength	最大输入长度
textColor	字体颜色
inputType	软键盘类型，phone、number、textUri、textPassword、numberPassword、textMultiLine、textEmailAddress
digits	允许输入的字符
imeOptions	输入法选项
editable	是否可编辑
hint	提示信息

下面这个例子展示了 EditText 控件的使用方法，供参考的代码如下：

```
<EditText
    android:id="@+id/edName"
    android:layout_width="match_parent"
    android:layout_height="wrap_content"
    android:hint="请输入"
    android:inputType="textPersonName"
    android:maxLines="10" />
```

EditText 控件运行效果如图 3.13 所示。

图 3.13 EditText 控件运行效果

扫码观看
微课视频

3.4.2 Button 控件

Button 是 Android 按钮控件。在我们平时开发的项目中，它非常常见，使用频率相当高。Button 控件继承自 TextView 控件，所以它和 TextView 控件有很多共同的属性，其常见属性如表 3.8 所示。

表 3.8　Button 控件的常见属性

属性名称	描述
android:text	按钮上的文本
android:textAllCaps	所有英文字母是否进行大写转换，默认为 true
android:onClick	设置点击事件

以下代码展示了使用 Button 控件制作一个提交按钮的方法。

```
<Button
    android:id="@+id/btn1"
    android:layout_width="match_parent"
    android:layout_height="wrap_content"
    android:text="提交" />
```

Button 控件运行效果如图 3.14 所示。

图 3.14　Button 控件运行效果

Button 控件的单击操作监听方式

按钮对应的操作最常用的就是单击，例如登录、注册等都用到按钮的单击操作。按钮通过监听来响应用户的单击操作，下面我们来一起学习 4 种监听按钮的单击操作的方式。

（1）方式 1

该方式通过设置按钮的 onClick 属性来监听按钮的单击操作，需要在 activity 中建立一个监听方法，然后通过按钮的 onClick 属性与之关联。

步骤 1：在 activity 中设置方法 myClick()，响应按钮的单击操作。代码如下：

```
//方式 1：通过设置按钮的 myClick 属性
@Override
public void onClick(View v) {
    Toast.makeText(ButtonActivity.this,"按钮的第一种监听方式",Toast.LENGTH_LONG).show();
}
```

步骤 2：设置按钮的 onClick 属性值为方法 myClick()，将按钮与之关联。代码如下：

```
<Button
    android:id="@+id/btnclick1"
    android:layout_width="match_parent"
    android:layout_height="wrap_content"
    android:onClick="myClick"
    android:text="点击事件 1" />
```

（2）方式 2

该方式通过按钮的 setOnClickListener()方法注册监听事件，在监听事件中创建 OnClickListener()，然后自动重写 onClick()。

步骤 1：在布局文件中拖入 Button 控件，设置 ID 为 btnclick2。代码如下：

```
<Button
    android:id="@+id/btnclick2"
    android:layout_width="match_parent"
    android:layout_height="wrap_content"
    android:text="点击事件 2" />
```

步骤 2：为按钮控件设置监听类。代码如下：

```
Button btnclick2 = (Button) findViewById(R.id.btnclick2);
//方式 2：设置监听
btnclick2.setOnClickListener(new View.OnClickListener() {
    @Override
    public void onClick(View v) {
        Toast.makeText(ButtonActivity.this,"按钮的第二种监听方式",Toast.LENGTH_LONG).show();
    }
});
```

（3）方式 3

该方式通过内部类实现 OnClickListener 接口，并重写 OnClick()方法。

步骤 1：在布局文件中拖入 Button 控件，设置 ID 为 btnclick3。代码如下：

```
<Button
android:id="@+id/btnclick3"
android:layout_width="match_parent"
android:layout_height="wrap_content"
android:text="点击事件 3" />
```

步骤 2：为按钮控件设置监听类。代码如下：

```
//方式 3：通过内部类实现 OnClickListener 接口，并重写 OnClick()方法
class MyClickListener implements View.OnClickListener{
    @Override
    public void onClick(View v) {
        Toast.makeText(ButtonActivity.this,"按钮的第三种监听方式",Toast.LENGTH_LONG).show();
    }
}
```

步骤 3：使用监听类。代码如下：

```
Button btnclick3 = (Button) findViewById(R.id.btnclick3);
//方式 3：设置监听
btnclick3.setOnClickListener(new MyClickListener());
```

（4）方式 4

该方式通过在 Activity 类实现 OnClickListener 接口，并重写 OnClick()方法。

步骤 1：在布局文件中拖入 Button 控件，设置 ID 为 btnclick4。代码如下：

```
<Button
    android:id="@+id/btnclick4"
    android:layout_width="match_parent"
```

```
    android:layout_height="wrap_content"
    android:text="点击事件 4" />
```

步骤 2：在 Activity 类实现 OnClickListener 接口，重写 onClick()方法。代码如下：

```
public class ButtonActivity extends AppCompatActivity implements View.OnClickListener {
    protected void onCreate(Bundle savedInstanceState) {
        super.onCreate(savedInstanceState);
        setContentView(R.layout.activity_button);
        Button btnclick4 = (Button) findViewById(R.id.btnclick4);
        //方式 4：设置监听
        btnclick4.setOnClickListener(this);
    }
    //方式 4：重写 onClick()方法
    public void onClick(View v) {
        Toast.makeText(ButtonActivity.this,"按钮的第四种监听方式",Toast.LENGTH_LONG).show();
    }
}
```

3.4.3 RadioButton 控件

RadioButton 控件是单选按钮控件，它继承自 Button 控件，可以直接使用 Button 控件支持的各种属性和方法。与普通按钮不同的是，RadioButton 控件多了一个可以选中的功能，能额外指定一个 android:checked 属性。该属性可以指定初始状态是否被选中。其实也可以不用指定，默认初始状态都不被选中。

扫码观看
微课视频

RadioButton 控件必须和单选框 RadioGroup 控件一起使用，在 RadioGroup 控件中放置 RadioButton 控件，通过 setOnCheckedChangeListener()方法来响应按钮的事件。

接下来的例子展示了 RadioButton 控件的单选提示功能，供参考的代码如下：

```
<RadioGroup
    android:id="@+id/sexgp"
    android:layout_width="wrap_content"
    android:layout_height="wrap_content"
    android:orientation="horizontal">
    <RadioButton
        android:id="@+id/rdman"
        android:layout_width="match_parent"
        android:layout_height="wrap_content"
        android:checked="true"
        android:text="男" />
    <RadioButton
        android:id="@+id/rdwomen"
        android:layout_width="match_parent"
        android:layout_height="wrap_content"
        android:text="女" />
</RadioGroup>
```

RadioButton 控件设置监听，源码参考如下：

```
//获取 RadioGroup
sexgp = (RadioGroup)findViewById(R.id.sexgp);
```

```
//设置监听
sexgp.setOnCheckedChangeListener(new RadioGroup.OnCheckedChangeListener() {
    @Override
    public void onCheckedChanged(RadioGroup group, int checkedId) {
        //获取选中的单选按钮
        RadioButton rcheck = (RadioButton) findViewById(checkedId);
        //获取选中的值
        String checkText = rcheck.getText().toString();
        //显示
        Toast.makeText(RadioButtonActivity.this,
                "您选中的是: "+checkText,Toast.LENGTH_LONG).show();
    }
});
```

RadioButton 控件运行效果如图 3.15 所示。

图 3.15　RadioButton 控件运行效果

3.4.4　CheckBox 控件

CheckBox 控件是复选框控件，它继承自 Button 控件，一般用于多项选中操作。与普通按钮不同的是，CheckBox 多了一个可以选中的功能，可额外指定一个 android:checked 属性，该属性可以指定初始状态时是否被选中。其实也可以不用指定，默认初始状态都不被选中。通过 setOnCheckedChangeListener()方法来响应按钮的事件。

接下来的例子展示了 CheckBox 控件的复选提示功能，供参考的代码如下：

```
<CheckBox
    android:id="@+id/ck1"
    android:layout_width="wrap_content"
    android:layout_height="wrap_content"
    android:checked="true"
    android:text="足球" />
<CheckBox
    android:id="@+id/ck2"
    android:layout_width="wrap_content"
    android:layout_height="wrap_content"
    android:text="篮球" />
```

CheckBox 控件选中监听代码如下：

```
public class CheckBoxActivity extends AppCompatActivity
            implements CompoundButton.OnCheckedChangeListener {
    protected void onCreate(Bundle savedInstanceState) {
        super.onCreate(savedInstanceState);
        setContentView(R.layout.activity_check_box);
        //获取 CheckBox
```

```
        CheckBox ck1 = findViewById(R.id.ck1);
        CheckBox ck2 = findViewById(R.id.ck2);
        //设置监听事件
        ck1.setOnCheckedChangeListener(this);
        ck2.setOnCheckedChangeListener(this);
    }
    //选中事件
    public void onCheckedChanged(CompoundButton buttonView, boolean isChecked) {
        if(isChecked){
            //Toast
            Toast.makeText(CheckBoxActivity.this,
                    buttonView.getText()+"被选择",Toast.LENGTH_SHORT ).show();
        }else{
            Toast.makeText(CheckBoxActivity.this,
                    buttonView.getText()+"取消选择",Toast.LENGTH_SHORT ).show();
        }
    }
}
```

CheckBox 控件运行效果如图 3.16 所示。

图 3.16 CheckBox 控件运行效果

3.4.5 案例 2：BMI 体质指数计算 App

本案例将开发一个 BMI 体质指数计算 App，通过用户提供身高、体重数据，应用 BMI 公式计算出该用户的身体质量指数，并给出相关的健康建议。

1. 需求描述

体质指数（Body Mass Index，BMI）是国际上常用的衡量人肥胖程度和健康程度的重要标准，BMI 通过人的体重和身高两个数值获得相对客观的数据，并用这个数据所处范围衡量身体质量。BMI 计算公式如下：

$$BMI=体重\div 身高^2$$（体重的单位是千克，身高的单位是米）

BMI 指数标准如表 3.9 所示。

表 3.9 BMI 指数标准

BMI 分类	WHO 标准	亚洲标准（除中国外）	中国标准
体重过低	＜18.5	＜18.5	＜18.5
正常范围	18.5～24.9	18.5～22.9	18.5～23.9
超重	≥25	≥23	≥24
肥胖	≥30	≥25	≥27

2. 布局设计

BMI 体质指数计算 App 的 UI 采用 LinearLayout 进行布局，使用了 TextView、EditView、RadioButton 等控件。用户可以输入身高、体重等数据，并且可以选择某类标准进行计算，单击按钮后输出相关分类及健康提示。BMI 体质指数计算 App 的 UI 布局如图 3.17 所示。

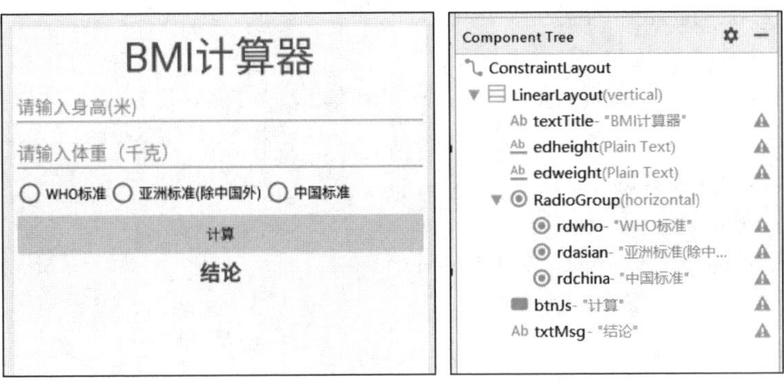

图 3.17　BMI 体质指数计算 App 的 UI 布局

BMI 体质指数计算 App 的 UI 布局的代码如下：

```
<LinearLayout
    android:layout_width="match_parent"
    android:layout_height="match_parent"
    android:orientation="vertical"
    tools:layout_editor_absoluteX="-16dp"
    tools:layout_editor_absoluteY="0dp">
    <TextView
        android:id="@+id/textTitle"
        android:layout_width="match_parent"
        android:layout_height="wrap_content"
        android:gravity="center|center_horizontal"
        android:text="BMI 计算器"
        android:textColor="#BB2ED3"
        android:textSize="40sp" />
    <EditText
        android:id="@+id/edheight"
        android:layout_width="match_parent"
        android:layout_height="wrap_content"
        android:ems="10"
        android:hint="请输入身高(米)"
        android:inputType="textPersonName" />
    <EditText
        android:id="@+id/edweight"
        android:layout_width="match_parent"
```

```
            android:layout_height="wrap_content"
            android:ems="10"
            android:hint="请输入体重（千克）"
            android:inputType="textPersonName" />
        <RadioGroup
            android:layout_width="match_parent"
            android:layout_height="wrap_content"
            android:orientation="horizontal">
            <RadioButton
                android:id="@+id/rdwho"
                android:layout_width="wrap_content"
                android:layout_height="wrap_content"
                android:text="WHO 标准" />
            <RadioButton
                android:id="@+id/rdasian"
                android:layout_width="wrap_content"
                android:layout_height="wrap_content"
                android:text="亚洲标准（中国除外）" />
            <RadioButton
                android:id="@+id/rdchina"
                android:layout_width="wrap_content"
                android:layout_height="wrap_content"
                android:text="中国标准" />
        </RadioGroup>

        <Button
            android:id="@+id/btnJs"
            android:layout_width="match_parent"
            android:layout_height="wrap_content"
            android:text="计算" />

        <TextView
            android:id="@+id/txtMsg"
            android:layout_width="match_parent"
            android:layout_height="wrap_content"
            android:gravity="center"
            android:text="结论"
            android:textColor="#3F51B5"
            android:textSize="20sp"
            android:textStyle="bold" />
    </LinearLayout>
```

3. 业务功能实现

BMI 体质指数计算 App 的业务逻辑是接收用户输入的身高、体重等数据，根据标准计算出 BMI 值，然后在界面中显示。

Activity 中的业务关键代码如下：

```
//获取身高，体重。将身高和体重数据转换为数字型
double height = Double.valueOf(edheight.getText().toString());
double weight = Double.valueOf(edweight.getText().toString());
//计算 BMI 体质指数指数,BMI = 体重 ÷（身高×身高）
double bmi = weight/(height*height);
if (rdwho.isChecked()){
    //WHO 标准
    if (bmi>=30){
        txtMsg.setText("您有点肥胖哦！");
    }else if (bmi>=25){
        txtMsg.setText("您体重超重啦！");
    }else if (bmi>=18.5&&bmi<=24.9){
        txtMsg.setText("您的体重正常，继续保持哦！");
    }else if (bmi<18.5){
        txtMsg.setText("您体重过轻，多吃点哦！");
    }
}else if (rdasian.isChecked()){
    //亚洲标准（除中国外）
    if (bmi>=25){
        txtMsg.setText("您有点肥胖哦！");
    }else if (bmi>=23){
        txtMsg.setText("您体重超重啦！");
    }else if (bmi>=18.5&&bmi<=22.9){
        txtMsg.setText("您的体重正常，继续保持哦！");
    }else if (bmi<18.5){
        txtMsg.setText("您体重过轻，多吃点哦！");
    }
}else if (rdchina.isChecked()){
    //中国标准
    if (bmi>=27){
        txtMsg.setText("您有点肥胖哦！");
    }else if (bmi>=24){
        txtMsg.setText("您体重超重啦！");
    }else if (bmi>=18.5&&bmi<=23.9){
        txtMsg.setText("您的体重正常，继续保持哦！");
    }else if (bmi<18.5){
        txtMsg.setText("您体重过轻，多吃点哦！");
    }
}
```

4. 运行效果

项目开发完成后，我们可以在模拟器或手机中运行此款 App，查看运行结果。BMI 体质指数计算 App 运行效果如图 3.18 所示。

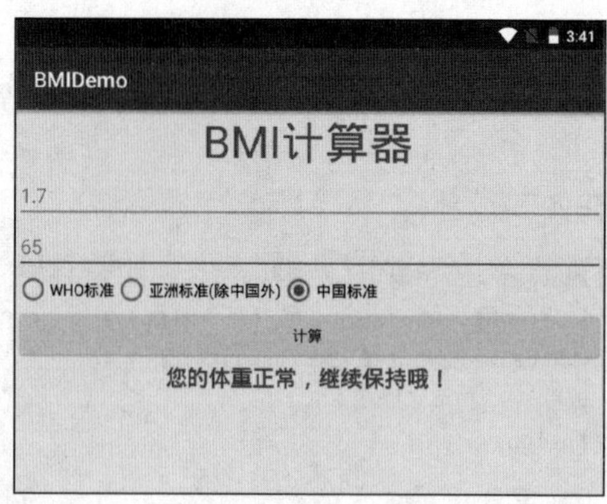

图 3.18　BMI 体质指数计算 App 运行效果

3.5　案例 3：用户登录 App

在本案例，我们设计一个用户登录 App，模拟用户通过用户名或邮箱地址进行登录，判断用户账号及密码是否正确，并给出相应的登录提示。

1. 需求描述

实现用户登录功能需提供用户名、密码及登录类型的输入信息，单击登录按钮后，后台根据用户选择的类型，对用户名或邮件地址进行登录验证，并给出相关的登录提示。本案例不涉及服务器验证，内置了用户名或邮箱地址及密码等，主要用来验证用户输入的用户名或邮箱地址及密码是否与之对应一致。

内置用户名或邮箱地址：zhangsan 或 zhangsan@******.com。

内置密码：123456。

2. UI 布局设计

UI 采用 LinearLayout 进行布局，使用了 TextView、EditView、RadioButton 等控件。用户可以输入用户名和密码等，并且可以选择登录类型，单击“登录”按钮进行登录验证。用户登录 App 的 UI 布局如图 3.19 所示。

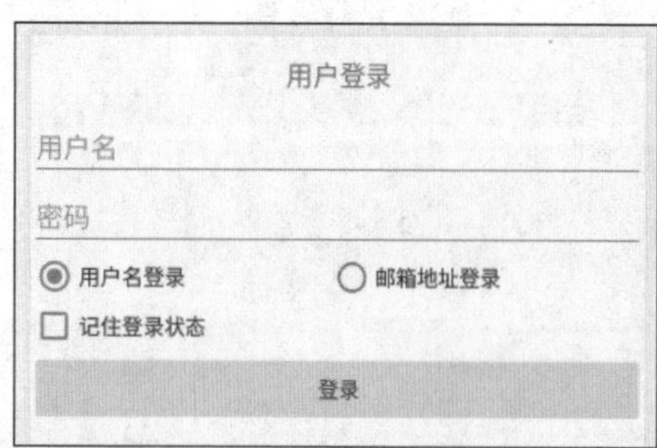

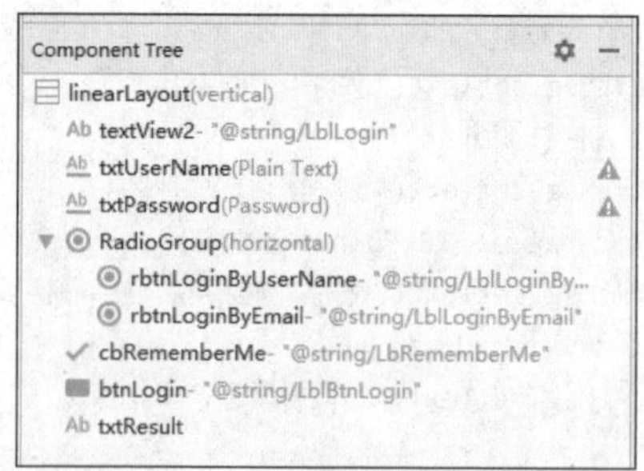

图 3.19　用户登录 App 的 UI 布局

用户登录 App 的 UI 设计的 XML 文件的代码如下：

```
<LinearLayout
    android:layout_width="match_parent"
```

```
    android:layout_height="match_parent"
    android:orientation="vertical">
    <TextView
        android:id="@+id/textView2"
        android:layout_width="match_parent"
        android:layout_height="50dp"
        android:gravity="center"
        android:text="@string/LblLogin"
        android:textSize="18sp" />
    <EditText
        android:id="@+id/txtUserName"
        android:layout_width="match_parent"
        android:layout_height="wrap_content"
        android:ems="10"
        android:hint="@string/LblUserName"
        android:inputType="textPersonName" />
<EditText
        android:id="@+id/txtPassword"
        android:layout_width="match_parent"
        android:layout_height="wrap_content"
        android:ems="10"
        android:hint="@string/LblPassword"
        android:inputType="textPassword" />
    <RadioGroup
        android:layout_width="match_parent"
        android:layout_height="wrap_content"
        android:orientation="horizontal">
        <RadioButton
            android:id="@+id/rbtnLoginByUserName"
            android:layout_width="wrap_content"
            android:layout_height="wrap_content"
            android:layout_weight="1"
            android:checked="true"
            android:text="@string/LblLoginByUserName" />
        <RadioButton
            android:id="@+id/rbtnLoginByEmail"
            android:layout_width="wrap_content"
            android:layout_height="wrap_content"
            android:layout_weight="1"
            android:text="@string/LblLoginByEmail" />
    </RadioGroup>
    <CheckBox
        android:id="@+id/cbRememberMe"
        android:layout_width="match_parent"
        android:layout_height="wrap_content"
        android:text="@string/LbRememberMe" />
    <Button
        android:id="@+id/btnLogin"
        android:layout_width="match_parent"
        android:layout_height="wrap_content"
```

```
        android:text="@string/LblBtnLogin" />
    <TextView
        android:id="@+id/txtResult"
        android:layout_width="match_parent"
        android:layout_height="wrap_content"
        android:textColor="@android:color/holo_red_light" />
</LinearLayout>
```

用户登录 App 的字符资源（strings.xml）配置信息的代码如下：

```
<resources>
    <string name="app_name">OfficeDemo</string>
    <string name="LblLogin">用户登录</string>
    <string name="LblUserName">用户名</string>
    <string name="LblPassword">密码</string>
    <string name="LblLoginByUserName">用户名登录</string>
    <string name="LblLoginByEmail">邮箱地址登录</string>
    <string name="LbRememberMe">记住登录状态</string>
    <string name="LblBtnLogin">登录</string>
</resources>
```

3. 业务功能实现

用户登录的业务逻辑是接收用户输入的用户名或邮箱地址、密码、登录类型等信息，与内置的用户名及密码等信息进行一致性的验证，然后根据验证结果提示用户登录是否成功。

Activity 中的业务关键代码如下：

```
//获取按钮控件
Button btnLogin = (Button)findViewById(R.id.btnLogin);
//设置按钮的监听
btnLogin.setOnClickListener(new View.OnClickListener() {
    @Override
    public void onClick(View v) {
        //获取单选按钮控件
     RadioButton rbtnLoginByUserName
        = (RadioButton)findViewById(R.id.rbtnLoginByUserName);
        //存储用户名及密码
        String DbUser, DbPassword;
        //判断单选按钮是否被选中
        if(rbtnLoginByUserName.isChecked()){
            //用户登录，存放账号及密码
            DbUser = "zhangsan";
            DbPassword = "123456";
        }else {
            //邮件登录，存放邮件地址及密码
            DbUser = "zhangsan@******.com";
            DbPassword = "123456";
        }
        //获取用户输入控件
        EditText txtUserName = (EditText)findViewById(R.id.txtUserName);
        EditText txtPassword = (EditText)findViewById(R.id.txtPassword);
        TextView txtResult = (TextView)findViewById(R.id.txtResult);
```

```
            //模拟账号登录
            if(txtUserName.getText().toString().equals(DbUser)) {
                if(txtPassword.getText().toString().equals(DbPassword)) {
                    //登录成功
                    txtResult.setText("登录成功");
                }else {
                    //密码错误
                    txtResult.setText("密码有误");
                }
            }else{
                //用户名不存在
                txtResult.setText("用户名不存在");
            }
        }
    });
```

4. 运行效果

项目开发完成后，我们可以在模拟器或手机中运行此款 App，查看运行结果。用户登录 App 运行效果如图 3.20 所示。

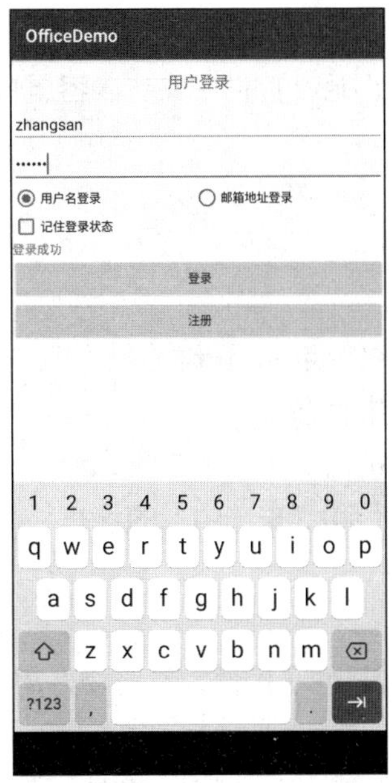

图 3.20 用户登录 App 运行效果

3.6 课程小结

本章我们学习了 Android 开发中的常用布局及控件，包括 LinearLayout 和 RelativeLayout 布局，以及 TextView、EditText、Button、RadioButton、CheckBox 等控件。本章介绍了它们相关的概念及属性的使用，并通过案例展示了如何在 App 开发中进行 UI 布局及相应功能的开发。

3.7 自我测评

一、选择题

1. 在相对布局中，用于设置当前控件位于某控件左侧的属性是（　　）。
   A. android:layout_alignLeft
   B. android:layout_toLeftOf
   C. android:layout_alignParentLeft
   D. android:layout_centerInParent
2. 下列选项中，属于相对布局标签的是（　　）。
   A. TableLayout　　B. ConstraintLayout
   C. FrameLayout　　D. RelativeLayout
3. 下列选项中，属于设置 CheckBox 控件选择监听事件方法的是（　　）。
   A. setOnClickListener()
   B. setOnCheckedListener()
   C. setOnCheckedChangeListener()
   D. setOnMenuItemSelectedListener()
4. 下列选项中，属于设置 TextView 控件中文本内容属性的是（　　）。
   A. android:textValue
   B. android:text
   C. android:textColor
   D. android:textSize
5. 下列关于 RadioButton 控件的描述，正确的是（　　）。
   A. RadioButton 默认为选中状态
   B. RadioButton 表示单选按钮
   C. RadioButton 有“选中”和“未选中”的状态
   D. 以上说法都不对

二、判断题

1. RelativeLayout 以父容器或其他子控件为参照物，指定布局中子控件的位置。（　　）
2. Button 控件可以显示文本信息，也可以显示图片资源。（　　）
3. TextView 控件用于显示文本信息。（　　）
4. TextView 控件只能显示文本信息，不能显示图片。（　　）
5. 通过 android:textSize 属性可以设置 TextView 控件中的文本显示的大小。（　　）

三、编程题

请开发一个用户注册 App，实现学生和教师的注册功能。

需求说明：注册信息需要包括账号、密码、确认密码、姓名、手机、用户类型（教师、学生）等。单击“注册”按钮后，提示“您已注册成功，欢迎使用”。

3.8 课堂笔记（见工作手册）

3.9 实训记录（见工作手册）

3.10 课程评价（见工作手册）

3.11 扩展知识

1. Android 开发中的七大布局

Android 开发中的七大布局分别为线性布局（LinearLayout）、相对布局（RelativeLayout）、帧布局（FrameLayout）、表格布局（TableLayout）、绝对布局（AbsoluteLayout）、网格布局（GridLayout）、约束布局（ConstraintLayout）。

声明 Android 程序布局有两种方式。

（1）使用 XML 文件描述界面布局。

（2）在 Java 代码中通过调用方法进行控制。

我们既可以使用任何一种声明界面布局的方式，也可以同时使用两种方式。

使用 XML 文件声明有以下 3 个特点。

（1）将程序的表现层和控制层分离。

（2）在后期修改用户界面时，无须更改程序的源程序。

（3）可通过 WYSIWYG 可视化工具直接看到所设计的 UI，有利于加快界面设计的过程。

2. Android 布局优化

大家在开发过程中可以习惯性地通过 Layout Inspector 查看当前 UI 资源的分配情况。Layout Inspector 是随 Android SDK 发布的工具，它是 Android 自带的、非常有用的而且使用简单的工具，可以帮助我们更好地检视和设计 UI，是 UI 检视的“利器”。

注意：Layout Inspector 在 Android Studio 4.0 及以上版本中已经废弃，所以使用前请先确认你的 Android Stuido 版本。Android Studio 4.0 稳定版正式发布，其中一个重要升级就是新版的 Live Layout Inspector。具体使用步骤可以查阅互联网。

布局优化原理：减少层级，越简单越好；减少 overDraw，就能更好地突出性能。

优化的具体方法如下。

（1）最好优先使用 RelativeLayout。这是因为在同样的布局实现中，使用 RelativeLayout 比 LinearLayout 少一个层级。

（2）使用抽象布局标签 include、merge、ViewStub。

include 标签用于将布局中的公共部分提取出来。

merge 标签是作为 include 标签的一种辅助扩展来使用的，它的主要作用是防止在引用布局文件时产生多余的布局嵌套。

Android 渲染需要消耗时间，布局越复杂，性能越差。

ViewStub 标签：ViewsTub 是 View 的子类，ViewStub 是一个轻量级的、隐藏的、没有尺寸的 View。

（3）Android 最新的布局方式 ConstaintLayout。

ConstraintLayout 允许你在不使用任何嵌套的情况下创建大型而又复杂的布局。它与 RelativeLayout 非常相似，所有的 View 都依赖于兄弟控件和父控件的相对关系。但是，ConstraintLayout 比 RelativeLayout 灵活。

（4）利用 Android Lint 工具寻求可能优化布局的层次。

使用 Android Lint 工具来检查代码，进而实现优化。

第 4 章 Android 常用 UI 布局及控件二

4.1 预习要点（见工作手册）

4.2 学习目标

本章主要介绍 Android 常用布局容器及常用控件的应用，并利用它们开发 App。我们将介绍 FrameLayout（帧布局）、GridLayout（网格布局）、ConstraintLayout（约束布局）布局容器、常用控件及对话框组件的使用方法。

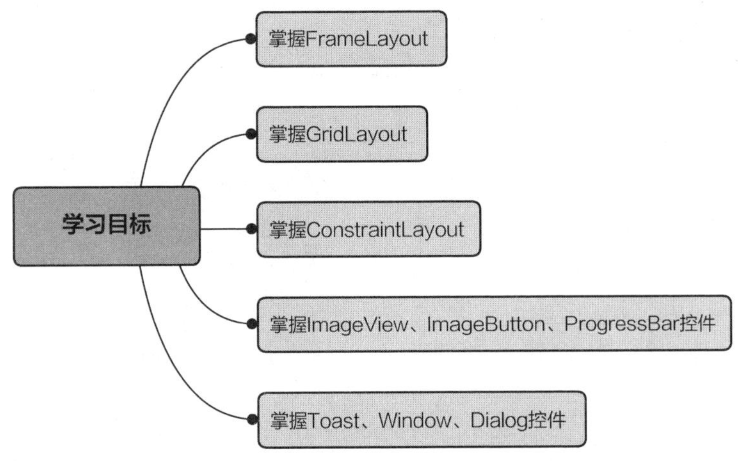

4.3 常用 UI 布局

通过第 3 章对 Android UI 布局的介绍，我们掌握了 LinearLayout、RelativeLayout 的使用方法。在本节中，我们将学习 FrameLayout、GridLayout、ConstraintLayout 等布局容器的使用方法。

扫码观看微课视频

4.3.1 FrameLayout

FrameLayout 是一种非常简单的布局方式，下面我们来一起学习。

1. FrameLayout 介绍

FrameLayout 直接在屏幕上开辟出一块空白的区域，当我们往里面添加控件的时候，会默认把它们放到这块区域的左上角。它将子元素逐个重叠放入栈中，最后添加的子元素显示在最上面。虽然默认将控件放置在相应区域的左上角,但是我们可以通过 layout_gravity 属性，将控件指定到其他的位置。FrameLayout 排列方式如图 4.1 所示。

2. FrameLayout 的基本用法

我们在使用 FrameLayout 前，需要将其从控件列表中拖入布局文件，如图 4.2 所示。

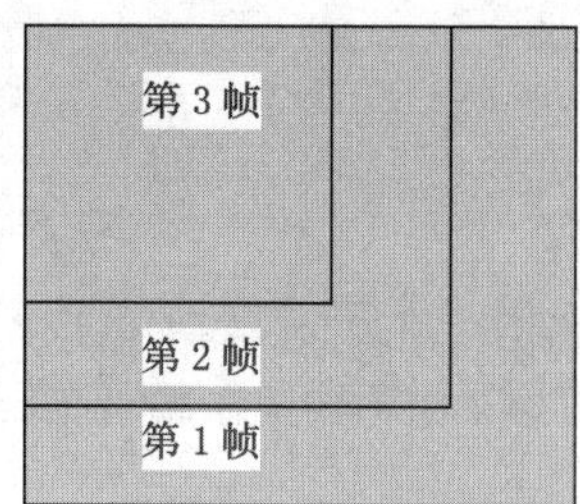

图 4.1　FrameLayout 的排列方式

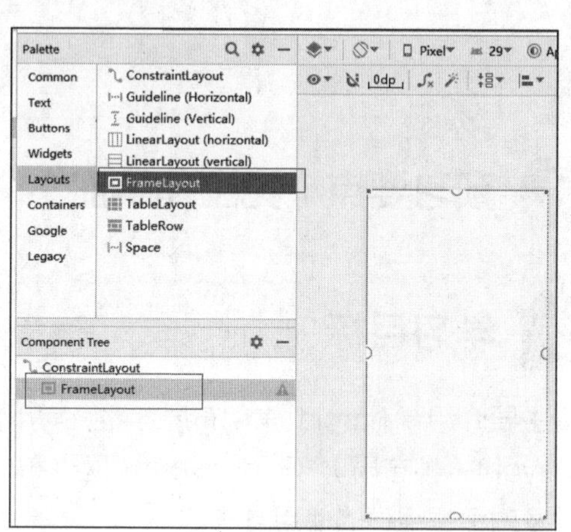

图 4.2　将 FrameLayout 拖入布局文件

为了演示 FrameLayout 的使用方法，我们依次加入 3 个 TextView 控件，并设置其高、宽及背景颜色，如图 4.3 所示。

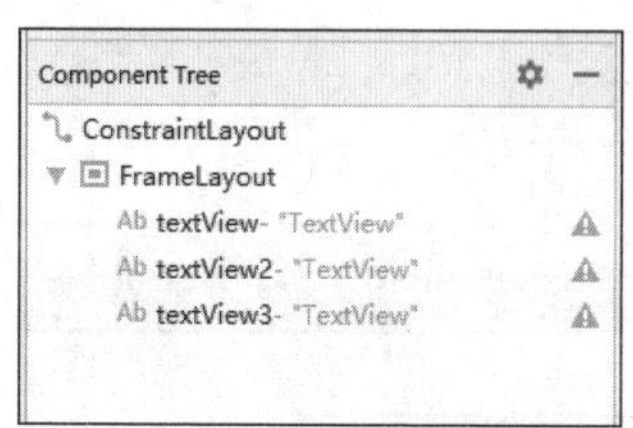

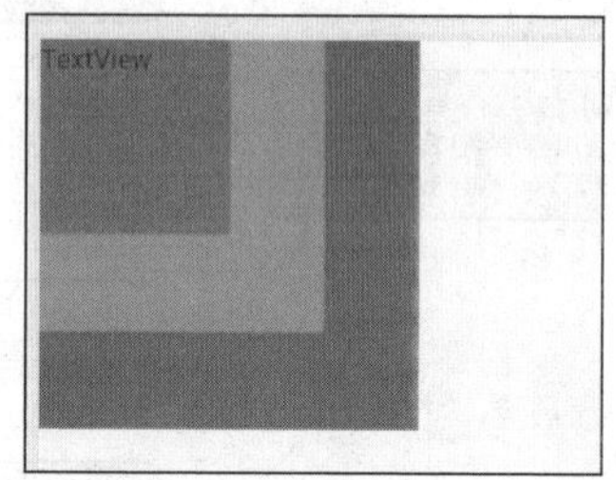

图 4.3　FrameLayout 设计

上述布局设计对应的代码如下：

```
<FrameLayout
    android:layout_width="match_parent"
    android:layout_height="match_parent">
    <TextView
        android:id="@+id/textView"
        android:layout_width="200dp"
        android:layout_height="200dp"
        android:background="#F44336"
        android:text="TextView" />
    <TextView
        android:id="@+id/textView2"
        android:layout_width="150dp"
        android:layout_height="150dp"
```

```
        android:background="#8BC34A"
        android:text="TextView" />
    <TextView
        android:id="@+id/textView3"
        android:layout_width="100dp"
        android:layout_height="100dp"
        android:background="#03A9F4"
        android:text="TextView" />
</FrameLayout>
```

FrameLayout 可以设置前景图片，这时需要设置对应的属性，FrameLayout 常用属性如表 4.1 所示。

表 4.1　FrameLayout 常用属性

属性名称	描述
android:foreground	设置帧布局容器的前景图像
android:foregroundGravity	设置前景图像显示的位置

下面我们来介绍 FrameLayout 的前景图片的设置。首先在素材中复制红包图片“hb.jpg”至工程的 res/mipmap 资源文件下。设置 foreground 和 foregroundGravity 属性，如图 4.4 所示。

<unnamed>	
foreground	@mipmap/hb
▸ foregroundGravity	bottom|right
foregroundTint	
foregroundTintMode	
importantForAccessibility	
labelFor	
nextFocusForward	
nextFocusRight	
scrollbarDefaultDelayBeforeFade	400
▸ theme	

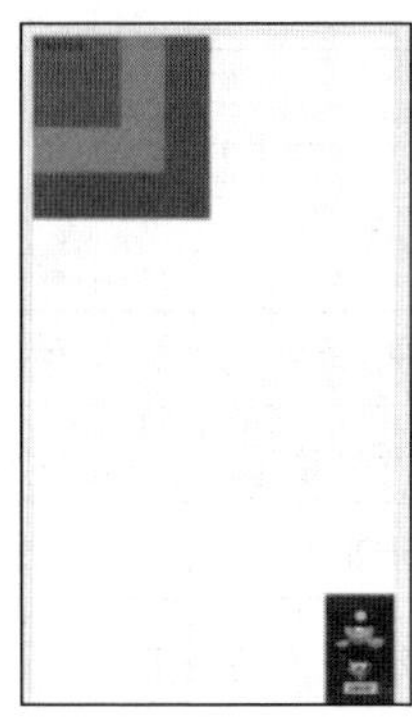

图 4.4　FrameLayout 的前景图片设置

以下为前景图片设置的代码如下：

```
<FrameLayout
    android:layout_width="match_parent"
    android:layout_height="match_parent"
    android:foreground="@mipmap/hb"
    android:foregroundGravity="bottom|right">
    ...
```

4.3.2　GridLayout

扫码观看
微课视频

GridLayout 是 Android 4.0 引入的布局，也是 Android 开发常用布局之一。

1. GridLayout 介绍

GridLayout 继承自 android.view.ViewGroup 类，其用途是将布局按固定

的行数、列数分割成固定网格。加入 GridLayout 的控件，按顺序从左到右或从上到下摆放，也支持直接指定某个位置摆放，GridLayout 的排列方式如图 4.5 所示。

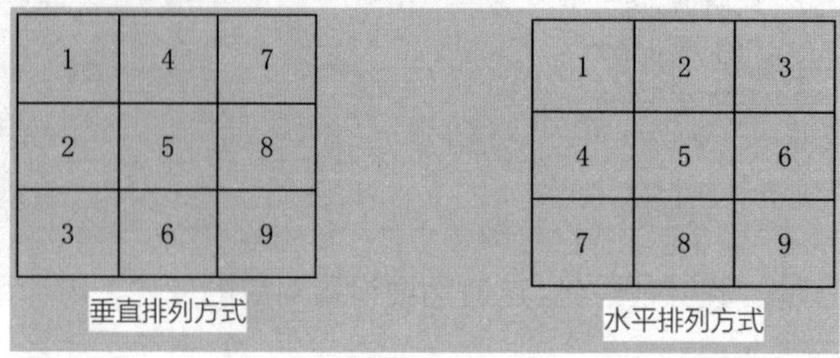

图 4.5　GridLayout 的排列方式（以 3 行 3 列为例）

2. GridLayout 的基本用法

使用 GridLayout 布局前，我们需要了解它的常用属性。GridLayout 常用属性如表 4.2 所示。

表 4.2　GridLayout 常用属性

属性名称	描述
android:columnCount	最大列数
android:rowCount	最大行数
android:orientation	GridLayout 中子元素的布局方向
android:alignmentMode	alignBounds：对齐子视图边界。alignMargins：对齐子视距内容，默认值
android:columnOrderPreserved	使列边界显示的顺序和列索引的顺序相同，默认 true
android:rowOrderPreserved	使行边界显示的顺序和行索引的顺序相同，默认 true
android:useDefaultMargins	没有指定视图的布局参数时使用默认的边距，默认 false

GridLayout 也是容器，可在其中添加其他控件，这些控件将具有表 4.3 列出的属性。

表 4.3　GridLayout 子元素的属性

属性名称	描述
android:layout_column	指定该单元格在第几列显示
android:layout_row	指定该单元格在第几行显示
android:layout_columnSpan	指定该单元格占据的列数
android:layout_rowSpan	指定该单元格占据的行数
android:layout_gravity	指定该单元格在容器中的位置
android:layout_columnWeight	（API 21 加入）列权重
android:layout_rowWeight	（API 21 加入）行权重

在 Android 工程中使用 GridLayout，首先需要将其加入布局文件，这时工程会提示是否加入 GridLayout 控件，单击“OK”按钮即可，如图 4.6 所示。

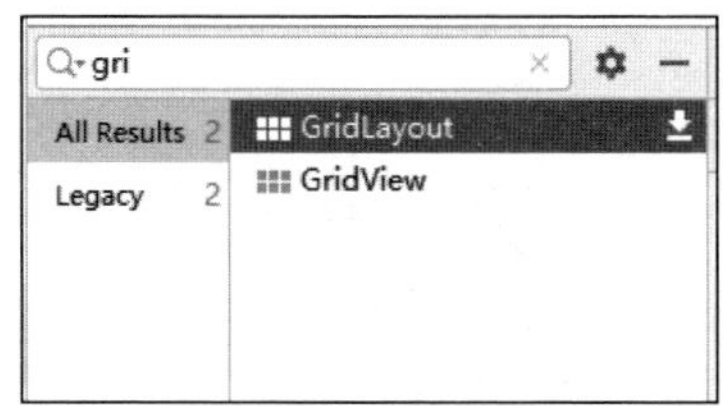

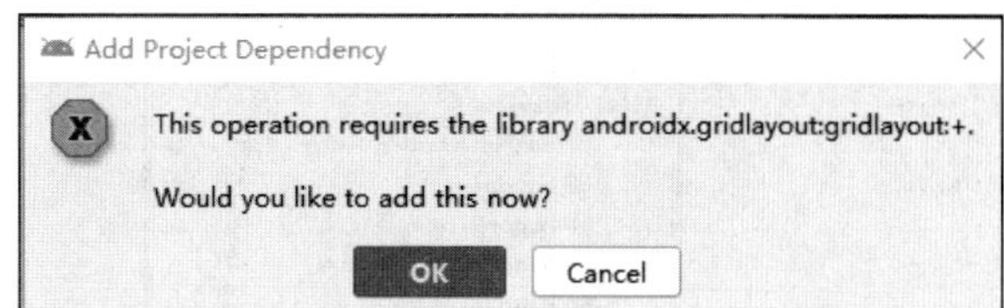

图 4.6　添加 GridLayout 控件

这时会在 app/build.gradle 文件中添加 GridLayout 的依赖，代码如下：

```
implementation 'androidx.gridlayout:gridlayout:1.0.0'
```

添加 GridLayout 控件的布局文件如图 4.7 所示。

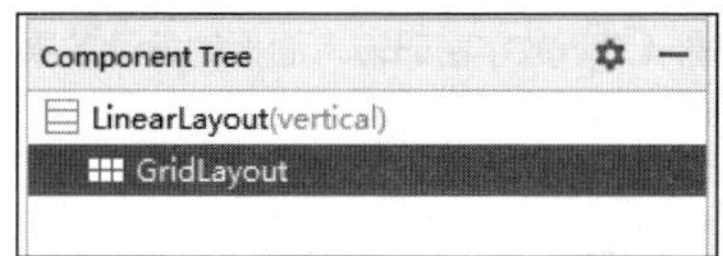

图 4.7　添加 GridLayout 控件的布局文件

下面我们使用 GridLayout 设计一个数字密码输入面板，以替代系统默认输入法输入密码，提高用户信息安全性。所用到的控件包括密码文本框 EditText 控件、密码按钮 Button 控件、确认支付按钮 Button 控件，控件属性设置如表 4.4 所示。

表 4.4　控件属性设置

控件	属性名	属性值
密码文本框 EditText 控件	hint	请输入 6 位数字支付密码
	layout_columnSpan	3
	layout_height	90dp
	layout_gravity	fill
	textIsSelectable	false
密码按钮 Button 控件	layout_width	140dp
	layout_height	90dp
	text	0、1、……、9、清空、退格
	textSize	36sp
确认支付按钮 Button 控件	layout_height	90dp
	layout_gravity	fill
	layout_columnSpan	3

表 4.4 所示的 textIsSelectable 属性用于禁止用户使用系统默认输入法。全部控件在 GridLayout 中按照 layout_columnCount=3 自然排列，其中密码文本框和支付确认按钮等 2 个控件按 layout_columnSpan=3 占用 3 个网格。数字密码输入面板的设计效果如图 4.8 所示。

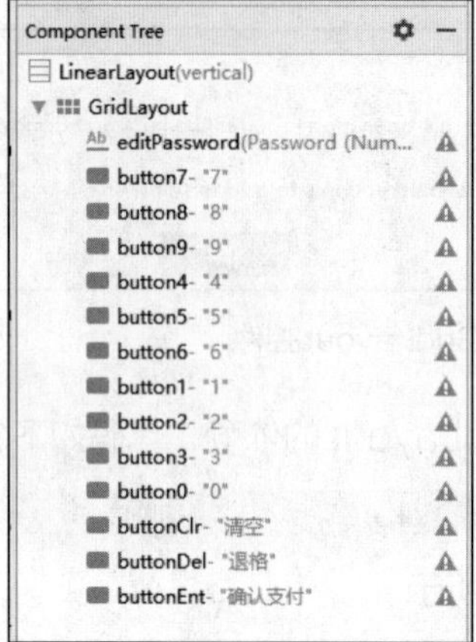

图 4.8　数字密码输入面板的设计效果

数字密码输入面板的布局文件代码如下：

```
<?xml version="1.0" encoding="utf-8"?>
<LinearLayout xmlns:android="http://******.com/apk/res/android"
    xmlns:app="http://******/apk/res-auto"
    android:layout_width="match_parent"
    android:layout_height="wrap_content"
    android:orientation="vertical">
    <androidx.gridlayout.widget.GridLayout
        android:layout_width="match_parent"
        android:layout_height="match_parent"
        android:layout_gravity="fill"
        app:columnCount="3"
        app:rowCount="4">
        <EditText
            android:id="@+id/editPassword"
            android:layout_width="wrap_content"
            android:layout_height="90dp"
            android:ems="10"
            android:hint="请输入 6 位数字支付密码"
            android:inputType="numberPassword"
            android:textIsSelectable="false"
            android:textSize="36sp"
            app:layout_columnSpan="3"
            app:layout_gravity="fill" />
        <Button
            android:id="@+id/button7"
            android:layout_width="wrap_content"
            android:layout_height="90dp"
            android:text="7"
            android:textSize="36sp"
            app:layout_gravity="fill" />
        <Button
            android:id="@+id/button8"
            android:layout_width="wrap_content"
```

```
        android:layout_height="90dp"
        android:text="8"
        android:textSize="36sp"
        app:layout_gravity="fill" />
    <Button
        android:id="@+id/button9"
        android:layout_width="wrap_content"
        android:layout_height="90dp"
        android:text="9"
        android:textSize="36sp"
        app:layout_gravity="fill" />
    <Button
        android:id="@+id/button4"
        android:layout_width="wrap_content"
        android:layout_height="90dp"
        android:text="4"
        android:textSize="36sp"
        app:layout_gravity="fill" />
    <Button
        android:id="@+id/button5"
        android:layout_width="wrap_content"
        android:layout_height="90dp"
        android:text="5"
        android:textSize="36sp"
        app:layout_gravity="fill" />
    <Button
        android:id="@+id/button6"
        android:layout_width="wrap_content"
        android:layout_height="90dp"
        android:text="6"
        android:textSize="36sp"
        app:layout_gravity="fill" />
    <Button
        android:id="@+id/button1"
        android:layout_width="wrap_content"
        android:layout_height="90dp"
        android:text="1"
        android:textSize="36sp"
        app:layout_gravity="fill" />
    <Button
        android:id="@+id/button2"
        android:layout_width="wrap_content"
        android:layout_height="90dp"
        android:text="2"
        android:textSize="36sp"
        app:layout_gravity="fill" />
    <Button
        android:id="@+id/button3"
        android:layout_width="wrap_content"
        android:layout_height="90dp"
```

```
            android:text="3"
            android:textSize="36sp"
            app:layout_gravity="fill" />
        <Button
            android:id="@+id/button0"
            android:layout_width="wrap_content"
            android:layout_height="90dp"
            android:text="0"
            android:textSize="36sp"
            app:layout_gravity="fill" />
        <Button
            android:id="@+id/buttonClr"
            android:layout_width="140dp"
            android:layout_height="90dp"
            android:text="清空"
            android:textSize="36sp" />
        <Button
            android:id="@+id/buttonDel"
            android:layout_width="140dp"
            android:layout_height="90dp"
            android:text="退格"
            android:textSize="36sp" />
        <Button
            android:id="@+id/buttonEnt"
            android:layout_width="wrap_content"
            android:layout_height="90dp"
            android:background="@android:color/holo_green_dark"
            android:text="确认支付"
            android:textColor="@android:color/background_light"
            android:textSize="36sp"
            app:layout_columnSpan="3"
            app:layout_gravity="fill" />

    </androidx.gridlayout.widget.GridLayout>
</LinearLayout>
```

4.3.3 ConstraintLayout

在开发过程中经常会遇到一些复杂的 UI，可能会遇到布局嵌套过多的问题，嵌套得越多，设备绘制视图所需的时间和计算功耗也就越多。ConstraintLayout 可有效解决布局嵌套过多的问题而出现的。

扫码观看
微课视频

1. ConstraintLayout 介绍

ConstraintLayout 是一个 ViewGroup，我们可以在 API 9 以上版本的 Android 操作系统使用它。它以灵活的方式定位和调整小部件，能有效解决布局嵌套过多的问题。从 Android Studio 2.3 起，官方的模板默认为 ConstraintLayout。

ConstraintLayout 与 RelativeLayout 类似，采用相对定位的布局模式，但 ConstraintLayout 的灵活性要高于 RelativeLayout，性能更出色！还有一点是 ConstraintLayout 可以按照比例约束控件位置和尺寸，能够更好地适配屏幕大小不同的机型。

2. ConstraintLayout 的基本用法

从 Android Studio 2.3 起，官方的模板默认为 ConstraintLayout。我们打开 app/build.gradle 文件可以看到已添加 ConstraintLayout 的依赖，代码如下：

```
implementation 'androidx.constraintlayout:constraintlayout:1.1.3'
```

（1）相对定位

ConstraintLayout 具有 RelativeLayout 的能力，可以将一个控件置于相对于另一个控件的位置，其常用属性如表 4.5 所示。

表 4.5　ConstraintLayout 常用属性

属性名称	描述
layout_constraintTop_toTopOf	期望视图的上边对齐另一个视图的上边
layout_constraintTop_toBottomOf	期望视图的上边对齐另一个视图的底边
layout_constraintTop_toLeftOf	期望视图的上边对齐另一个视图的左边
layout_constraintTop_toRightOf	期望视图的上边对齐另一个视图的右边
layout_constraintBottom_toTopOf	期望视图的底边对齐另一个视图的上边
layout_constraintBottom_toBottomOf	期望视图的底边对齐另一个视图的底边
layout_constraintBottom_toLeftOf	期望视图的底边对齐另一个视图的左边
layout_constraintBottom_toRightOf	期望视图的底边对齐另一个视图的右边
layout_constraintLeft_toTopOf	期望视图的左边对齐另一个视图的上边
layout_constraintLeft_toBottomOf	期望视图的左边对齐另一个视图的底边
layout_constraintLeft_toLeftOf	期望视图的左边对齐另一个视图的左边
layout_constraintLeft_toRightOf	期望视图的左边对齐另一个视图的右边
layout_constraintRight_toTopOf	期望视图的右边对齐另一个视图的上边
layout_constraintRight_toBottomOf	期望视图的右边对齐另一个视图的底边
layout_constraintRight_toLeftOf	期望视图的右边对齐另一个视图的左边
layout_constraintRight_toRightOf	期望视图的右边对齐另一个视图的右边

下面这个例子展示了 ConstraintLayout 相对定位的应用。图 4.9 所示为 TextView2 在 TextView1 的右边，TextView3 在 TextView1 的下面。

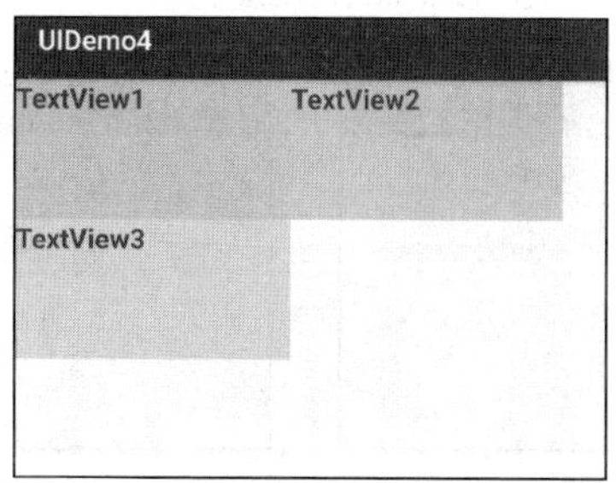

图 4.9　ConstraintLayout 相对定位

上述布局的代码如下：

```
<androidx.constraintlayout.widget.ConstraintLayout
    xmlns:android="http://*****.com/apk/res/ android"
    xmlns:app="http://*****.com/apk/res-auto"
    android:layout_width="match_parent"
    android:layout_height="match_parent">
    <TextView
        android:id="@+id/textView1"
        android:layout_width="200dp"
        android:layout_height="100dp"
        android:background="#F44336"
        android:text="TextView"
        app:layout_constraintLeft_toLeftOf="parent"
        app:layout_constraintTop_toTopOf="parent" />
    <TextView
        android:id="@+id/textView2"
        android:layout_width="200dp"
        android:layout_height="100dp"
        android:background="#CDDC39"
        android:text="TextView"
        app:layout_constraintLeft_toRightOf="@id/textView1"
        app:layout_constraintTop_toTopOf="parent" />
    <TextView
        android:id="@+id/textView3"
        android:layout_width="200dp"
        android:layout_height="100dp"
        android:background="#00BCD4"
        android:text="TextView"
        app:layout_constraintLeft_toLeftOf="parent"
        app:layout_constraintTop_toBottomOf="@id/textView1" />
</androidx.constraintlayout.widget.ConstraintLayout>
```

相对定位中有一个 layout_constraintBaseline_toBaselineOf 基线定位属性，如表 4.6 所示。

表 4.6　ConstraintLayout 的基线定位属性

属性名称	描述
layout_constraintBaseline_toBaselineOf	Baseline 指的是文本基线。文本对齐

两个 TextView 控件的高度不一致（见图 4.10），但是希望将它们的文本对齐，这个时候就可以使用 layout_constraintBaseline_toBaselineOf 属性。

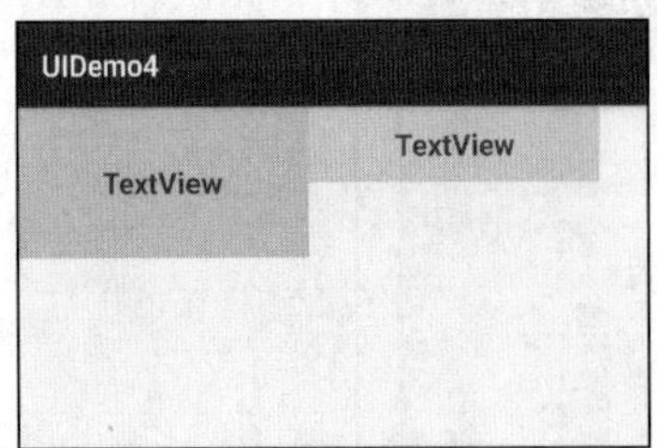

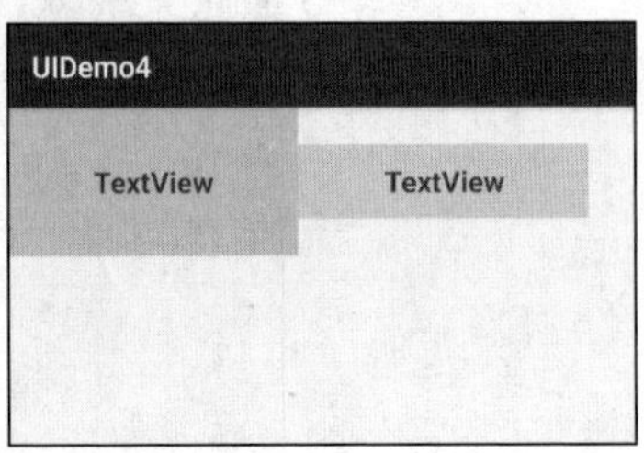

图 4.10　ConstraintLayout 基线定位前后对比

上述布局的代码如下：

```
<androidx.constraintlayout.widget.ConstraintLayout
    xmlns:android="http://******.com/apk/res/android"
    xmlns:app="http://******.com/apk/res-auto"
    android:layout_width="match_parent"
    android:layout_height="match_parent">
    <TextView
        android:id="@+id/textView1"
        android:layout_width="200dp"
        android:layout_height="100dp"
        android:background="#F44336"
        android:gravity="center"
        android:text="TextView"
        app:layout_constraintLeft_toLeftOf="parent"
        app:layout_constraintTop_toTopOf="parent" />
    <TextView
        android:id="@+id/textView2"
        android:layout_width="200dp"
        android:layout_height="50dp"
        android:background="#CDDC39"
        android:gravity="center"
        android:text="TextView"
        app:layout_constraintBaseline_toBaselineOf="@id/textView1"
        app:layout_constraintLeft_toRightOf="@id/textView1" />
</androidx.constraintlayout.widget.ConstraintLayout>
```

（2）角度定位

角度定位是指可以用一个角度和一段距离来约束一个控件相对于另一个控件的位置。ConstraintLayout 角度定位如图 4.11 所示。

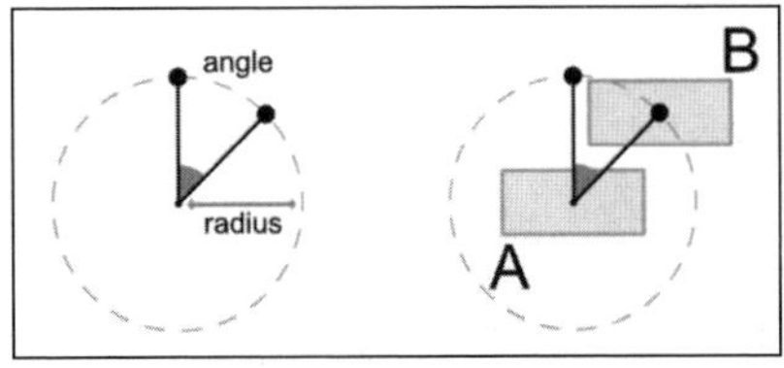

图 4.11　ConstraintLayout 角度定位

ConstraintLayout 角度定位的属性如表 4.7 所示。

表 4.7　ConstraintLayout 角度定位的属性

属性名称	描述
layout_constraintCircle	参照控件的 ID
layout_constraintCircleAngle	当前 View 的中心与目标 View 的中心的连线与 *y* 轴方向的夹角（取值范围为 0° ～360° ）
layout_constraintCircleRadius	两个控件中心连线的距离

下面我们通过一个例子来展示 ConstraintLayout 角度定位的使用，其效果如图 4.12 所示。

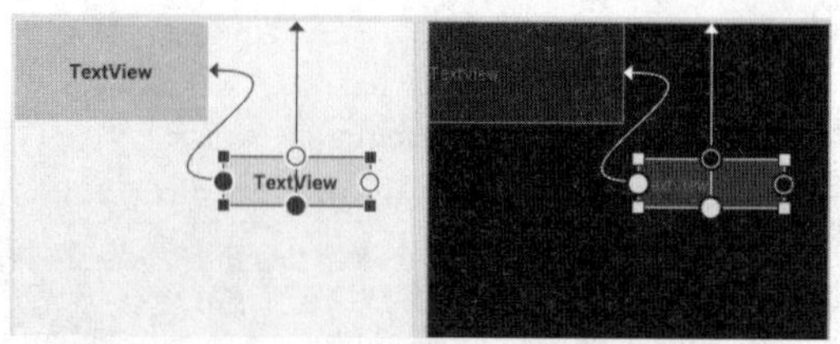

图 4.12　ConstraintLayout 角度定位的效果

上述布局的代码如下：

```
<?xml version="1.0" encoding="utf-8"?>
<androidx.constraintlayout.widget.ConstraintLayout
    xmlns:android="http://******.com/apk/res/android"
    xmlns:app="http://******.com/apk/res-auto"
    xmlns:tools="http://schemas.android.com/tools"
    android:layout_width="match_parent"
    android:layout_height="match_parent">
    <TextView
        android:id="@+id/textView1"
        android:layout_width="200dp"
        android:layout_height="100dp"
        android:background="#F44336"
        android:gravity="center"
        android:text="TextView"
        app:layout_constraintLeft_toLeftOf="parent"
        app:layout_constraintTop_toTopOf="parent" />
    <TextView
        android:id="@+id/textView2"
        android:layout_width="150dp"
        android:layout_height="50dp"
        android:background="#CDDC39"
        android:gravity="center"
        android:text="TextView"
        app:layout_constraintBottom_toTopOf="parent"
        app:layout_constraintCircle="@id/textView1"
        app:layout_constraintCircleAngle="120"
        app:layout_constraintCircleRadius="220dp"
        app:layout_constraintLeft_toRightOf="@id/textView1" />
</androidx.constraintlayout.widget.ConstraintLayout>
```

（3）边距定位

在 ConstraintLayout 中，可以使用 layout_margin 及其子属性进行边距定位，如图 4.13 所示，对于 B 控件，可以通过设置与 A 控件的 margin（边距）属性来进行定位。

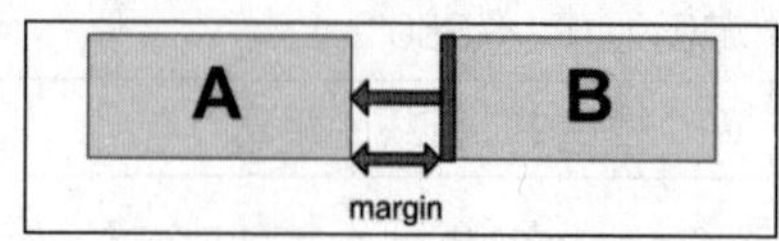

图 4.13　ConstraintLayout 边距定位

使用边距定位需要用到相应的属性，如表 4.8 所示。

表 4.8　ConstraintLayout 边距定位的属性

属性名称	描述
layout_marginBottom	离某元素底边缘的距离
layout_marginLeft	离某元素左边缘的距离
layout_marginRight	离某元素右边缘的距离
layout_marginTop	离某元素上边缘的距离
layout_marginStart	如果在 LTR 布局（左到右布局）模式下，该属性等同于 layout_marginLeft；如果在 RTL 布局模式下，该属性等同于 layout_marginRight
layout_marginEnd	如果在 LTR 布局（左到右布局）模式下，该属性等同于 layout_marginRight；如果在 RTL 布局模式下，该属性等同于 layout_marginLeft

在 ConstraintLayout 里面要实现边距定位，必须先约束相应控件在 ConstraintLayout 里的位置，否则边距定位将不生效（margin 属性只对其相约束的 View 起作用）。例如以下代码的 margin 属性不生效：

```
<androidx.constraintlayout.widget.ConstraintLayout
xmlns:android="http://******.com/apk/res/android"
    xmlns:app="http://******.com/apk/res-auto"
    xmlns:tools="http://******.com/tools"
    android:layout_width="match_parent"
    android:layout_height="match_parent">
    <TextView
        android:id="@+id/textView1"
        android:layout_width="200dp"
        android:layout_height="100dp"
        android:background="#F44336"
        android:gravity="center"
        android:layout_marginTop="50dp"
        android:layout_marginLeft="50dp"
        android:text="TextView" />
</androidx.constraintlayout.widget.ConstraintLayout>
```

如果在别的布局里，TextView1 的位置应该与边框的左边和上边有 10dp 的边距，但是在 ConstraintLayout 里是不生效的，因为没有约束 TextView1 控件在布局里的位置，正确的代码如下：

```
<androidx.constraintlayout.widget.ConstraintLayout
    xmlns:android="http://schemas.android.com/apk/res/ android"
    xmlns:app="http://schemas.android.com/apk/res-auto"
    xmlns:tools="http://schemas.android.com/tools"
    android:layout_width="match_parent"
    android:layout_height="match_parent">
    <TextView
        android:id="@+id/textView1"
```

```
        android:layout_width="200dp"
        android:layout_height="100dp"
        android:layout_marginLeft="50dp"
        android:layout_marginTop="50dp"
        android:background="#F44336"
        android:gravity="center"
        android:text="TextView"
        app:layout_constraintLeft_toLeftOf="parent"
        app:layout_constraintTop_toTopOf="parent" />
</androidx.constraintlayout.widget.ConstraintLayout>
```

把 TextView1 控件的左边和上边约束到 ConstraintLayout 的左边和上边，margin 属性就会生效，效果如图 4.14 所示。

（4）链定位

链定位很简单，ConstraintLayout 中的控件就像排列成一条链一样，链中的每一环是一个控件。控件通过图 4.15 所示的方式约束在一起（图为横向的链，纵向同理）。

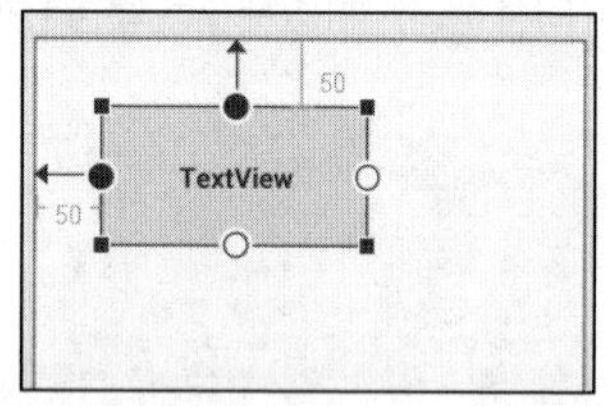

图 4.14　ConstraintLayout 边距定位

图 4.15　链定位的排列方式

图 4.15 对应的布局文件代码如下：

```
<androidx.constraintlayout.widget.ConstraintLayout
    xmlns:android="http://******.com/apk/res/android"
    xmlns:app="http://******.com/apk/res-auto"
    xmlns:tools="http://******.com/tools"
    android:layout_width="match_parent"
    android:layout_height="match_parent">
    <TextView
        android:id="@+id/textView1"
        android:layout_width="100dp"
        android:layout_height="50dp"
        android:background="#F44336"
        android:text="TextView1"
        app:layout_constraintLeft_toLeftOf="parent"
        app:layout_constraintRight_toLeftOf="@+id/textView2"
        app:layout_constraintTop_toTopOf="parent" />
    <TextView
        android:id="@+id/textView2"
        android:layout_width="100dp"
        android:layout_height="50dp"
        android:background="#CDDC39"
        android:text="TextView2"
```

```
        app:layout_constraintLeft_toRightOf="@+id/textView1"
        app:layout_constraintRight_toLeftOf="@+id/textView3"
        app:layout_constraintTop_toTopOf="parent" />
    <TextView
        android:id="@+id/textView3"
        android:layout_width="100dp"
        android:layout_height="50dp"
        android:background="#00BCD4"
        android:text="TextView3"
        app:layout_constraintLeft_toRightOf="@+id/textView2"
        app:layout_constraintRight_toRightOf="parent"
        app:layout_constraintTop_toTopOf="parent" />
</androidx.constraintlayout.widget.ConstraintLayout>
```

ConstraintLayout 还有很多定位方式，我们在这里只介绍了其常用的定位方式。

4.3.4 案例 1：使用约束布局开发用户登录 App

在本案例中，我们设计一个用户登录 App，模拟用户通过用户名或邮箱地址进行登录，判断用户名及密码等是否正确，并给出相应的登录提示。本案例在第 3 章的 3.5 案例 3 的基础上进行升级，将登录界面的布局容器由 LinearLayout 替换为 ConstraintLayout，其他功能保持不变。

1. 需求描述

用户登录功能是 App 开发过程中的常见功能。登录界面提供用户名、密码及登录类型等的输入。单击“登录”按钮后，后台根据用户选择的登录类型对用户名或邮件地址进行登录验证，并给出相关的登录提示。由于本案例不涉及服务器验证，所以内置的用户名和密码主要用于验证用户输入的用户名和密码是否与之对应一致。

内置用户名或邮箱地址：zhangsan 或 zhangsan@*****.com。

内置密码：123456。

2. UI 布局设计

UI 采用 ConstraintLayout 进行布局，使用 TextView、EditView、RadioButton 等控件提供用户名和密码等。用户可以选择登录类型，单击“登录”按钮进行登录验证。用户登录 App 的 UI 布局如图 4.16 所示。

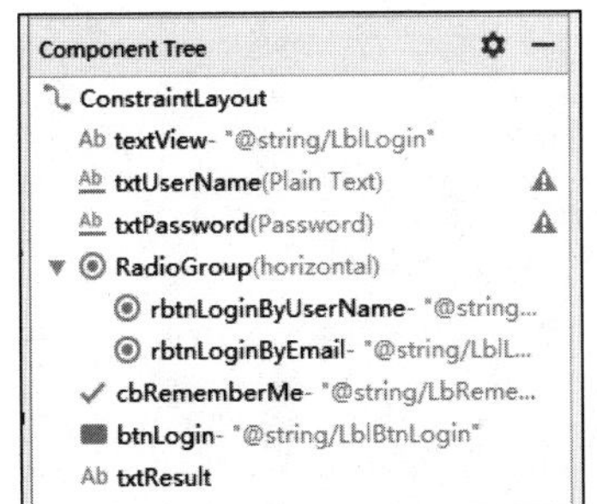

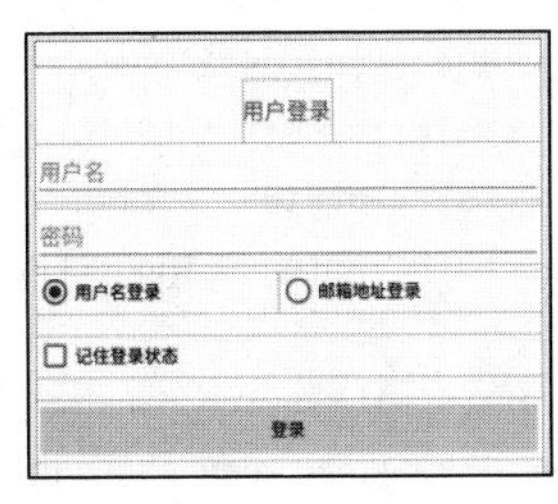

图 4.16 用户登录 App 的 UI 布局

用户登录 App UI 布局的 XML 文件的代码如下：

```
<?xml version="1.0" encoding="utf-8"?>
<androidx.constraintlayout.widget.ConstraintLayout
    xmlns:android="http://******.com/apk/res/android"
    xmlns:app="http://******.com/apk/res-auto"
    xmlns:tools="http://******.com/tools"
    android:layout_width="match_parent"
    android:layout_height="match_parent"
    tools:context=".MainActivity">
    <TextView
        android:id="@+id/textView"
        android:layout_width="wrap_content"
        android:layout_height="50dp"
        android:gravity="center"
        android:text="@string/LblLogin"
        android:textSize="18sp"
        android:layout_marginTop="30dp"
        app:layout_constraintLeft_toLeftOf="parent"
        app:layout_constraintRight_toRightOf="parent"
        app:layout_constraintTop_toTopOf="parent" />
    <EditText
        android:id="@+id/txtUserName"
        android:layout_width="match_parent"
        android:layout_height="wrap_content"
        android:ems="10"
        android:hint="@string/LblUserName"
        android:inputType="textPersonName"
        android:layout_marginTop="80dp"
        app:layout_constraintLeft_toLeftOf="parent"
        app:layout_constraintRight_toRightOf="parent"
        app:layout_constraintTop_toTopOf="parent"/>
    <EditText
        android:id="@+id/txtPassword"
        android:layout_width="match_parent"
        android:layout_height="wrap_content"
        android:ems="10"
        android:hint="@string/LblPassword"
        android:inputType="textPassword"
        android:layout_marginTop="130dp"
        app:layout_constraintLeft_toLeftOf="parent"
        app:layout_constraintRight_toRightOf="parent"
        app:layout_constraintTop_toTopOf="parent"/>
    <RadioGroup
        android:layout_width="match_parent"
        android:layout_height="wrap_content"
        android:orientation="horizontal"
        android:layout_marginTop="180dp"
```

```
        app:layout_constraintLeft_toLeftOf="parent"
        app:layout_constraintRight_toRightOf="parent"
        app:layout_constraintTop_toTopOf="parent">
        <RadioButton
            android:id="@+id/rbtnLoginByUserName"
            android:layout_width="wrap_content"
            android:layout_height="wrap_content"
            android:layout_weight="1"
            android:checked="true"
            android:text="@string/LblLoginByUserName" />
        <RadioButton
            android:id="@+id/rbtnLoginByEmail"
            android:layout_width="wrap_content"
            android:layout_height="wrap_content"
            android:layout_weight="1"
            android:text="@string/LblLoginByEmail" />
    </RadioGroup>
    <CheckBox
        android:id="@+id/cbRememberMe"
        android:layout_width="match_parent"
        android:layout_height="wrap_content"
        android:layout_marginTop="230dp"
        app:layout_constraintLeft_toLeftOf="parent"
        app:layout_constraintRight_toRightOf="parent"
        app:layout_constraintTop_toTopOf="parent"
        android:text="@string/LbRememberMe" />
    <Button
        android:id="@+id/btnLogin"
        android:layout_width="match_parent"
        android:layout_height="wrap_content"
        android:layout_marginTop="280dp"
        app:layout_constraintLeft_toLeftOf="parent"
        app:layout_constraintRight_toRightOf="parent"
        app:layout_constraintTop_toTopOf="parent"
        android:text="@string/LblBtnLogin" />
    <TextView
        android:id="@+id/txtResult"
        android:layout_width="match_parent"
        android:layout_height="wrap_content"
        android:textColor="@android:color/holo_red_light"
        android:layout_marginTop="330dp"
        app:layout_constraintLeft_toLeftOf="parent"
        app:layout_constraintRight_toRightOf="parent"
        app:layout_constraintTop_toTopOf="parent"/>
</androidx.constraintlayout.widget.ConstraintLayout>
```

3. 业务功能实现

用户登录的业务逻辑是接收用户输入的用户名或邮箱地址及密码、登录类型等信息，与内置的用户名或邮箱地址及密码进行一致性的验证，然后根据验证结果提示用户登录是否成功。

Activity 中的业务关键代码如下：

```
//获取按钮控件
Button btnLogin = (Button)findViewById(R.id.btnLogin);
//设置按钮的监听
btnLogin.setOnClickListener(new View.OnClickListener() {
    @Override
    public void onClick(View v) {
        //获取单选按钮控件
        RadioButton rbtnLoginByUserName =
        (RadioButton)findViewById(R.id.rbtnLoginByUserName);
        //存储用户名及密码
        String DbUser, DbPassword;
        //判断单选按钮是否被选中
        if(rbtnLoginByUserName.isChecked()){
            //用户登录，存放账号及密码
            DbUser = "zhangsan";
            DbPassword = "123456";
        }else {
            //邮件登录，存放邮件地址及密码
            DbUser = "zhangsan@*****.com";
            DbPassword = "123456";
        }
        //获取用户输入控件
        EditText txtUserName = (EditText)findViewById(R.id.txtUserName);
        EditText txtPassword = (EditText)findViewById(R.id.txtPassword);
        TextView txtResult = (TextView)findViewById(R.id.txtResult);
        //模拟账号登录
        if(txtUserName.getText().toString().equals(DbUser)) {
            if(txtPassword.getText().toString().equals(DbPassword)) {
                //登录成功
                txtResult.setText("登录成功");
            }else {
                //密码错误
                txtResult.setText("密码有误");
            }
        }else{
            //用户名不存在
            txtResult.setText("用户名不存在");
        }
    }
});
```

4. 运行效果

项目开发完成后，我们可以在模拟器或手机中运行用户登录 App，查看运行结果。用户登录 App 运行效果如图 4.17 所示。

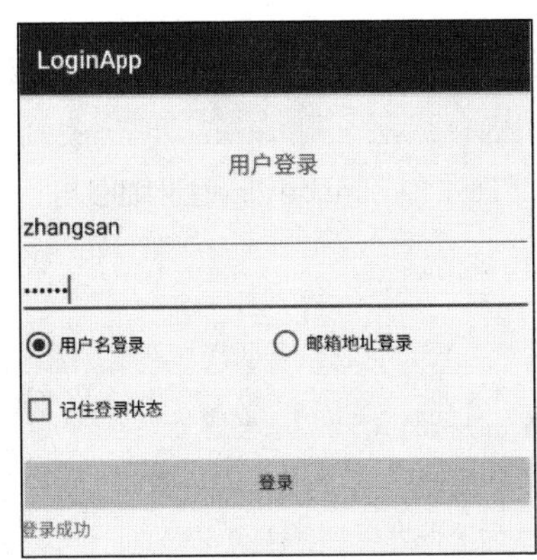

图 4.17　用户登录 App 运行效果

4.4 常用 UI 控件

在第 3 章我们学习了部分 Android 的常用 UI 控件，现在我们来介绍其他常用的 UI 控件。

4.4.1 ImageView 控件

ImageView 控件的功能是显示 Bitmap 位图或 Drawable 图片资源，主要用于图片展示。使用 ImageView 控件，需要将其从控件面板中拖入布局文件，如图 4.18 所示。

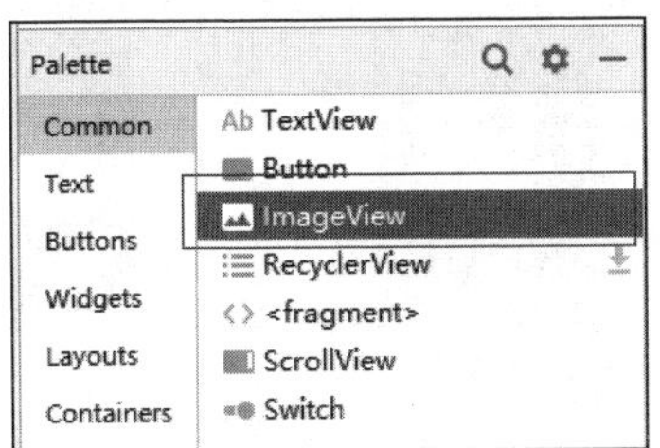

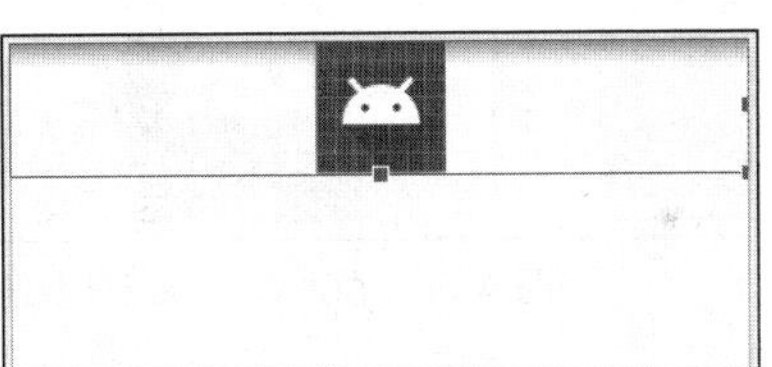

图 4.18　将 ImageView 拖入布局文件

在此过程中，会出现选择图片的提示框，我们这里选择了默认 Android 图标。使用 ImageView 控件，我们需要了解它的常用属性，其常用属性如表 4.9 所示。

表 4.9　ImageView 控件常用属性

属性名称	描述
srcCompat	在图片框所展示的图片内容
background	可设置背景颜色、背景图片等作为背景展示
setAlpha	透明度（取值范围在 0～1）
scaleType	缩放类型

下面我们来看一个例子,使用 ImageView 控件显示一张 Android 默认图片，同时设置其背景颜色和透明度，如图 4.19 所示。

图 4.19　ImageView 控件的使用

参考代码如下：

```
<ImageView
    android:id="@+id/imageView1"
    android:layout_width="match_parent"
    android:layout_height="wrap_content"
    android:alpha="0.6"
    android:background="#FFEB3B"
    app:srcCompat="@mipmap/ic_launcher" />
```

ImageView 控件的 scaleType 缩放属性值，可使图片以不同的缩放形式显示，但不能控制 background 属性所设置的背景图。scaleType 各属性的图片显示效果如图 4.20 所示。

ScaleType	默认	center	fitStart	fitEnd
效果				
ScaleType	**matrix**	**fitXY**	**fitCenter**	**centerCrop**
效果				

图 4.20　scaleType 各属性的图片显示效果

其中，使用 fitXY 和 centerCrop 属性都可将图片放大至充满整个 ImageView 画布，但 fitXY 把原图按照指定的大小在 View 中显示，拉伸显示图片，不保持原比例，填满 ImageView；centerCrop 将原图的中心对准 ImageView 的中心，等比例放大原图，直到填满 ImageView 为止（ImageView 的宽和高都要填满），原图超过 ImageView 的部分作裁剪处理。

我们除了可以在布局文件中设置显示的图片，还可以通过编码的方式设置 ImageView 控件的图片，参考代码如下：

```
//1.使用 setImageResource()方法设置图片
imageView1.setImageResource(R.mipmap.ic_launcher);
//2.使用 setImageDrawable()方法设置图片
imageView1.setImageDrawable(getResources().getDrawable(R.mipmap.ic_launcher));
//3.使用 setImageBitmap()方法设置图片
String path = "";//图片本地路径
Bitmap bm = BitmapFactory.decodeFile(path);
imageView1.setImageBitmap(bm);
```

以下为设置图片的相关方法说明。

- setImageResource()：通过设置图片资源编号的方式显示图片。
- setImageDrawable()：通过设置 Drawable 对象的方式显示图片。Drawable 对象通过图片资源编号构建。
- setImageBitmap()：通过设置图片的 Bitmap 对象的方式显示图片。Bitmap 对象通过图片的所在目录构建。

4.4.2 ImageButton 控件

ImageButton 控件是 Android 中一个常用的操作按钮控件。ImageButton 控件的功能可以理解为 Button 功能和 ImageView 功能的结合：与按钮相关的，和 Button 的用法基本类似；与图片相关的，则和 ImageView 的用法基本类似。

ImageButton 控件是一个可设置背景图片或背景颜色的控件。可以从控件面板中将 ImageButton 控件添加到布局文件，如图 4.21 所示。

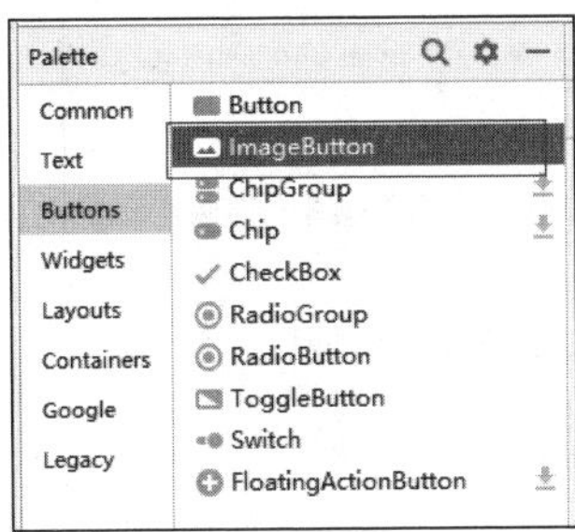

图 4.21　将 ImageButton 控件添加到布局文件

使用 ImageButton 控件设置一张登录图片（可在本章素材中获取），代码如下：

```
<ImageButton
    android:id="@+id/imageButton"
    android:layout_width="wrap_content"
    android:layout_height="wrap_content"
    app:srcCompat="@mipmap/login" />
```

其中 srcCompat 属性的值是按钮背景图片。

ImageButton 控件和 Button 控件一样，常应用于单击操作，例如登录、注册等操作。ImageButton 控件要响应用户的这些操作，就需要设置单击监听。ImageButton 控件的单击监听与 Button 控件完全一致，可以参考第 3 章中 3.4.2 节“Button 控件”的内容。

4.4.3 ProgressBar 控件

下面我们来介绍 ProgressBar(进度条)控件。ProgressBar 的应用场景很多，比如用户登录时，后台发送请求，以及进行等待服务器返回信息等一些比较耗时的操作。这个时候如果没有提示，用户就可能会以为程序崩溃了或手机死机了，这会大大降低用户体验感。所以在需要进行耗时操作的地方添加进度条，让用户知道当前的程序在执行，也可以直观地告诉用户当前任务的执行进度等。

使用 ProgressBar 控件时，可以从控件面板中添加 ProgressBar 控件到布局文件，如图 4.22 所示。

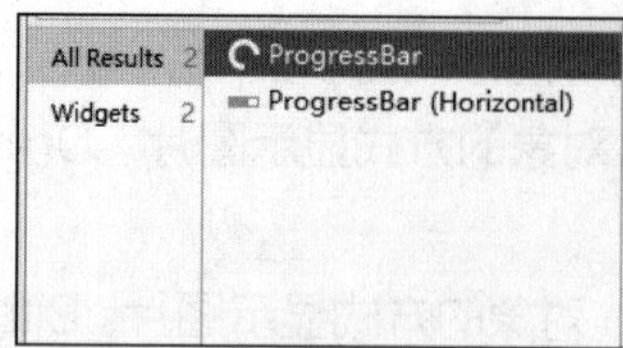

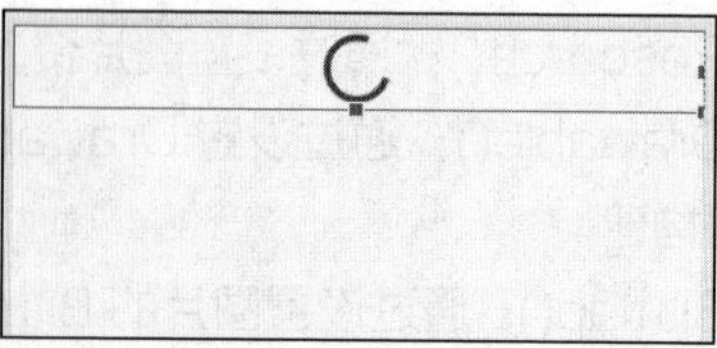

图 4.22 添加 ProgressBar 控件到布局文件

在图 4.22 中，我们加入的 ProgressBar 控件是一个环形的进度条。我们可以通过设置其 style 属性更改 ProgressBar 控件的样式（如条形、环形），如图 4.23 所示。

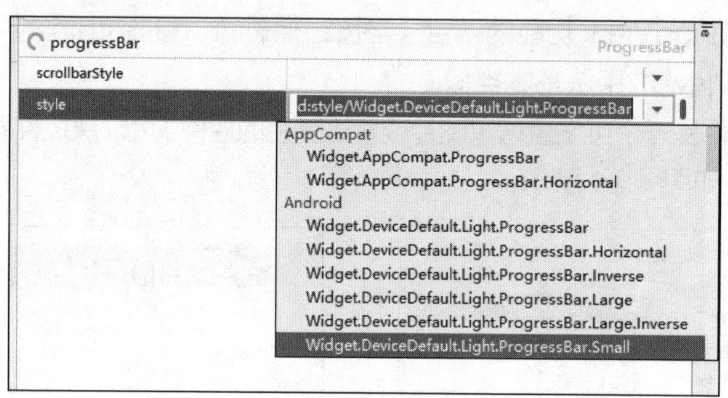

图 4.23 ProgressBar 控件的 style 属性

在使用过程中，ProgressBar 控件经常会使用到以下常用属性，如表 4.10 所示。

表 4.10 ProgressBar 控件常用属性

属性名称	描述
max	进度条的最大值
progress	进度条已完成进度值
indeterminate	如果设置成 true，则进度条不精确显示进度
indeterminateDrawable	设置不显示进度的进度条的 Drawable 对象
indeterminateDuration	设置不精确显示进度的持续时间
progressDrawable	设置轨道对应的 Drawable 对象

接下来看 Android 默认的进度条，效果如图 4.24 所示。

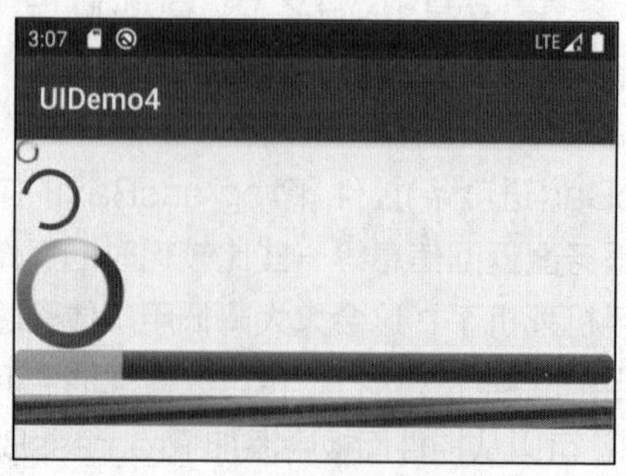

扫码观看
微课视频

图 4.24 Android 默认的进度条

代码如下：

```
<LinearLayout xmlns:android="http://******.com/apk/res/android"
    android:orientation="vertical" android:layout_width="match_parent"
    android:layout_height="match_parent">
    <!-- 系统提供的圆形进度条，依次是小、中、大 -->
    <ProgressBar
        style="@android:style/Widget.ProgressBar.Small"
        android:layout_width="wrap_content"
        android:layout_height="wrap_content" />
    <ProgressBar
        android:layout_width="wrap_content"
        android:layout_height="wrap_content" />
    <ProgressBar
        style="@android:style/Widget.ProgressBar.Large"
        android:layout_width="wrap_content"
        android:layout_height="wrap_content" />
    <!--系统提供的水平进度条-->
    <ProgressBar
        style="@android:style/Widget.ProgressBar.Horizontal"
        android:layout_width="match_parent"
        android:layout_height="wrap_content"
        android:max="100"
        android:progress="18" />
    <ProgressBar
        style="@android:style/Widget.ProgressBar.Horizontal"
        android:layout_width="match_parent"
        android:layout_height="wrap_content"
        android:layout_marginTop="10dp"
        android:indeterminate="true" />
</LinearLayout>
```

在使用 ProgressBar 控件时，我们经常要控制它的消失和显示。这时可以设置 visibility 属性。visibility 属性的值如下。

- visible：表示控件可见。
- invisible：表示控件不可见，但会占用原来的位置和大小。
- gone：表示控件不可见，但不会占用原来的位置和大小。

我们也可以通过代码控制其消失和显示，可参考如下代码：

```
if(progress_bar.getVisibility()==View.GONE) {
    //设置为可见的状态
    progress_bar.setVisibility(View.VISIBLE);
    } else {
    //设置为不可见的状态，且不占用任何空间位置
    progress_bar.setVisibility(View.GONE);
}
```

4.4.4 案例 2：ProgressBar 控件自定义菊花加载效果

菊花加载进度条效果在 App 开发中会经常使用到，下面我们来介绍如何使用 ProgressBar 控

件实现菊花加载效果。

1. 需求描述

本案例模拟一个下载进度条，当用户单击“下载”按钮时，显示一个菊花加载效果，如图 4.25 所示。

图 4.25 菊花加载效果

2. 资源添加

本案例需要用到一张加载效果图（loading.jpg），该图片可以从本章的素材中获得。我们需要将图片复制到工程的 res/drawble 目录下，然后在 res/drawble 目录下新建一个名为 base_loading_large_anim 的文件，在里面定义菊花加载效果。

base_loading_large_anim 的配置内容代码如下：

```
<?xml version="1.0" encoding="utf-8"?>
<animated-rotate xmlns:android="http://*****.com/apk/res/android"
    android:drawable="@drawable/loading"
    android:fromDegrees="0.0"
    android:pivotX="50.0%"
    android:pivotY="50.0%"
    android:toDegrees="360.0"/>
```

其中 android:drawable 属性指定了加载效果图。

3. 布局设计

在进行 UI 设计时，我们使用 ConstraintLayout 进行布局，在布局中加入 ProgressBar、Button，同时为 ProgressBar 指定属性 indeterminateDrawable，将该属性设置为旋转动画资源文件名 base_loading_large_anim。

UI 中包含了进度条、下载按钮，设计效果如图 4.26 所示。

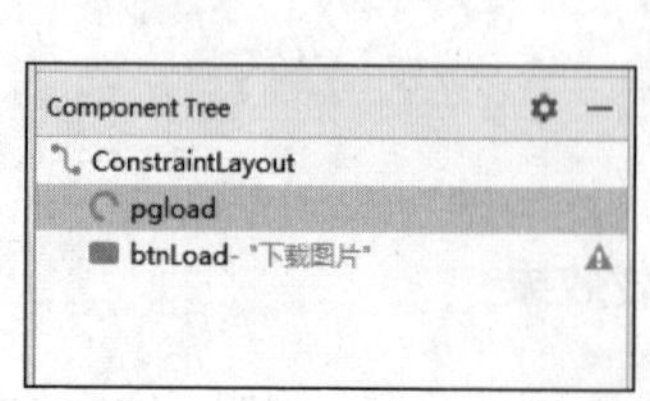

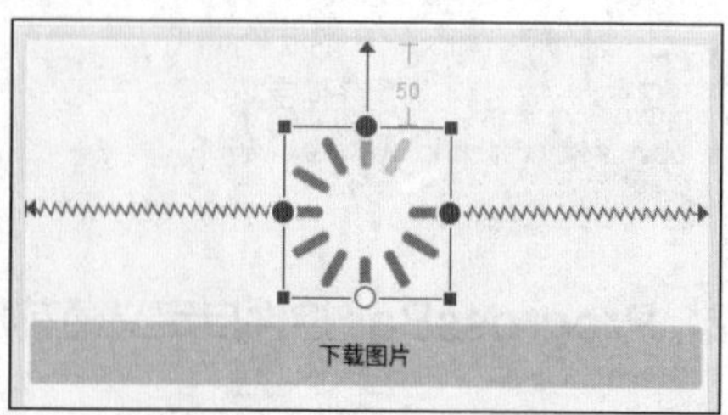

图 4.26 设计效果

XML 布局文件对应的代码如下：

```
<androidx.constraintlayout.widget.ConstraintLayout
    xmlns:android="http://*****.com/apk/res/ android"
    xmlns:app="http:// *****.com/apk/res-auto"
    xmlns:tools="http:// *****.com/tools"
    android:layout_width="match_parent"
    android:layout_height="match_parent"
    tools:context=".MainActivity">
    <ProgressBar
        android:id="@+id/pgload"
        android:layout_width="100dp"
        android:layout_height="100dp"
        android:layout_gravity="center_horizontal"
        android:layout_marginTop="50dp"
        android:indeterminateBehavior="repeat"
        android:indeterminateDrawable="@drawable/base_loading_large_anim"
        app:layout_constraintLeft_toLeftOf="parent"
        app:layout_constraintRight_toRightOf="parent"
        app:layout_constraintTop_toTopOf="parent" />
    <Button
        android:id="@+id/btnLoad"
        android:layout_width="match_parent"
        android:layout_height="wrap_content"
        android:layout_marginTop="160dp"
        android:text="下载图片"
        app:layout_constraintLeft_toLeftOf="parent"
        app:layout_constraintRight_toRightOf="parent"
        app:layout_constraintTop_toTopOf="parent" />
</androidx.constraintlayout.widget.ConstraintLayout>
```

4. 业务功能实现

这里会应用 ProgressBar 控件的 setVisibility()方法设置其隐藏或显示。App 运行时隐藏 ProgressBar 控件，同时为“下载”按钮添加单击监听，即当用户单击“下载”按钮后，显示 ProgressBar 控件。

Activity 中的业务关键代码如下：

```
public class MainActivity extends AppCompatActivity {
    private ProgressBar pgload;//下载进度条
    private Button btnLoad;// “下载”按钮
    @Override
    protected void onCreate(Bundle savedInstanceState) {
        super.onCreate(savedInstanceState);
        setContentView(R.layout.activity_main);
        pgload = (ProgressBar) findViewById(R.id.pgload);
        btnLoad = (Button) findViewById(R.id.btnLoad);
        pgload.setVisibility(View.GONE);//隐藏进度条
        // “下载”按钮监听
        btnLoad.setOnClickListener(new View.OnClickListener() {
            @Override
            public void onClick(View v) {
                pgload.setVisibility(View.VISIBLE);//显示进度条
```

```
            }
        });
    }
}
```

5．运行效果

项目开发完成后，我们可以在模拟器或手机中运行此程序，查看运行效果。菊花加载效果如图 4.27 所示。

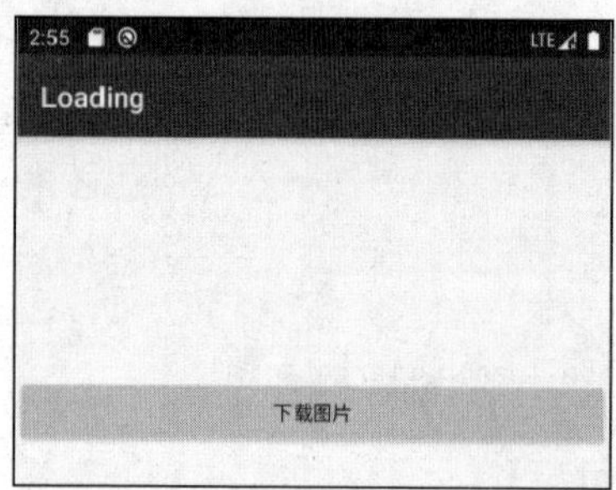

图 4.27　菊花加载效果

4.5 Window 与 Dialog 控件的应用

在 Android 开发过程中，经常会提示用户的各类信息，例如用户登录提示等。下面我们来介绍 Android 的相关提示控件。

扫码观看
微课视频

4.5.1　Toast 控件的使用

Android 中提供一种简单的消息提示框机制——Toast 控件，可以在用户单击某些按钮后为其提示一些信息。提示的信息不能被用户单击，根据用户设置的显示时间可自动消失。Toast 控件是通过代码的方式使用的，语法如下：

```
makeText(Context context, CharSequence text, int duration)
```

该语法说明如下。

- 参数 context 表示 Toast 控件显示在哪个上下文，通常是当前 Activity。
- 参数 text 可以自己写消息内容。
- 参数 duration 指定显示时间，Toast 控件默认有 LENGTH_SHORT 和 LENGTH_LONG 两个常量，分别表示短时间显示和长时间显示。

下面这段代码的功能是显示一段文本提示信息，设置了该提示信息在布局中显示的位置。

```
//创建 Toast 对象
Toast toast = Toast.makeText(DialogActivity.this,"Toast 的使用",
Toast.LENGTH_LONG);
toast.setGravity(Gravity.TOP | Gravity.LEFT, 200, 500);//设置位置
toast.show();//弹出提示
```

Toast 控件的提示效果如图 4.28 所示。

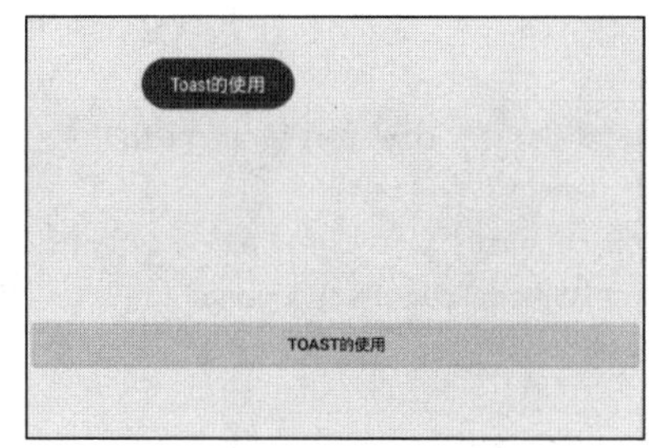

图 4.28　Toast 控件的提示效果

4.5.2　PopupWindow 控件的应用

PopupWindow（弹窗）控件是一个可以在 Activity 上显示任意 View 的控件。PopupWindow 控件在 Android 中经常使用，其效果与 Dialog 的效果类似，不同点在于它可以控制显示的位置，比如底部显示等。它也可以自定义浮动弹出窗体和设置弹出位置。我们在很多场景下都可以见到 PopupWindow 控件的使用，例如 ActionBar/Toolbar 的选项弹窗、一组选项的容器，或者列表集合的窗口等。PopupWindow 控件的常用方法如表 4.11 所示。

表 4.11　PopupWindow 控件的常用方法

方法名称	描述
PopupWindow	构造函数，常用参数表： contentView——弹窗界面内容 width——弹窗宽度 height——弹窗高度 focusable——能否聚集
setTouchable	是否支持点击操作
showAtLocation	按指定位置弹出显示自定义视图
showAsDropDown	下拉弹出显示自定义视图

我们如何使用 PopupWindow 控件呢？下面我们在本章 4.3.4 节案例 1 的基础上加入“用户注册时选择注册方式”的功能。

1. 创建布局文件

PopupWindow 控件是一个容器，也需要编写对应的布局文件。下面为工程创建一个名为 popup_content 的布局文件，该布局文件用于显示 PopupWindow 控件弹出的注册方式 UI 布局，如图 4.29 所示。

图 4.29　注册方式 UI 布局

UI 布局源代码如下：

```
<LinearLayout xmlns:android="http://*****.com/apk/res/android"
    android:layout_width="match_parent"
    android:layout_height="match_parent"
    android:background="?attr/actionModeSplitBackground"
    android:orientation="vertical">
    <TextView
        android:id="@+id/textView3"
        android:layout_width="match_parent"
        android:layout_height="wrap_content"
        android:gravity="center"
        android:text="注册选项"
        android:textColor="@android:color/background_light" />
    <Button
        android:id="@+id/btnRegByUserName"
        android:layout_width="match_parent"
        android:layout_height="wrap_content"
        android:text="用户名注册" />
    <Button
        android:id="@+id/btnRegByMobile"
        android:layout_width="match_parent"
        android:layout_height="wrap_content"
        android:text="手机号注册" />
</LinearLayout>
```

在登录界面的 UI 布局中加入一个“注册”按钮，如图 4.30 所示。

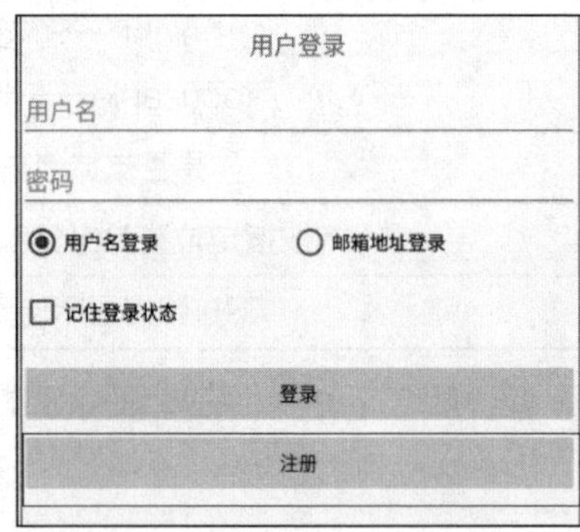

图 4.30　登录界面的 UI 布局

2. 业务功能实现

使用 PopupWindow 控件时需要创建 ContentView（内容视图），ContentView 将布局文件生成的 View 对象放入 PopupWindow。用户单击“注册”按钮后，弹出图 4.28 所示的界面。单击“注册”按钮监听的关键代码如下：

```
//注册
final Button btnReg = (Button)findViewById(R.id.btnReg);
btnReg.setOnClickListener(new View.OnClickListener() {
    @Override
```

```
        public void onClick(View v) {
            //将弹出的布局文件 popup_content 转换为 View 对象
            View contentView =
            LayoutInflater.from(MainActivity.this).inflate(R.layout.popup_content, null, false);
            //创建 PopupWindow 控件，将 contentView 加入其中
            PopupWindow window = new PopupWindow(contentView,
            LinearLayout.LayoutParams.MATCH_PARENT, LinearLayout.LayoutParams.WRAP_CONTENT, true);
            //设置 PopupWindow 控件可单击
            window.setTouchable(true);
            //弹出显示（可设置位置）
            window.showAsDropDown(btnReg, 0, 0, Gravity.BOTTOM);
            //window.showAtLocation(getWindow().getDecorView(), Gravity.BOTTOM, 0, 0);
        }
    });
```

其中代码 window.showAsDropDown(btnReg,0,0,Gravity.BOTTOM)的功能是在“注册”按钮下方弹出注册方式，而代码 window.showAtLocation(getWindow().getDecorView(), Gravity.BOTTOM,0,0)的功能是在登录界面底部弹出注册方式。注册方式弹出效果如图 4.31 所示。

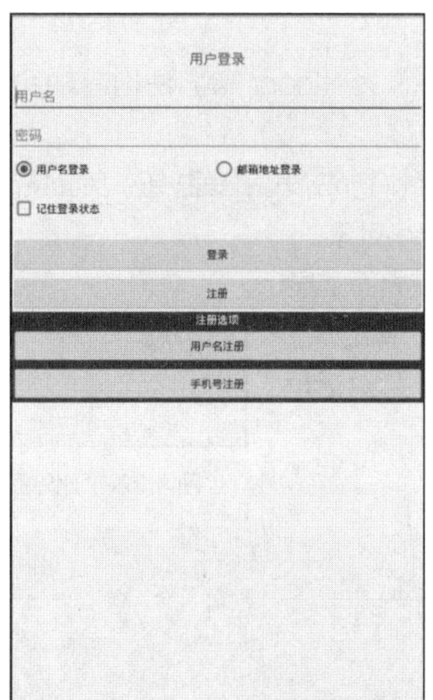

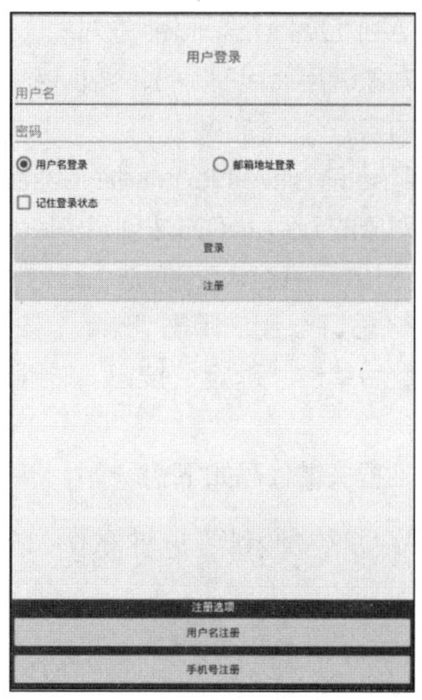

图 4.31　注册方式弹出效果

扫码观看
微课视频

4.5.3　AlertDialog 控件的应用

AlertDialog（警告窗体）控件可以在当前的界面上显示一个对话框。这个对话框是置于所有界面元素之上的，能够屏蔽其他控件的交互能力，因此 AlertDialog 一般用于提示一些非常重要的内容或者警告信息。并不需要到布局文件中创建 AlertDialog，而是在代码中通过构造器（AlertDialog.Builder）来构造标题、图标和按钮等内容。创建 AlertDialog 控件的常用方法如表 4.12 所示和 AlertDialog 控件的常用方法如表 4.13 所示。

表 4.12　创建 AlertDialog 控件的常用方法

方法名称	描述
AlertDialog.Builder	警告窗体构造器的构造函数
builder.create	创建警告窗体

表 4.13　AlertDialog 控件的常用方法

方法名称	描述
show	显示警告窗体
isShowing	判断警告窗体是否处于显示状态
setTitle	设置警告窗体标题
setIcon	设置图标
setMessage	设置警告内容正文
setButton	设置操作按钮

AlertDialog 控件的使用步骤如下。

- 创建构造器 AlertDialog.Builder 的对象。
- 通过构造器对象调用 setTitle()、setMessage()、setIcon()等方法构造对话框的标题、信息和图标等内容。
- 根据需要调用 setPositive/Negative/NeutralButton()方法设置正面按钮、负面按钮和中立按钮。
- 调用构造器对象的 create()方法创建 AlertDialog 对象。
- AlertDialog 对象调用 show()方法，让对话框在界面上显示。

下面我们来看一个例子。用户单击“删除”按钮后，弹出“删除提示”对话框，然后单击“确定”按钮。“删除提示”对话框如图 4.32 所示。

图 4.32　“删除提示”对话框

“删除提示”对话框关键代码如下：

```
btnDel = (Button) findViewById(R.id.btnDel);
//设置单击监听
btnDel.setOnClickListener(new View.OnClickListener() {
    @Override
    public void onClick(View v) {
        //确定按钮响应的单击操作
        DialogInterface.OnClickListener okListenner = new
        DialogInterface.OnClickListener() {
            @Override
            public void onClick(DialogInterface dialog, int which) {
                //删除操作
                Toast.makeText(AlertDialogActivity.this,"删除成功",
                Toast.LENGTH_LONG).show();
            }
        };
        //建立对话框
```

```
        AlertDialog.Builder builder = new
        AlertDialog.Builder(AlertDialogActivity.this);
        //设置提示信息
        builder.setTitle("您确定删除吗? ");
        //设置按钮
        builder.setPositiveButton("确定",okListenner);
        builder.setNegativeButton("取消",null);
        //显示
        builder.show();
    }
});
```

4.5.4 案例 3：开发用户登录协议确认功能

1. 需求描述

本案例是在本章 4.3.4 节案例 1 的基础上完成的，在登录界面加入用户协议确认功能。用户单击“注册”按钮后，弹出“用户协议确认”对话框，用户单击“确定”按钮，弹出注册方式选择界面，如图 4.33 所示。

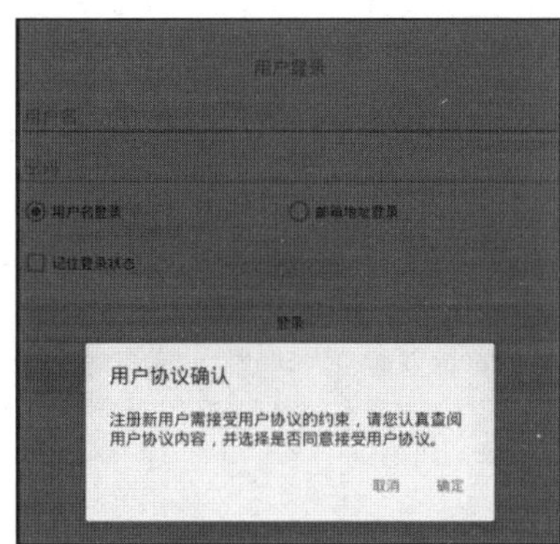

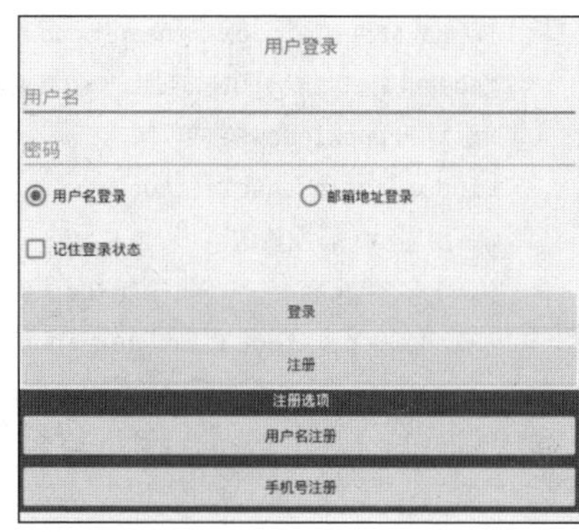

图 4.33 用户协议确认功能与注册方式

2. UI 布局设计

在登录界面的 UI 布局中加入一个“注册”按钮，如图 4.34 所示。

图 4.34 登录界面的 UI 布局

3. 业务功能实现

单击“注册”按钮后，使用 AlertDialog 控件弹出“用户协议确认”对话框，在对话框中单击“确定”按钮后，弹出注册方式选择界面。

关键代码如下：

```
btnReg.setOnClickListener(new View.OnClickListener() {
    @Override
    public void onClick(View v) {
        // “确定”按钮响应的单击操作
        DialogInterface.OnClickListener okListenner = new
DialogInterface.OnClickListener() {
            @Override
            public void onClick(DialogInterface dialog, int which) {
                //弹出注册方式选择界面
                //将弹出的布局文件 popup_content 转换为 view 对象
                View contentView =
                 LayoutInflater.from(MainActivity.this).inflate(R.layout.popup_content, null, false);
                //创建 PopupWindow 控件，将 contentView 加入其中
                PopupWindow window = new PopupWindow(contentView,
                LinearLayout.LayoutParams.MATCH_PARENT, LinearLayout.LayoutParams.WRAP_CONTENT, true);
                //设置 PopupWindow 控件可单击
                window.setTouchable(true);
                //弹出显示（可设置位置）
                window.showAsDropDown(btnReg, 0, 0, Gravity.BOTTOM);
                //window.showAtLocation(getWindow().getDecorView(), Gravity.BOTTOM, 0, 0);
            }
        };
        //建立对话框
        AlertDialog.Builder builder = new AlertDialog.Builder(MainActivity.this);
        //设置提示信息
        builder.setTitle("用户协议确认");
        builder.setMessage("注册新用户需接受用户协议的约束，请您认真查阅用户协议内容，并选择是否同意接受用
户协议。");
        //设置按钮
        builder.setPositiveButton("确定",okListenner);
        builder.setNegativeButton("取消",null);
        //显示
        builder.show();
    }
});
```

4. 运行效果

项目开发完成后，我们可以在模拟器或手机中运行此程序，查看运行效果。用户协议确认功能运行效果如图 4.35 所示。

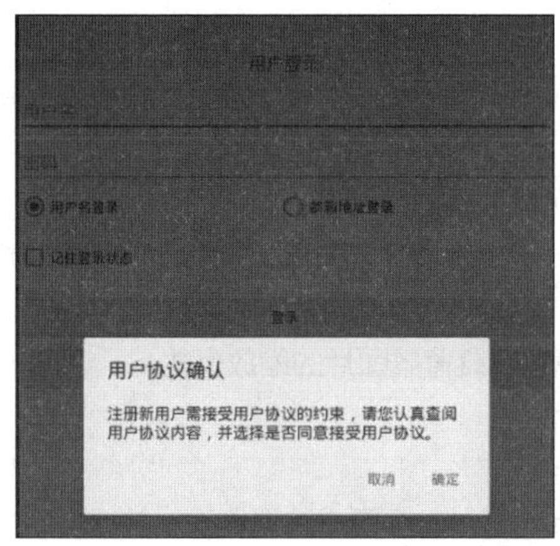

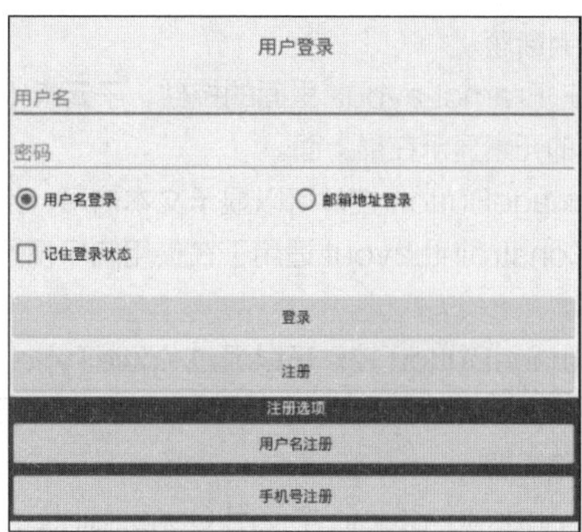

图 4.35　用户协议确认功能运行效果

4.6 课程小结

本章主要介绍了 FrameLayout、GridLayout、ConstraintLayout 等布局容器和 ImageView、ImageButton、ProgressBar、Toast、PopupWindow、AlertDialog 等常用控件，并通过案例展示了如何在 App 开发中进行 UI 布局设计及相应功能的开发。

4.7 自我测评

一、选择题

1. 在下列选项中，定义 Toast 控件消息内容的是（　　）。
   A. makeText(this,text，duration)　　B. show
   C. gravity　　D. setProgress
2. 在下列选项中，可通过 AlertDialog 控件设置警告窗体标题的是（　　）。
   A. setTitle(this,text，duration)　　B. showAtLocation
   C. getDataDirectory　　D. setView
3. 在下列选项中，可通过 PopupWindow 控件设置支持单击操作的是（　　）。
   A. setTitle(this,text,duration)　　B. showAtLocation
   C. setTouchable　　D. showAsDropDown
4. 下列选项中，属于设置帧布局容器中前景图像的属性的是（　　）。
   A. android:foreground　　B. android:background
   C. android:foregroundGravity　　D. 以上都不是
5. 下列关于单选对话框的描述，正确的是（　　）。
   A. 必须使用 dismiss()方法才能使单选对话框消失
   B. 单选对话框中的确定按钮是通过 setPositiveButton()方法实现的
   C. 可以调用 setIcon()方法显示内容区域的图标
   D. 以上说法都不对

二、判断题

1. 在 FrameLayout 里面的控件，子元素（包括子布局或子控件）逐个重叠放入布局容器，最后添加的元素显示在最上面。（ ）

2. ImageButton 控件可以显示文本信息，也可以显示图片资源。（ ）

3. ConstraintLayout 适用于在使用扁平视图层次结构创建复杂的大型布局时，实现自适应界面的构建。（ ）

4. ImageButton 控件可以通过 scaleType 属性设置背景图片的缩放模式。（ ）

5. AlterDialog 可以调用 show()方法显示对话框。（ ）

三、编程题

请在 Android Studio 中使用 ConstraintLayout 开发一个用户注册界面，并提供用户注册时的确认协议及注册方式（通过用户名注册和通过手机号注册）。

4.8 课堂笔记（见工作手册）

4.9 实训记录（见工作手册）

4.10 课程评价（见工作手册）

4.11 扩展知识

GitHub 上受欢迎的 Android UI 库

awesome-github-android-ui 是由 OpenDigg 整理并维护的安卓 UI 相关开源项目库集合。可以在 GitHub 中搜索该 UI 库。部分表述如下。

1. 抽屉菜单

- MaterialDrawer - 安卓抽屉效果实现方案
- Side-Menu.Android - 创意边侧菜单
- FlowingDrawer - 向右滑动流动抽屉效果
- SlidingRootNav - 仿 DrawerLayout 的 ViewGroup
- FantasySlide - 单手势滑出侧边栏与选择菜单
- Floating-Navigation-View - 浮动菜单显示锚导航视图
- material-drawer - MD 风格的自定义抽屉实现
- SwipeMenuDemo - 侧滑菜单动画效果库
- ArcNavigationView - 具有曲线边缘的 NavigationView
- QQSliddingMenu - 与 QQ5.0 完全一模一样的侧滑菜单
- SlideSideMenu - 滑动侧菜单的布局部件

2. ListView

- baseAdapter - Android 万能的适配器
- Pinned Section Listview - 便于使用的 ListView
- AsymmetricGridView - Android 自定义列表视图
- Renderers - 创建适配器的 Android 库
- CalendarListView - 可互动的“ListView+CalendarView”
- AndroidExpandingViewLibrary - 创建 Android 动画折叠视图
- ListItemView - 基于 MD 风格的列表 item 实现
- WheelView - 基于 ListView 实现的 Android 滚轮控件
- YLListView - 仿 iOS 弹簧效果的 ListView
- SearchListView - 带搜索栏的 ListView
- ScollZoomListView - 优雅的漫画阅读器插件

3. WebView

- JsBridge - Android 的 Java 和 JavaScript 桥接
- AndroidChromium - 谷歌浏览器安卓版源码项目
- FinestWebView-Android - 可自定义 WebView
- VideoEnabledWebView - Android 的 WebView 和 WebChromeClint 类扩展
- AgentWeb - 一个高度封装的 WebView
- CollapsingToolbar-With-Webview - 带有可折叠 toolbar 的 WebView
- DSBridge-Android - 目前“地球上最好”的 iOS 及 Android javascript bridge
- DSBridge-IOS - 目前“地球上最好”的 iOS javascript bridge
- WebViewNativeBridge - 从 WebView 向 Java 通过 URL 发送数据
- ClickableWebView - 检测图片上的点击

4. SwitchButton

- ToggleButton - Android 上类似 iOS 的开关控件
- Android-SwitchIcon - Switch 图标的 Google 启动器风格实现
- material-animated-switch - 带有图标动画和颜色转换的 Switch 按钮
- IconSwitch - 自定义切换部件
- SwitchButton - 优美的轻量级自定义样式的 Switch 按钮
- SHSwitchView - iOS 7 风格的 Switch 按钮
- SwitchButton - 安卓 Switch 按钮
- SwitchView - 带有文字的 Switch 按钮

5. 点赞按钮

- ShineButton - 安卓闪光 UI 库
- LikeButton - 仿社交软件点赞时的 heart
- GoodView - Android 点赞+1 效果
- SparkButton - 创建一个带动画效果的按钮
- ThumbUp - 精致的点赞控件

- MagicFloatView - 自定义拓展漂浮路径的 MagicFlyLinearLayout 控件
- Android-DivergeView - 仿美拍直播的点赞动画
- LikeView - 仿即刻 App 点赞桃心的效果
- TumblrLikeAnimView - 仿 Tumblr 点赞动画效果

第 5 章 Android 组件 Activity

5.1 预习要点（见工作手册）

5.2 学习目标

通过前文的学习，我们已经多次接触 Activity 组件，但对于初学者来说，Activity 是既熟悉又陌生的，它到底是什么？本章将详细介绍 Activity 组件的相关知识。

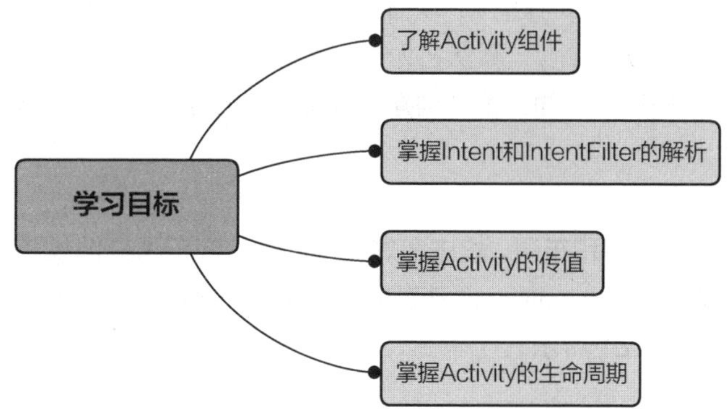

5.3 初识 Activity 组件

Activity 是一个应用程序组件，被称为“活动”。下面将逐一介绍 Activity 组件的基本概念和创建方法。

5.3.1 Activity 组件简介

Activity 组件是 Android 四大组件（Activity、Service、ContentProvide、BroadcastReceiver）之一，是 Android 中最基本也是最常见的一个应用程序组件。

以下 6 个关于 Activity 的概念，是 Android 初学者需要了解的。

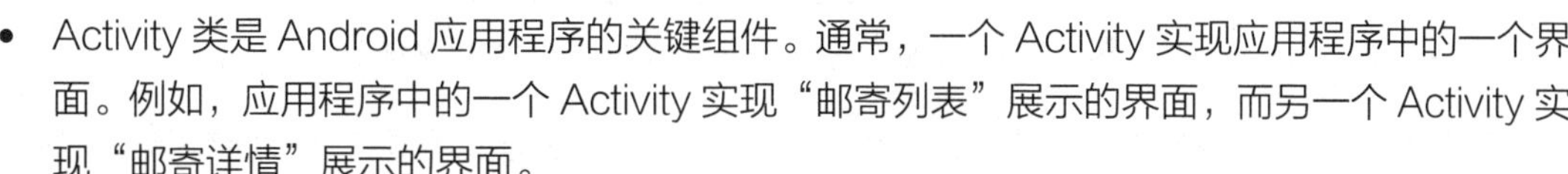

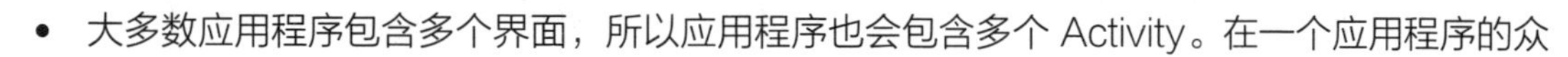

- Activity 类是 Android 应用程序的关键组件。通常，一个 Activity 实现应用程序中的一个界面。例如，应用程序中的一个 Activity 实现“邮寄列表”展示的界面，而另一个 Activity 实现“邮寄详情”展示的界面。
- 大多数应用程序包含多个界面，所以应用程序也会包含多个 Activity。在一个应用程序的众

多 Activity 中，只能有一个被指定为主 Activity，就是用户启动应用程序时出现的第一个界面。每个 Activity 可以启动另一个 Activity，以执行不同的操作。

- Activity 提供窗口以加载布局资源来绘制用户可视界面，窗口在大多数情况下会填满屏幕，但也可能比屏幕小或者呈半透明状，浮动在其他窗口之上。
- 要让应用程序能够使用 Activity，我们必须在清单文件 AndroidManifest.xml 中声明 Activity 及其特定属性。
- 每一个 Activity 都有自己的生命周期，它在其生命周期中会经历多种状态，可以使用一系列回调方法来处理状态之间的转换。本章将会详细介绍 Activity 的生命周期和它的回调方法。
- 在大多数情况下，桌面软件通过单一程序入口来启动整个程序，而移动应用与桌面软件的运行机制不同。Android 应用程序的结构比较复杂，在允许的情况下，可以根据功能需要，从不同的界面或组件启动应用程序。例如当我们单击刚收到的推送消息时，Android 操作系统会为我们直接打开相应的详情界面的 Activity；当我们从手机主界面单击该应用程序图标启动它时，Android 操作系统为我们打开的则是消息列表界面的 Activity。

5.3.2 Activity 的创建

回顾 Android Studio 新建 Android 项目的步骤，在创建向导的指引下，默认会生成一个以“Empty Activity”为模板的 Activity，默认名为 MainActivity。该 MainActivity 是当前新建项目唯一的窗口，也是应用的首先启动界面。整个创建过程其实包含了创建 Activity 的 3 个步骤，下面对这 3 个步骤进行介绍。

1. 创建布局资源

Activity 上显示的各种控件和布局，均由布局文件确定。该布局文件放置在 res/layout 目录下。Android Studio 创建 MainActivity 时，会自动为我们创建一个名为 activity_main.xml 的布局文件来绘制用户可视界面，如图 5.1 所示。

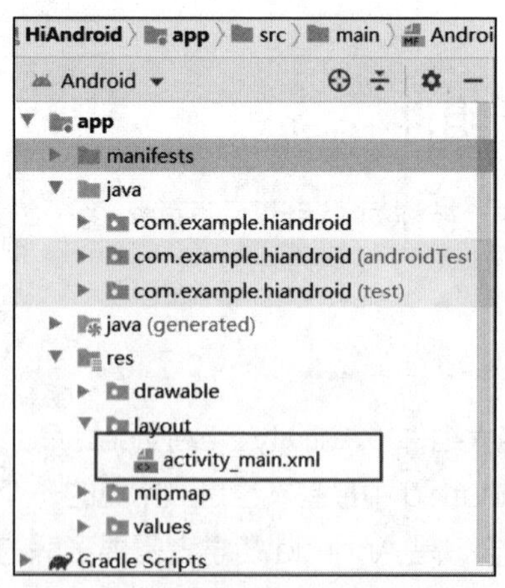

图 5.1 res/layout 目录下的 activity_main.xml 文件

当然我们也可以单独创建一个布局文件，方法是在 res/layout 目录单击鼠标右键，在弹出的快捷菜单中选择“New”→“XML”→“Layout XML File”新建布局文件，如图 5.2 所示。

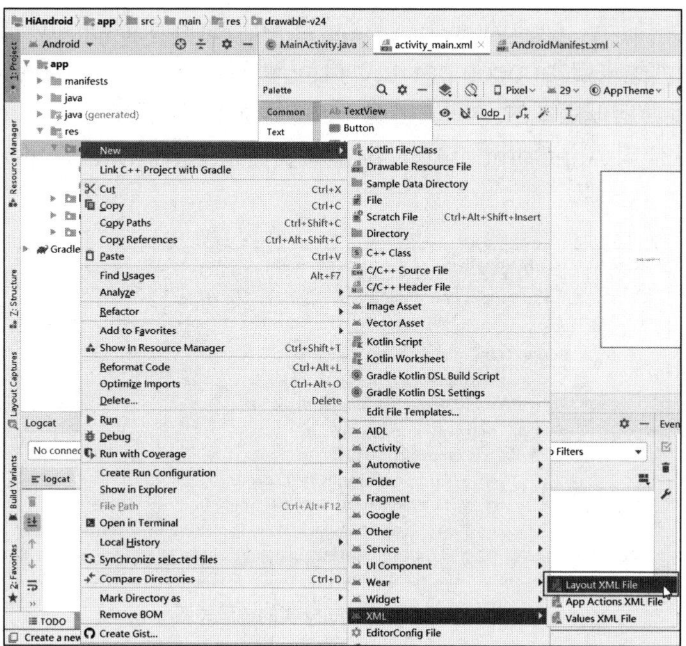

图 5.2　新建布局文件

2. 创建 Activity 类

在项目的包路径下，自动生成一个名为 MainActivity 的类，如图 5.3 所示。

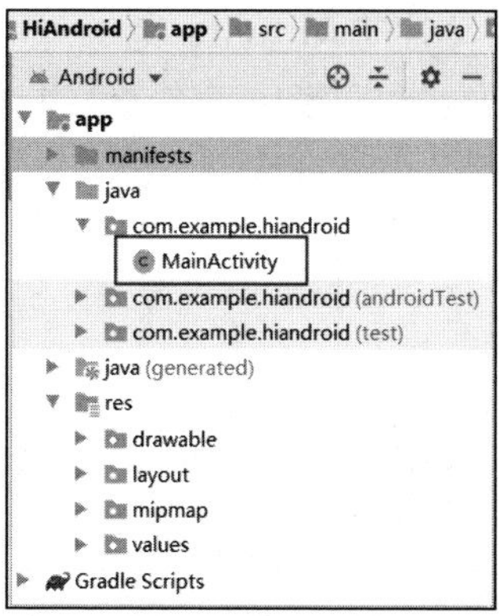

图 5.3　包路径下的 MainActivity 类

这个类如果使用 Empty Activity 模板创建，那么它的默认代码如下：

```
import android.os.Bundle;
import androidx.appcompat.app.AppCompatActivity;
public class MainActivity extends AppCompatActivity {
    @Override
    protected void onCreate(Bundle savedInstanceState) {
        super.onCreate(savedInstanceState);
        setContentView(R.layout.activity_main);
    }
}
```

上述第 3 行代码显示，MainActivity 类继承自 AppCompatActivity 类，而非 Activity。AppCompatActivity 类来自 appcompat 包，具备一些新的特性，如主题色和内建的 ToolBar 等，因此能够较好地兼容低版本的 API，呈现一致的界面效果。目前，Android Studio 在创建 Activity 时，均默认使用 AppCompatActivity 类做父类来继承。MainActivity 类的继承关系如图 5.4 所示。

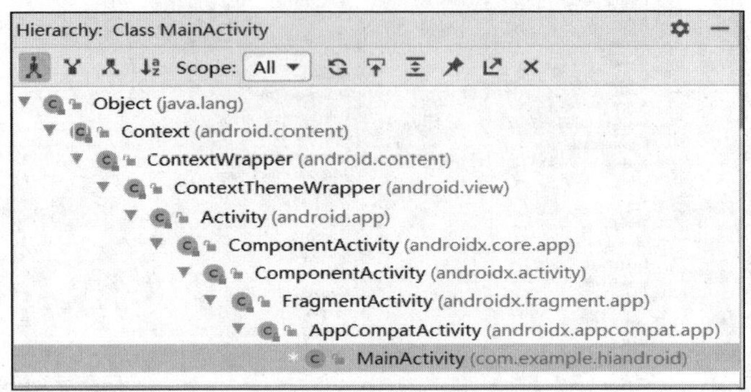

图 5.4　MainActivity 类的继承关系

在 MainActiviy 类里，有一个 onCreate()方法，见第 5 行代码。该方法最初定义于 Activity 类，创建 Activity 类时被 Android 类系统自动调用，执行一些界面初始化的代码。其中，包含的 setContentView(layouId)方法（见第 7 行代码）用于加载布局文件，实现 Activity 与布局相关联。

3. 在 AndroidManifest.xml 中注册 Activity 类

每一个显示到屏幕上的 Activity 类都必须在清单文件的 application 元素中声明一个对应的 activity 元素，否则程序运行时会报错，代码如下：

```
<application
    ......
    android:theme="@style/AppTheme">
    <activity android:name=".ListActivity"></activity>
    <activity android:name=".DetailsActivity" ></activity>
    <activity android:name=".MainActivity">
        <intent-filter>
            <action android:name="android.intent.action.MAIN" />
            <category android:name="android.intent.category.LAUNCHER" />
        </intent-filter>
    </activity>
</application>
```

上述代码中，一共声明了 3 组<activity></activity>标签，它们分别对应 ListActivity、DetailsActivity 和 MainActivity 这 3 个 Activity 类，并通过 activity 标签的 name 元素关联。仔细观察发现，name 属性的值都以“.”开头，这是一种省略包名的写法。如果 Activity 类所属的包名与 manifest 元素的 package 属性的包名相同，可以省略包名，在类名前加一个“.”即可。

intent-filter 子标签指明 activity 可以以那种类型的意图启动 Activity。该子标签主要包含 action、data 与 category 这 3 个元素。其中，action 元素常见的 android:name 值为

android.intent.action.MAIN，表明此 activity 是应用程序的入口，即第一个打开界面；category 元素的 android:name 值为 android.intent.category.LAUNCHER，它决定应用程序是否显示在程序列表。

5.3.3　案例 1：在项目中新增 Activity 类

在本案例中，我们在 Android 项目的现有 MainActivity 的基础上创建新的 Activity 类，并在清单文件中调整第一个启动界面。

1. 需求描述

一个项目里通常会有多个界面，有时为了方便测试，我们可以更换应用的启动界面。以第 1 章我们创建的“HiAndroid”项目为基础，创建一个新的 Activity 类，并设置启动界面。

2. 业务功能实现

（1）创建 Activity 类和对应布局

打开“Hi Android”项目，选中“com.example.hiandroid”包，单击鼠标右键，在弹出的快捷菜单中选择“New”→“Activity”→“Empty Activity”命令，使用 Empty Activity 模板创建 Activity 类，如图 5.5 所示。

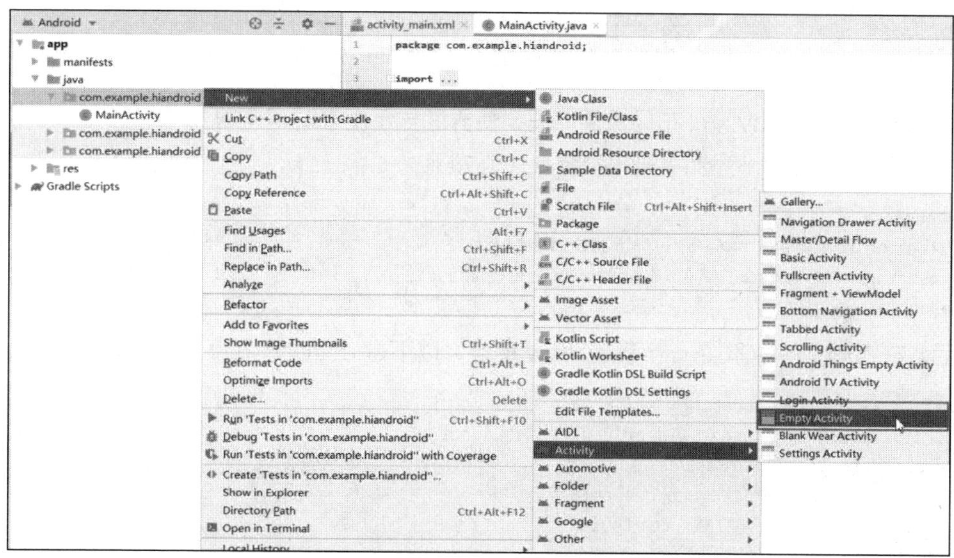

图 5.5　选择“Empty Activity”

单击“Empty Activity”命令后，弹出“New Android Activity”对话框，如图 5.6 所示。

在“New Android Activity”对话框中，修改 Activity Name 为“MyActiviy”。然后单击右下角的“Finish”按钮，完成创建。

创建完成后，我们会在 com.example.hiandroid 包下面看到新建的 MyActiviy.java 文件和 res/layout 目录下由 MyActiviy 加载显示的 activity_my.xml 布局文件。同时，AndroidManifest.xml 文件里自动添加了 MyActiviy 的声明，代码如下：

```
<application
......
```

```
        <activity android:name=".MyActivity"></activity>
        <activity android:name=".MainActivity">
            <intent-filter>
                <action android:name="android.intent.action.MAIN" />
                <category android:name="android.intent.category.LAUNCHER" />
            </intent-filter>
        </activity>
    </application>
```

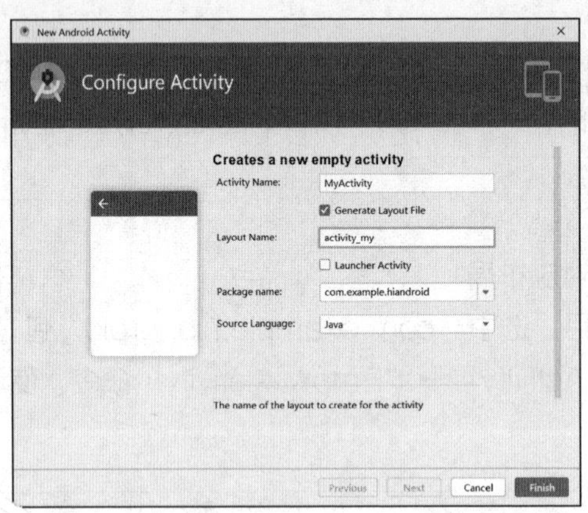

图 5.6 “New Android Activity”对话框

（2）修改 activity_my.xml 布局文件代码，使界面显示出来时不至于一片空白。

首先，在 strings.xml 添加字符串资源，代码如下：

```
<resources>
    <string name="app_name">Hi Android</string>
    <string name="myactivity">MyActivity 布局</string>
</resources>
```

然后，在布局文件中添加一个 TextView 控件，以下是 activity_my.xml 布局文件的示例代码：

```
<?xml version="1.0" encoding="utf-8"?>
<androidx.constraintlayout.widget.ConstraintLayout
xmlns:android=http://*****.com/apk/res/android
xmlns:app=http:// *****.com/apk/res-auto
    xmlns:tools=http:// *****.com/tools
    android:layout_width="match_parent"
    android:layout_height="match_parent"
    tools:context=".MyActivity">
    <TextView
        android:id="@+id/textView"
        android:layout_width="wrap_content"
        android:layout_height="wrap_content"
        android:text="@string/myactivity"
        android:textSize="20sp"
        app:layout_constraintBottom_toBottomOf="parent"
        app:layout_constraintEnd_toEndOf="parent"
        app:layout_constraintStart_toStartOf="parent"
        app:layout_constraintTop_toTopOf="parent" />
</androidx.constraintlayout.widget.ConstraintLayout>
```

（3）通过修改 AndroidManifest.xml 文件中的 activity 声明配置，使 MyActivity 成为项目启动的第一个界面。示例代码如下：

```
<application
   ......
   <activity android:name=".MyActivity">
       <intent-filter>
           <action android:name="android.intent.action.MAIN" />
           <category android:name="android.intent.category.LAUNCHER" />
       </intent-filter>
   </activity>
   <activity android:name=".MainActivity"></activity>
</application>
```

上述代码所做的修改，是将<intent-filter></intent-filter>标签从 MainActivity 的声明移动到 MyActivity 的声明。

3. 运行效果

完成以上操作步骤后，在模拟器或手机中运行“HiAndroid”项目，将看到图 5.7 所示的“HiAndroid”项目运行效果。

图 5.7 “HiAndoroid”项目运行效果

5.4 Intent 和 IntentFilter 的解析

在手机上运行 Android 应用程序的时候，我们经常会在同一个应用程序里切换不同的界面，有时还需要启动另外一个应用程序的界面。要完成这些看似平常的操作，需要借助于 Intent 和 IntentFilter（Intent 过滤器）。

5.4.1 Intent 解析

Intent 的中文意思是“意图、目的、意向”，它能在应用程序运行过程中连接两个不同的组件，被视为连接组件（Activity、Service、BroadCast Recevicer）的桥梁，并实现组件间的交互；它包含了交互的动作和动作数据。通过 Intent，应用程序可以向 Android 表达某种请求或者意愿，Android 会根据请求或者意愿的内容选择适当的组件来响应，例如从一个 Activity 启动另一个 Activity。

Intent 分为两种类型：显式 Intent 和隐式 Intent。

1. 显式 Intent

显式Intent通过提供目标应用的软件包名称或完全限定的组件类名来指定可处理Intent的应用。通常，我们会在自己的应用程序中使用显式 Intent 来启动组件，这是因为我们知道要启动的 Activity 或 Service 的类名。例如启动应用程序内的新 Activity 以响应用户操作，或者启动 Service 在后台下载文件。

在使用一个 Intent 对象启动 Activity 时，需要指定两个参数，第一个参数表示跳转的来源，第二个参数表示接下来要跳转到的 Activity 类。

第一种：在构造函数中指定。代码如下：

```
Intent intent = new Intent(MainActivity.this, SecondActivity.class);
startActivity(intent);
```

第二种：调用 setClass()方法指定。代码如下：

```
Intent intent = new Intent();
intent.setClass(MainActivity.this, SecondActivity.class);
startActivity(intent);
```

显示 Intent 实现 Activity 跳转的效果如图 5.8 所示。

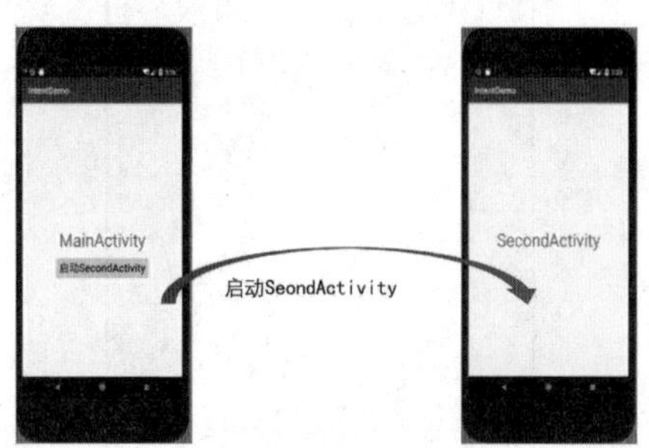

图 5.8 显示 Intent 实现 Activity 跳转的效果

单击 MainActivity 上的按钮，执行上述启动另一个 SecondActivity 的代码后，出现了 SecondActivity 界面。

显式 Intent 通过直接设置需要调用的 Activity 类，可以唯一地确定一个 Activity，意图特别明确，所以它是显式的。设置这个类的方式是 Class 对象（如 SecondActivity.class）。

Intent 的构建主要是为其设置各种属性，包括 action、data、type、component、category、extras、flags。Intent 属性说明如表 5.1 所示。

表 5.1 Intent 属性说明

元素名称	设置方法	说明与用途
Component	setComponent()	组件，用于指定 Intent 的来源与目的
Action	setAction()	动作，用于指定 Intent 的操作行为

续表

元素名称	设置方法	说明与用途
Data	setData()	Uri，用于指定动作要操作的数据路径
Category	setCategory()	类别，用于指定 Intent 的操作类别
Type	setType()	数据类型，用于指定 Data 类型的定义
Extras	setExtras()	扩展信息，用于指定装载的参数信息
Flags	setFlags()	标志位，用于指定 Intent 的运行模式（启动标志）

2. 隐式 Intent

隐式 Intent 启动组件不指定特定的组件名称，而是声明要执行的常规操作。通过设置 IntentFilter 的 action、data、category 属性，允许其他应用组件来自行处理并选择启动，即让系统筛选出合适的 Activity。例如我们希望在地图上向用户显示指定的位置，则可以使用隐式 Intent，请求另一个具有此功能的应用程序在地图上显示指定的位置。隐式 Intent 启动组件需要与 IntentFilter 一起使用。

5.4.2 IntentFilter 解析

AndroidManifest.xml 清单文件中组件内部的一组标签<intent-filters></intent-filters>描述了组件具备什么特性。如果未配置该标签，那么该组件只能被显式启动。我们在 AndroidManifest.xml 文件中设置的组件 intent-filters 如果可以匹配某个隐式 Intent，那么该组件就可以被其他应用启动。IntentFilter 主要根据 action、type、category 这 3 个属性匹配，以下是 3 个属性的匹配规则。

扫码观看
微课视频

- 如果 Intent 指定了 action，则目标组件的 IntentFilter 的 action 列表中就必须包含这个 action，否则不能匹配。
- 如果 Intent 没有提供 type，系统将从 data 中得到数据类型。和 action 一样，目标组件的数据类型列表中必须包含 Intent 的数据类型，否则不能匹配。
- 如果 Intent 中的数据不是 content:类型的统一资源标识符（Uniform Resource Identifier，URI），而且 Intent 没有明确指定 type，将根据 Intent 中数据的 scheme（比如 https:或者 mailto:）进行匹配。同上，Intent 的 scheme 必须出现在目标组件的 scheme 列表中。
- 如果 Intent 指定了一个或多个 category，这些类别必须全部出现在组件的类别列表中。如果 Intent 中包含了 LAUNCHER_CATEGORY 和 ALTERNATIVE_CATEGORY 两个类别，那么解析得到的目标组件必须至少包含这两个类别。

当 App 安装到移动设备上时，Android 操作系统会识别 App 里的 IntentFilter，并把此信息增加到所有已安装的支持 Intent 的 App 内部目录。当一个 App 调用 startActivity()或 startActivityForResult()时，系统就能找到相应的能响应 Intent 的 Activity。

例如希望在自己的 App 里调用 Android 操作系统中的浏览器打开一个网页，参考代码如下：

```
//准备 Intent 的 data 属性数据
Uri uri = Uri.parse("https://www.baidu.com");
//设置 Intent 的 action 属性和 data 属性
```

```
Intent intent = new Intent(Intent.ACTION_VIEW, uri);
//启动目标 Intent
startActivity(intent);
```

另外，需要注意的是，从 Android 9.0（API 28）开始，Android 默认禁止明文访问网络。为了避免强制启用 https 导致网络访问异常，需要在以上代码中的<application></application>添加 android:usesCleartextTraffic="true"属性。后文将继续详细地介绍隐式 Intent。

5.4.3 案例 2：自定义手机浏览器

当我们点击某个应用的网页链接时，手机通常会调用 Android 操作系统中的默认浏览器来帮助我们打开这个网页链接。如果我们在手机系统里安装一个自定义的浏览器，Android 操作系统是否也可以调用我们自定义的浏览器来打开网页链接呢？本案例通过 Intent 和 IntentFilter 设置，实现一个自定义浏览器。

1. 需求描述

在本案例中，我们将自定义一个浏览器，要求能够通过外部网页链接启动，并显示外部网页。当直接启动自定义浏览器时，默认打开外部网页。

2. UI 布局设计

首先创建一个名为 MyBrowser 的项目。打开 res/layout 目录下的 activity_main.xml 布局文件，添加 WebView 控件。界面由 2 个控件组成，顶部是 1 个 TextView 控件，用于显示当前打开的网页地址。TextView 控件下面是 WebView 控件，用于显示网页。activity_main.xml 布局结构如图 5.9 所示。

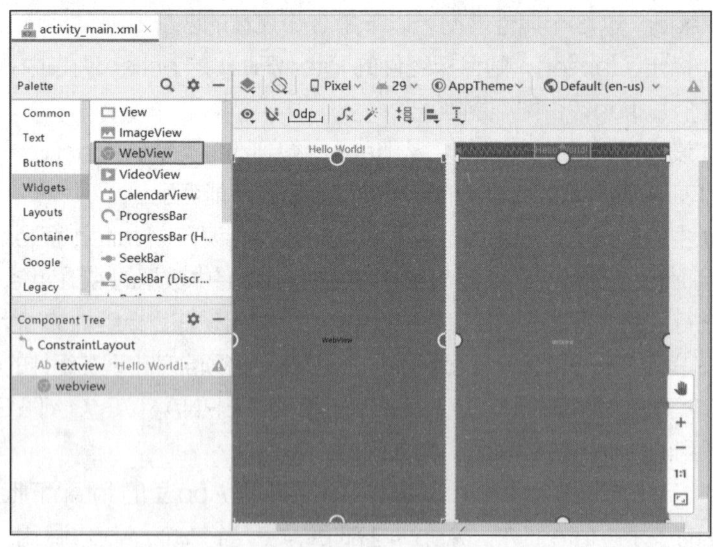

扫码观看
微课视频

图 5.9 activity_main.xml 布局结构

activity_main.xml 布局文件参考代码如下：

```
<?xml version="1.0" encoding="utf-8"?>
<androidx.constraintlayout.widget.ConstraintLayout xmlns:android="http://*****.com/apk/res/android"
    xmlns:app="http:// *****.com/apk/res-auto"
```

```
    xmlns:tools="http://schemas.android.com/tools"
    android:layout_width="match_parent"
    android:layout_height="match_parent"
    tools:context=".MainActivity">
    <!--显示网址-->
    <TextView
        android:id="@+id/textview"
        android:layout_width="wrap_content"
        android:layout_height="30dp"
        android:text="Hello World!"
        android:textSize="20dp"
        app:layout_constraintEnd_toEndOf="parent"
        app:layout_constraintStart_toStartOf="parent"
        app:layout_constraintTop_toTopOf="parent" />
    <!--使用 WebView 控件打开-->
    <WebView
        android:id="@+id/webview"
        android:layout_width="0dp"
        android:layout_height="0dp"
        app:layout_constraintBottom_toBottomOf="parent"
        app:layout_constraintEnd_toEndOf="parent"
        app:layout_constraintStart_toStartOf="parent"
        app:layout_constraintTop_toBottomOf="@+id/textview" />
</androidx.constraintlayout.widget.ConstraintLayout>
```

3. 业务功能实现

（1）编辑 MainActivity 类

本案例只有 MainActivity 类，首先通过 Intent 获取其他 App 提供的网页地址，如果能获取地址数据，则使用 WebView 控件显示该网页；如果不能获取地址数据，则使用默认的百度网址打开百度页面。MainActivity 类参考代码如下：

```
public class MainActivity extends AppCompatActivity {
    @Override
    protected void onCreate(Bundle savedInstanceState) {
        super.onCreate(savedInstanceState);
        setContentView(R.layout.activity_main);
        TextView textView = findViewById(R.id.textview);
        WebView webView = findViewById(R.id.webview);
        //获取 Intent 对象
        Intent intent = getIntent();
        String urlStr = intent.getDataString();
        if (urlStr != null) {
            textView.setText(urlStr);
            //访问网页
            webView.loadUrl(urlStr);
        }else{
            //获取不到外部网址，使用默认的百度网址
            String defaultUrl="https://www.baidu.com/";
            textView.setText(defaultUrl);
            webView.loadUrl(defaultUrl);
```

```
        }
        //为了能够直接通过 WebView 显示网页，需要设置 setWebViewClient()
        webView.setWebViewClient(new WebViewClient() {
            @Override
            public boolean shouldOverrideUrlLoading(WebView view, String url) {
                return false;
            }
        });
    }
}
```

（2）添加一个 IntentFilter

只完成 MainActivity 类无法让 Android 操作系统把 MyBrowse 当作一个浏览器，供其他应用程序调用。我们还需要编辑 AndroidManifest.xml，给 MainActivity 的<activity></activity>标签添加<intent-filter></intent-filter>。

（3）添加网络访问许可

由于本 App 需要连接网络才能正常访问网站打开网页，所以需要在 AndroidManifest.xml 添加网络访问许可。AndroidManifest.xml 完整的参考代码如下：

```
<?xml version="1.0" encoding="utf-8"?>
<manifest xmlns:android="http:// *****.com/apk/res/android"
    package="com.example.mybrowser">
<!-- 添加网络许可 -->
<uses-permission android:name="android.permission.INTERNET"></uses-permission>
    <application
        android:usesCleartextTraffic="true"
        android:allowBackup="true"
        android:icon="@mipmap/ic_launcher"
        android:label="@string/app_name"
        android:roundIcon="@mipmap/ic_launcher_round"
        android:supportsRtl="true"
        android:theme="@style/AppTheme">
        <activity android:name=".MainActivity">
            <intent-filter>
               <action android:name="android.intent.action.MAIN" />
               <category android:name="android.intent.category.LAUNCHER" />
            </intent-filter>
            <intent-filter>
              <action android:name="android.intent.action.VIEW"></action>
              <category android:name="android.intent.category.DEFAULT"/>
              <category android:name="android.intent.category.BROWSABLE"/>
                <data android:scheme="http"/>
                <data android:scheme="https"/>
            </intent-filter>
        </activity>
    </application>
</manifest>
```

4. 运行效果

项目开发完成后，我们可以在模拟器或手机中运行 MyBrowser，查看运行效果。MyBrowser 运行效果如图 5.10 所示。

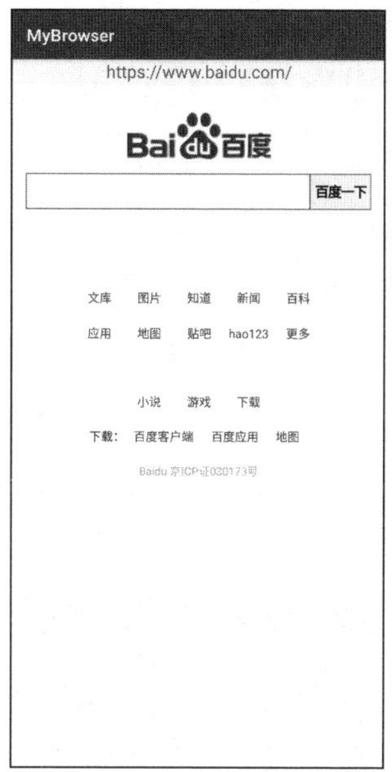

图 5.10　MyBrowser 运行效果

以上是直接运行 MyBrowser 的效果。为了能模拟外部启动，我们可以另外创建一个项目，来测试其他 App 启动 MyBrowser 的运行效果。首先创建一个 IntentDemo 项目，该应用程序的布局文件 activity_main.xml 只有一个 Button 控件，参考代码如下：

```
<?xml version="1.0" encoding="utf-8"?>
<androidx.constraintlayout.widget.ConstraintLayout xlns:android="http://*****.com/apk/res/android"
    xmlns:app="http://******.com/apk/res-auto"
    xmlns:tools="http://******.com/tools"
    android:layout_width="match_parent"
    android:layout_height="match_parent"
    tools:context=".MainActivity">
        <Button
            android:layout_width="match_parent"
            android:layout_height="wrap_content"
            android:onClick="btn_start_browser"
            android:textAllCaps="false"
            android:text="访问 https://******.cn/"
            app:layout_constraintBottom_toBottomOf="parent"
            app:layout_constraintEnd_toEndOf="parent"
            app:layout_constraintStart_toStartOf="parent"
            app:layout_constraintTop_toTopOf="parent"/>
</androidx.constraintlayout.widget.ConstraintLayout>
```

MainActivity 类的参考代码如下：

```
public class MainActivity extends AppCompatActivity {
    @Override
    protected void onCreate(Bundle savedInstanceState) {
        super.onCreate(savedInstanceState);
        setContentView(R.layout.activity_main);
    }
    public void btn_start_browser(View view) {
        Uri uri=Uri.parse("https://******.cn/");
        Intent intent=new Intent(Intent.ACTION_VIEW,uri);
        startActivity(intent);
    }
}
```

运行 IntentDemo 项目，并单击界面。第一次运行时会弹出 Android 操作系统中可供运行的浏览器。选择 MyBrowser 后，Android 操作系统会为我们启动 MyBrowser，并在顶部显示打开的网页地址“https://******.cn/”并显示该网页。运行效果如图 5.11 所示。

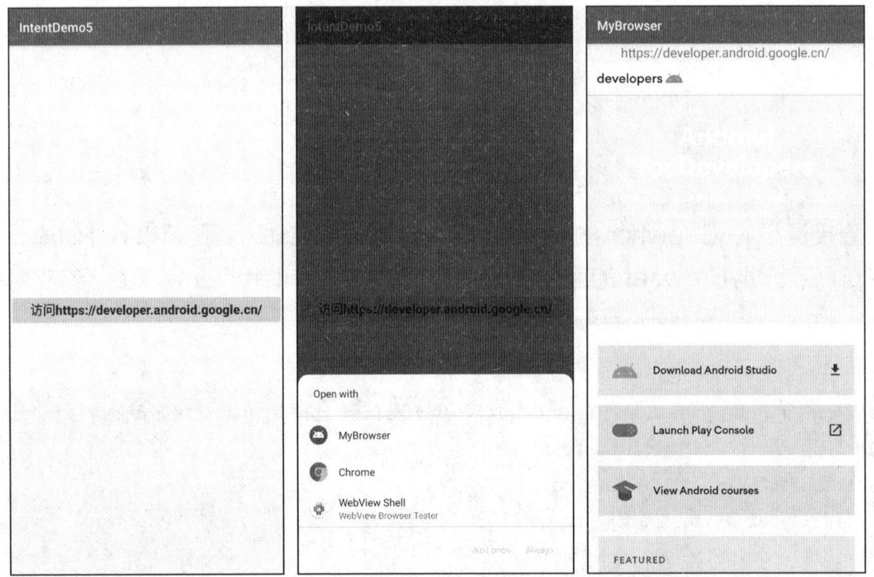

图 5.11　运行效果

5.5 Activity 的传值

在前文中，我们介绍了 Activity 之间如何实现跳转。下面介绍 Activity 在跳转的过程中如何同时发送数据。

扫码观看
微课视频

5.5.1 Activity 跳转时发送数据

我们在切换 Activity 时，希望把前一个 Activity 的某些数据传递给下一个 Activity，常用的有以下 3 种方法。

1. 调用 putExtra()方法发送基本类型数据

创建 Intent 对象以调用 startActivity()方法启动新的 Activity 时，可使用 putExtra()方法发送数据，示例代码是下列两种。

Activity1 发送方代码如下：

```
Intent intent = new Intent(this, UserInfoActivity.class);
intent.putExtra("userId", "x0001");
// ...
startActivity(intent);
```

Activity2 接收方代码如下：

```
Intent intent=getIntent();
String data=intent.getStringExtra("userId");
```

putExtra(String name, float value)方法有两个参数，第一个参数是数据名称，第二个参数是传递的数据。除了上述字符串类型以外，还可以接收 int、boolean 等基本数据类型。

2. 使用 Bundle 对象打包数据发送

Bundle 相当于数据存储包，可用于存放需要发送的数据。

Activity1 发送方代码如下：

```
Bundle bundle = new Bundle();
//向 Bundle 对象添加数据
bundle.putString("name", "张三" );
bundle.putInt("age", 20);
Intent intent = new Intent(MainActivity.this,SecondActivity.class);
intent.putExtras(bundle);
startActivity(intent);
```

Activity2 接收方代码如下：

```
Bundle bundle = getIntent().getExtras();
String name=bundle.getString("name");
int age=bundle.getInt("age");
```

3. 调用 putExtra()方法发送对象数据

如果我们需要传递一个对象数据到下一个 Activity，putExtra(String name, Serializable value)方法也能胜任，但前提是传递对象的类型必须实现 Serializable 接口或者 Parcelable 接口序列化。

5.5.2 获得 Activity 返回的数据

扫码观看
微课视频

解决了如何传递数据的问题，接下来我们介绍如何接收从目标 Activity 返回的处理结果。这次采用应答模式切换的方式实现。所谓应答模式切换，是“有来有往”。具体步骤如下。

（1）从 Activity1 跳转到 Activity2 时，调用 startActivityForResult(Intent intent, int requestCode)方法，代码如下：

```
// 发送的请求
public final static int REQUEST_CODE = 1;
```

```
//创建 intent 对象
Intent intent=new Intent(this,OtherActivity.class);
//启动 OtherActivity，并发送请求
startActivityForResult(intent,REQUEST_CODE);
```

（2）数据从 Activity2 返回到 Activity1 时，调用 setResult(int resultCode, Intent data)方法，代码如下：

```
// 返回的结果
public final static int RESULT_CODE = 0;
EditText editText=findViewById(R.id.editText);
//使用 Intent 返回数据
Intent intent = new Intent();
//把返回数据存入 Intent
intent.putExtra("result", editText.getText().toString());
//设置返回数据
this.setResult(RESULT_CODE,intent);
//关闭当前窗口
this.finish();
```

（3）Activity1 接收返回结果可通过重写 onActivityResult(int requestCode, int resultCode, Intent data)回调方法，代码如下：

```
@Override
protected void onActivityResult(int requestCode, int resultCode, Intent data) {
……
    switch (requestCode){
        case REQUEST_CODE:
            textView.setText(data
                    .getStringExtra("result");
            break;
        default:
            result="未获取到数据。";
    }
}
```

获得 Activity 返回数据的示例代码，可以参见本章的“案例 5:用户注册及登录 App”。

5.5.3 案例 3：个人信息发送与接收 App

在本案例中，我们将使用 Intent 与 Bundle 开发一个 Activity 间数据传递的 App。

扫码观看
微课视频

1. 需求描述

在本案例中，我们将开发一个个人信息发送与接收的 App。要求用户在 MainActivity 界面填写好个人信息，包括姓名和邮箱等。然后单击“提交”按钮，启动 ShowUserInfoActivity 界面，将用户填写的个人信息显示出来。

2. UI 布局设计

首先，创建一个名为 UserInfoDemo 的项目。activity_main.xml 界面整体布局结构如图 5.12 所示。

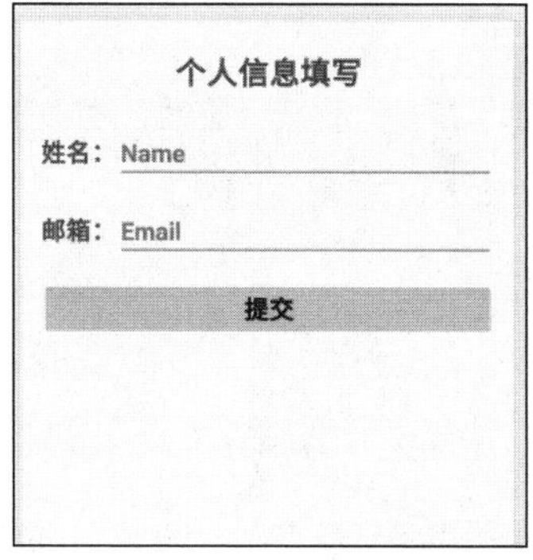

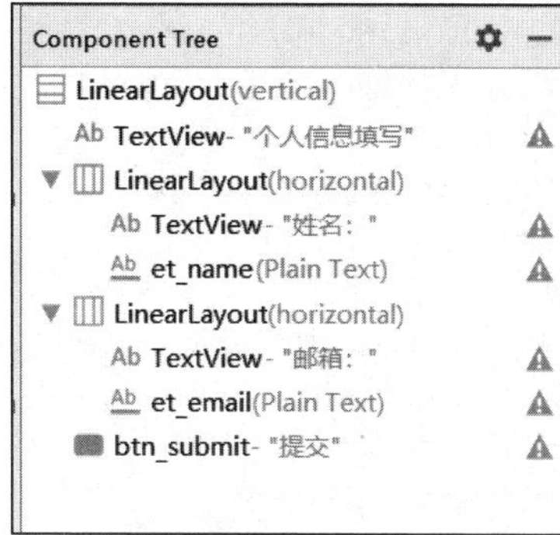

图 5.12　activity_main.xml 界面整体布局结构

activity_main.xml 文件参考代码如下：

```
<?xml version="1.0" encoding="utf-8"?>
<LinearLayout xmlns:android="http://*****.com/apk/res/android"
    android:layout_width="match_parent"
    android:layout_height="match_parent"
    android:orientation="vertical"
    android:layout_marginHorizontal="16dp">
    <TextView
        android:layout_width="match_parent"
        android:layout_height="wrap_content"
        android:layout_margin="25dp"
        android:gravity="center"
        android:text="个人信息填写"
        android:textSize="25sp"/>
    <LinearLayout
        android:layout_width="match_parent"
        android:layout_height="wrap_content"
        android:orientation="horizontal"
        android:layout_marginBottom="16dp"
        android:gravity="bottom">
        <TextView
            android:layout_width="wrap_content"
            android:layout_height="wrap_content"
            android:text="姓名："
            android:textSize="20sp"/>
        <EditText
            android:id="@+id/et_name"
            android:layout_width="match_parent"
            android:layout_height="wrap_content"
            android:textSize="20sp"
            android:ems="10"
            android:inputType="textPersonName"
            android:hint="Name" />
    </LinearLayout>
    <LinearLayout
```

```
        android:layout_width="match_parent"
        android:layout_height="wrap_content"
        android:orientation="horizontal"
        android:layout_marginBottom="16dp"
        android:gravity="bottom">
        <TextView
            android:layout_width="wrap_content"
            android:layout_height="wrap_content"
            android:text="邮箱："
            android:textSize="20sp"/>
        <EditText
            android:id="@+id/et_email"
            android:layout_width="match_parent"
            android:layout_height="wrap_content"
            android:textSize="20sp"
            android:ems="10"
            android:inputType="textPersonName"
            android:hint="Email" />
    </LinearLayout>
    <Button
        android:id="@+id/btn_submit"
        android:layout_width="match_parent"
        android:layout_height="wrap_content"
        android:textSize="20sp"
        android:onClick="btn_submit"
        android:text="提交" />
</LinearLayout>
```

在当前项目的基础上，创建一个新的 Activity，命名为 ShowUserInfoActivity，它对应的布局文件为 activity_show_userinfo.xml。图 5.13 所示为 activity_show_userinfo.xml 界面整体布局结构。

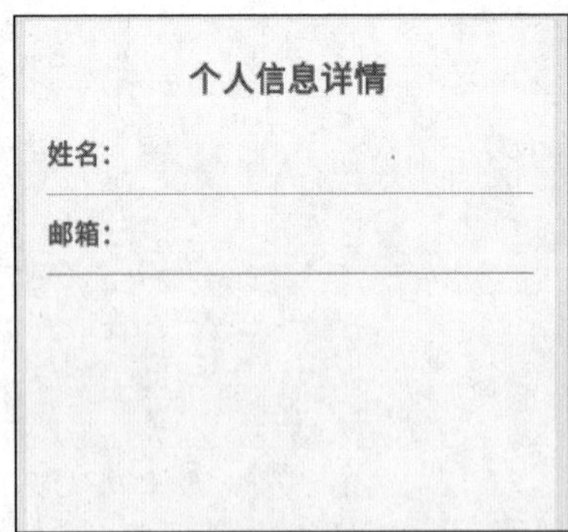

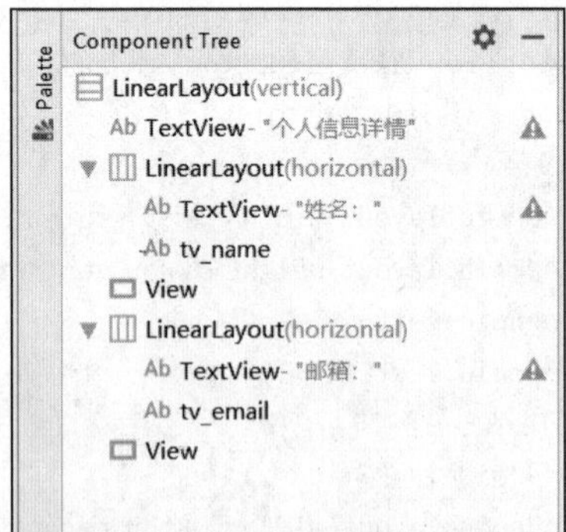

图 5.13　activity_show_userinfo.xml 界面整体布局结构

activity_show_userinfo.xml 文件参考代码如下：

```
<?xml version="1.0" encoding="utf-8"?>
<LinearLayout xmlns:android="http://*****.com/apk/res/android"
    android:layout_width="match_parent"
```

```
    android:layout_height="match_parent"
    android:orientation="vertical"
    android:layout_marginHorizontal="16dp">
    <TextView
        android:layout_width="match_parent"
        android:layout_height="wrap_content"
        android:layout_margin="25dp"
        android:gravity="center"
        android:text="个人信息详情"
        android:textSize="25sp"/>
    <LinearLayout
        android:layout_width="match_parent"
        android:layout_height="wrap_content"
        android:orientation="horizontal"
        android:layout_marginBottom="16dp"
        android:gravity="bottom">
        <TextView
            android:layout_width="wrap_content"
            android:layout_height="wrap_content"
            android:text="姓名："
            android:textSize="20sp"/>
        <TextView
            android:id="@+id/tv_name"
            android:layout_width="match_parent"
            android:layout_height="wrap_content"
            android:textSize="20sp"   />
    </LinearLayout>
    <View
        android:layout_width="match_parent"
        android:layout_height="1dp"
        android:background="@android:color/darker_gray"
        android:layout_marginBottom="16dp"/>
    <LinearLayout
        android:layout_width="match_parent"
        android:layout_height="wrap_content"
        android:orientation="horizontal"
        android:layout_marginBottom="16dp"
        android:gravity="bottom">
        <TextView
            android:layout_width="wrap_content"
            android:layout_height="wrap_content"
            android:text="邮箱："
            android:textSize="20sp"/>
        <TextView
            android:id="@+id/tv_email"
            android:layout_width="match_parent"
            android:layout_height="wrap_content"
            android:textSize="20sp"   />
```

```
    </LinearLayout>
    <View
        android:layout_width="match_parent"
        android:layout_height="1dp"
        android:background="@android:color/darker_gray"/>
</LinearLayout>
```

3. 业务功能实现

MainActivity 实现的功能是获取用户个人信息，然后打开 ShowUserInfoActivity 界面，并将个人信息发送给 ShowUserInfoActivity，参考代码如下：

```
public class MainActivity extends AppCompatActivity {
    private EditText etName, etEmail;
    @Override
    protected void onCreate(Bundle savedInstanceState) {
        super.onCreate(savedInstanceState);
        setContentView(R.layout.activity_main);
        etName = findViewById(R.id.et_name);
        etEmail = findViewById(R.id.et_email);
    }
    public void btn_submit(View view) {
        //实例化 bundle 对象
        Bundle bundle = new Bundle();
        //向 bundle 对象添加数据
        bundle.putString("name", etName.getText().toString());
        bundle.putString("email", etEmail.getText().toString());
        Intent intent = new Intent(this, ShowUserInfoActivity.class);
        //向 intent 对象 bundle
        intent.putExtras(bundle);
        startActivity(intent);
    }
}
```

ShowUserInfoActivity 实现的功能是接收 MainActivity 传过来的信息，然后将信息显示到界面上，参考代码如下：

```
public class ShowUserInfoActivity extends AppCompatActivity {
    private TextView tvName,tvEmail;
    @Override
    protected void onCreate(Bundle savedInstanceState) {
        super.onCreate(savedInstanceState);
        setContentView(R.layout.activity_show_userinfo);
        tvName=findViewById(R.id.tv_name);
        tvEmail=findViewById(R.id.tv_email);
        //获取 bundle 对象
        Bundle bundle = getIntent().getExtras();
        //通过 key 为“name”来获取 value 即 nameString.
        tvName.setText(bundle.getString("name"));
        tvEmail.setText(bundle.getString("email"));
    }
}
```

4. 运行结果

项目开发完成后，我们可以在模拟器或手机中运行此 App，查看运行效果。App 运行效果如图 5.14 所示。

图 5.14　App 运行效果

5.6 Activity 生命周期

每一个运行的实例对象，从创建到销毁，都会经历自己的生命周期，Activity 也不例外。下面将逐一介绍 Activity 的生命周期及其与生命周期相关的回调方法。

5.6.1　任务和堆栈

在介绍 Activity 的生命周期之前，我们先认识两个概念——任务和堆栈。任务是用户在进行某项工作时与之互动的一系列 Activity 的集合。某项任务打开了若干个 Activity，它们按照被打开的顺序排列在一个堆栈中，堆栈遵循“后进先出”的原则。在当前 Activity 启动另一个 Activity 时，新的 Activity 将被推送到堆栈顶部并获得焦点。上一个 Activity 仍保留在堆栈中，但会停止。当 Activity 停止时，系统会保留其界面的当前状态。当用户单击返回按钮时，当前的 Activity 会从堆栈顶部退出（该 Activity 销毁），上一个 Activity 会恢复（界面会恢复到上一个状态），过程如图 5.15 所示。

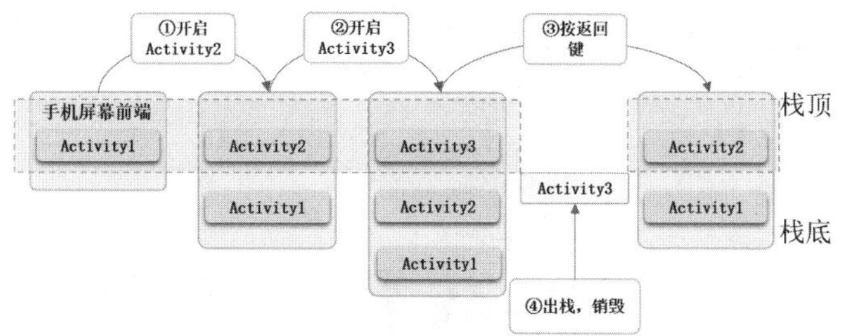

图 5.15　Activity 进出任务栈过程

Activity 在进栈与出栈的过程中，一般有 4 种状态。

- Activity 位于栈顶时，正好处于屏幕最前方，此时它处于运行状态。
- Activity 失去了焦点但仍然部分可见（如栈顶的 Activity 是透明的或者栈顶 Activity 并未铺满整个手机屏幕），此时它处于暂停状态。
- 某 Activity 被其他 Activity 完全遮挡，对用户不可见，此时它处于停止状态。
- Activity 由于人为原因或系统原因（如内存不足等）被销毁，此时它处于销毁状态。

5.6.2 Activity 生命周期的回调方法

我们之所以要关注 Activity 的生命周期，是因为 Activity 作为应用的一个屏幕界面在开启、退出以及切换的过程中，Android 操作系统会根据 Activity 的当前状态自动调用 Activity 的一些生命周期方法，这些方法称为回调方法，例如 Activity 的 onCreate()方法。

以下是 Activity 的 7 个核心回调方法。

- onCreate()：当 Activity 第一次被创建时调用，完成活动的初始化操作。
- onStart()：当用户可以看到这个 Activity 时调用。
- onResume()：当获得了用户的焦点时,即用户点击屏幕时调用。
- onPause()：当系统准备启动或恢复另一个活动时调用。
- onStop()：当活动完全不可见时调用；当新启动的活动是对话框式的，且可见时，该方法不会被调用。
- onDestroy()：当活动被销毁时调用。
- onRestart()：当活动由停止状态变为运行状态时调用。

图 5.16 展示了上述 7 个方法的回调过程。

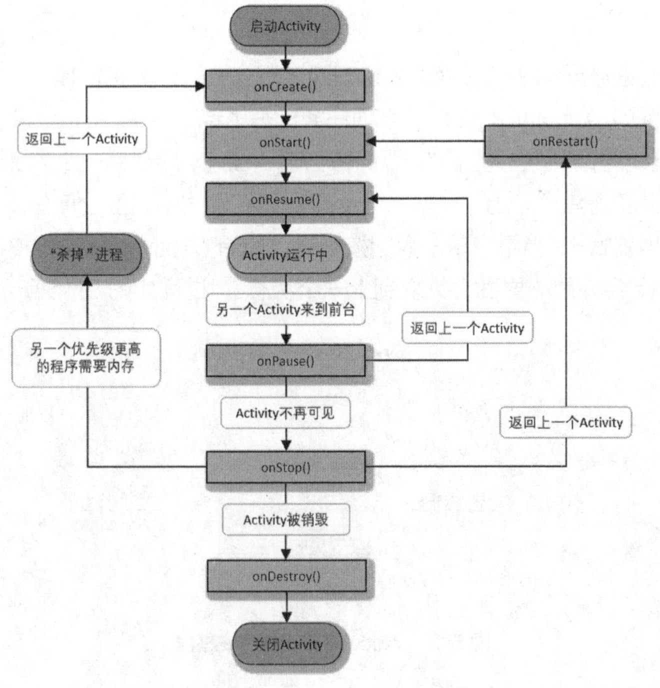

图 5.16　Activity 生命周期

Activity 除了受用户打开等操作影响外，还会受其他 Activity 的影响，表现出不同的周期状态，主要有以下 3 种。

- 完整生命周期：Activity 经历了 onCreate()方法和 onDestroy()方法，即是完整生命周期。一般情况下，一个活动会在 onCreate()方法中完成各种初始化，在 onDestroy()方法中完成释放资源的操作。
- 前台生命周期：Activity 经历了 onResume()方法和 onPause()方法，即是前台生命周期。在前台生命周期内，活动总是处于运行状态，此时的活动可以与用户进行交互。例如 Activity 被一个对话框半遮挡时，会出现该情况。
- 可视生命周期：Activity 经历了 onStart()方法与 onStop()方法，即是可视生命周期。在可视生命周期内，活动对用户是可见的，但可能无法和用户进行交互。例如 Activity 被一个来电接听窗口完全遮挡时，会出现该情况。

以上 3 种生命周期，通过图 5.17 能直观区分。

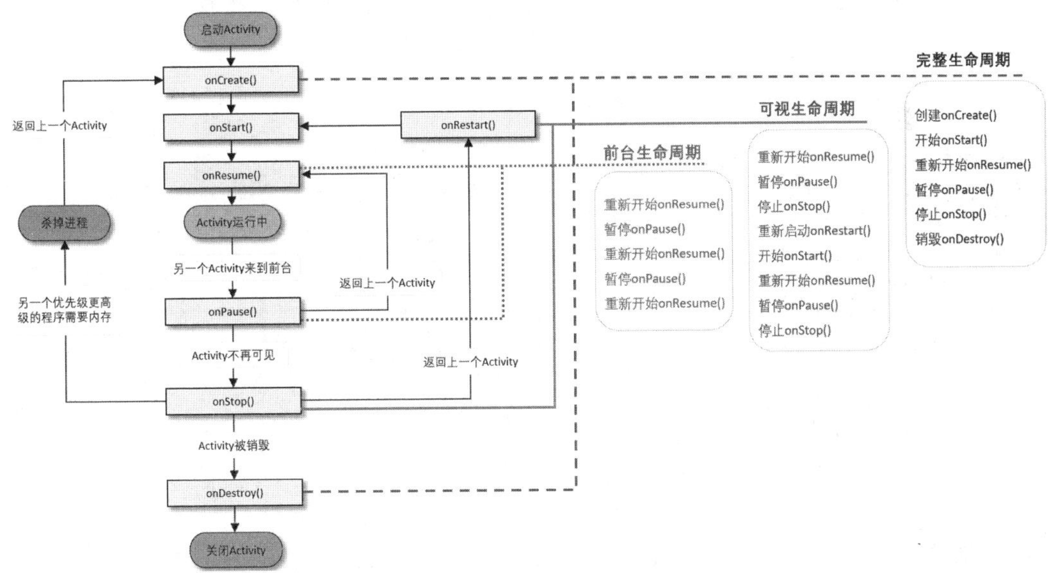

图 5.17　Activity 的 3 种生命周期

在 5.6.3 节的案例 4 中，我们将通过日志输出的方式，展示这 3 种生命周期状态。

5.6.3　案例 4：体验 Activity 的生命周期

在本案例中，我们通过重写 Activity 生命周期中的回调方法，查看 Activity 的 3 种生命周期。

1. 需求描述

本案例中有两个 Activity 界面：MainActivity 和 OtherActivity。使用 MainActivity 重写生命周期中的回调方法，使用 OtherActivity 设置对话框模式。通过开启和关闭 MainActivity，以及在 OtherActivity 开启和关闭时，观察对 MainActivity 生命周期回调方法的执行情况。

2. UI 布局设计

创建一个命名为 LifecycleDemo 的项目。在 activity_main.xml 布局文件中放置一个按钮，用于启动 OtherActivity。activity_main.xml 整体布局结构如图 5.18 所示。

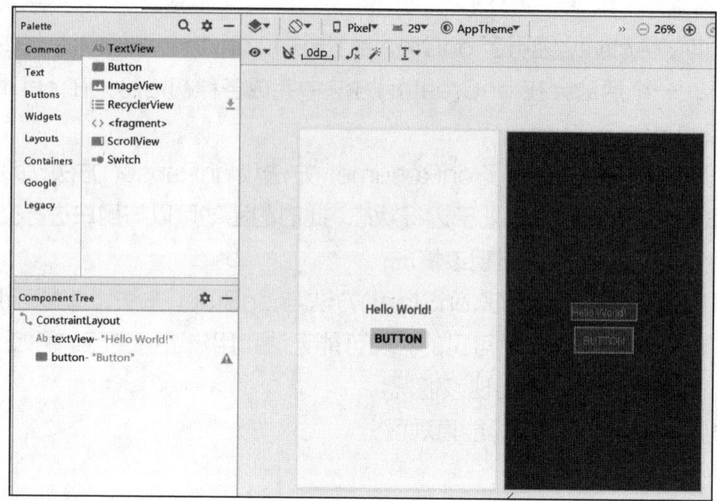

图 5.18　activity_main.xml 整体布局结构

activity_main.xml 布局文件参考代码如下：

```
<?xml version="1.0" encoding="utf-8"?>
<androidx.constraintlayout.widget.ConstraintLayout xmlns:android="http:// *****.com/apk/res/ android"
    xmlns:app="http://******.com/apk/res-auto"
    xmlns:tools="http:// ******.com/tools"
    android:layout_width="match_parent"
    android:layout_height="match_parent"
    tools:context=".MainActivity">
    <TextView
        android:id="@+id/textView"
        android:layout_width="wrap_content"
        android:layout_height="wrap_content"
        android:text="Hello World!"
        app:layout_constraintBottom_toBottomOf="parent"
        app:layout_constraintLeft_toLeftOf="parent"
        app:layout_constraintRight_toRightOf="parent"
        app:layout_constraintTop_toTopOf="parent" />
    <Button
        android:id="@+id/button"
        android:layout_width="wrap_content"
        android:layout_height="wrap_content"
        android:layout_marginTop="16dp"
        android:onClick="btn_start"
        android:text="Button"
        app:layout_constraintEnd_toEndOf="parent"
        app:layout_constraintStart_toStartOf="parent"
        app:layout_constraintTop_toBottomOf="@+id/textView" />
</androidx.constraintlayout.widget.ConstraintLayout>
```

3. 业务功能实现

首先，创建一个新的界面 OtherActivity，在 AndroidManifest.xml 中修改 OtherActivity 的

<activity></activity>标签属性，让 OtherActivity 以对话框的形式打开，代码如下：

```
<activity
    android:name=".OtherActivity"
    android:theme="@style/Theme.AppCompat.Dialog"
    android:label="OtherActivity">
</activity>
```

然后，在 MainActivity 中重写生命周期的回调方法，并且添加 Button 控件的单击事件方法 btn_start()，代码如下：

```
public class MainActivity extends AppCompatActivity {
    private static final String TAG = "MainActivity";
    @Override
    protected void onCreate(Bundle savedInstanceState) {
        super.onCreate(savedInstanceState);
        setContentView(R.layout.activity_main);
        Log.e(TAG, "onCreate: is running" );
    }
    @Override
    protected void onStart() {
        super.onStart();
        Log.e(TAG, "onStart: is running" );
    }
    @Override
    protected void onStop() {
        super.onStop();
        Log.e(TAG, "onStop: is running" );
    }
    @Override
    protected void onDestroy() {
        super.onDestroy();
        Log.e(TAG, "onDestroy: is running" );
    }
    @Override
    protected void onPause() {
        super.onPause();
        Log.e(TAG, "onPause: is running");
    }
    @Override
    protected void onResume() {
        super.onResume();
        Log.e(TAG, "onResume: is running" );
    }
    @Override
    protected void onRestart() {
        super.onRestart();
        Log.e(TAG, "onRestart: is running" );
    }
    public void btn_start(View view) {
        Intent intent =new Intent(this,OtherActivity.class);
        startActivity(intent);
    }
}
```

4．运行效果

项目开发完成后，打开 Logcat 日志工具，并使用“MainActivity”设置日志过滤。在模拟器或手机中运行项目，查看运行效果。项目运行效果如图 5.19 所示。

图 5.19　项目运行效果

（1）体验完整生命周期

启动 MainActivity 后，单击模拟器的返回按钮，在“Logcat”窗口中输出 MainActivity 的完整生命周期，如图 5.20 所示。

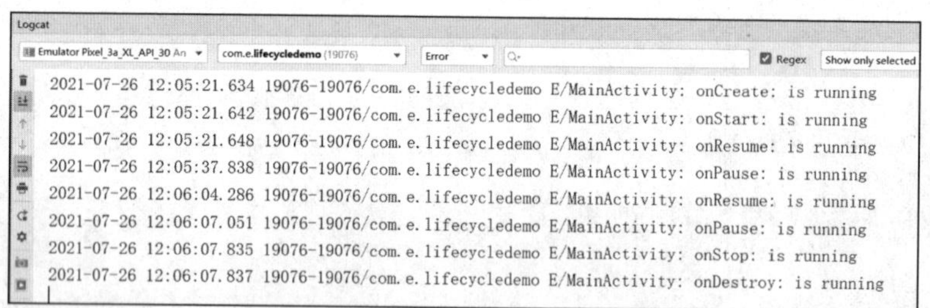

图 5.20　MainActivity 的完整生命周期

（2）体验前台生命周期

运行项目，单击 MainActivity 上的按钮启动对话框模式的 OtherActivity。MainActivity 被部分遮挡进入休眠状态，然后单击模拟器的返回按钮，让 MainActivity 再次完全显示到手机界面。在“Logcat”窗口中输出的信息如图 5.21 所示。

（3）体验可视生命周期

运行项目，打开 MainActivity 后，使用模拟器的来电模拟功能拨号。使 MainActivity 被电话接听界面完全遮挡，接着挂断电话返回 MainActivity。模拟器拨号界面如图 5.22 所示。

完成拨号和挂断接听后，“Logcat”窗口输出的信息如图 5.23 所示。

```
Logcat
Emulator Pixel_3a_XL_API_30 An | com.e.lifecycledemo (19076) | Error | MainActivity | Regex | Show only sele
2021-07-26 12:05:21.634 19076-19076/com.e.lifecycledemo E/MainActivity: onCreate: is running
2021-07-26 12:05:21.642 19076-19076/com.e.lifecycledemo E/MainActivity: onStart: is running
2021-07-26 12:05:21.648 19076-19076/com.e.lifecycledemo E/MainActivity: onResume: is running
2021-07-26 12:05:37.838 19076-19076/com.e.lifecycledemo E/MainActivity: onPause: is running
2021-07-26 12:06:04.286 19076-19076/com.e.lifecycledemo E/MainActivity: onResume: is running
```

图 5.21 MainActivity 的前台生命周期

图 5.22 模拟拨号界面

```
Logcat
Emulator Pixel_3a_XL_API_30 An | com.e.lifecycledemo (20617) | Error | MainActivity | Regex | Show only selected
2021-07-26 12:48:19.090 20617-20617/com.e.lifecycledemo E/MainActivity: onStop: is running
2021-07-26 12:48:23.118 20617-20617/com.e.lifecycledemo E/MainActivity: onRestart: is running
2021-07-26 12:48:23.134 20617-20617/com.e.lifecycledemo E/MainActivity: onStart: is running
2021-07-26 12:48:23.136 20617-20617/com.e.lifecycledemo E/MainActivity: onResume: is running
2021-07-26 12:48:25.429 20617-20617/com.e.lifecycledemo E/MainActivity: onPause: is running
2021-07-26 12:48:26.457 20617-20617/com.e.lifecycledemo E/MainActivity: onStop: is running
2021-07-26 12:48:29.092 20617-20617/com.e.lifecycledemo E/MainActivity: onRestart: is running
2021-07-26 12:48:29.094 20617-20617/com.e.lifecycledemo E/MainActivity: onStart: is running
2021-07-26 12:48:29.096 20617-20617/com.e.lifecycledemo E/MainActivity: onResume: is running
```

图 5.23 “Logcat”窗口输出的信息

5.7 案例 5：用户登录及注册 App

在本案例中，我们使用 startActivityForResult()方法与 onActivityResult()回调方法，开发一个具有注册和登录功能的 App。

扫码观看
微课视频

1. 需求描述

App 首页有登录和注册两个按钮，分别用于打开登录界面和注册界面。用户完成登录或注册后，程序自动关闭登录或注册窗口，然后将登录或注册的信息返回给首界面。首界面根据 requestCode()和 resultCode()，判断用户登录或注册是否成功，并且显示相应的内容。

2. UI 布局设计

首先创建一个名为 RegisterAndLogin 的项目。在创建布局资源之前，我们需要先完成 values 目录下资源的创建。

（1）colors.xml 资源文件

为了统一 App 的界面风格，我们将一些颜色资源创建到 colors.xml 资源文件，具体代码如下：

```
<?xml version="1.0" encoding="utf-8"?>
<resources>
    <color name="colorPrimary">#6200EE</color>
    <color name="colorPrimaryDark">#3700B3</color>
    <color name="colorAccent">#03DAC5</color>
    <!--自定义颜色-->
    <color name="titleText">#181818</color>
    <color name="buttonText">#FFFFFF</color>
    <color name="bg">#EDEDED</color>
    <color name="fontText">#353535</color>
    <color name="buttonBackground">#07C160</color>
    <color name="input_text_hint">#D8D8D8</color>
</resources>
```

（2）stirng.xml 资源文件

我们统一将 App 布局中应用的字符串资源创建到 string.xml 文件，具体代码如下：

```
<resources>
    <string name="app_name">RegisterAndLogin</string>
    <!--activity_main-->
    <string name="login">登录</string>
    <string name="register">注册</string>
    <string name="main_name">未登录</string>
    <!--activity_login-->
    <string name="login_name">账号</string>
    <string name="login_passwd">密码</string>
    <!--activity_register-->
    <string name="reg_nick_name">昵称</string>
    <string name="reg_id">账号</string>
    <string name="reg_passwd">密码</string>
    <string name="name_hint">请填写用户名</string>
    <string name="reg_nick_hint">请填写用户昵称</string>
    <string name="passwd_hint">请填写密码</string>
</resources>
```

（3）Drawable 图片资源

本应用使用的图片资源有 back.png、close.png、user_1.png、user_2.png，以及用于修改按钮形状和颜色等样式的 button_shape.xml 资源文件。

在 drawable 目录下创建 button_shape.xml 资源文件，首先右击 drawable 目录，在弹出的快捷菜单中选择“New”→“Drawable Resource File”，如图 5.24 所示。

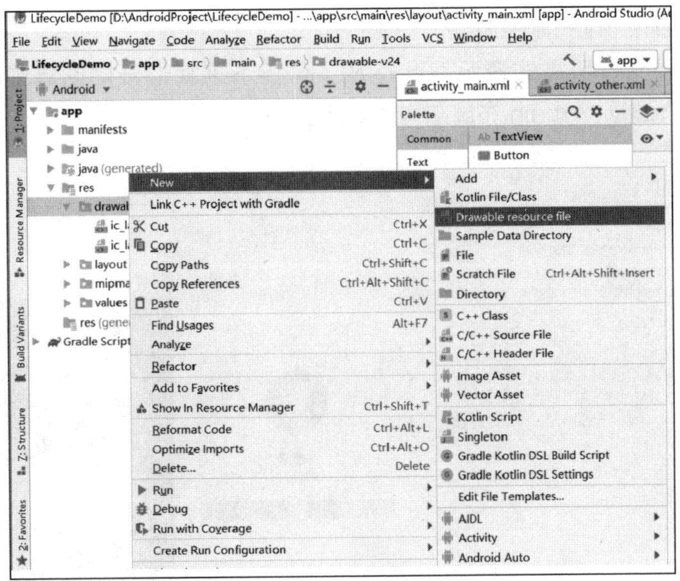

图 5.24　创建 Drawable 资源文件菜单

在弹出的“New Resource File”对话框中，输入文件名 button_shape 和根元素名 shape，如图 5.25 所示。

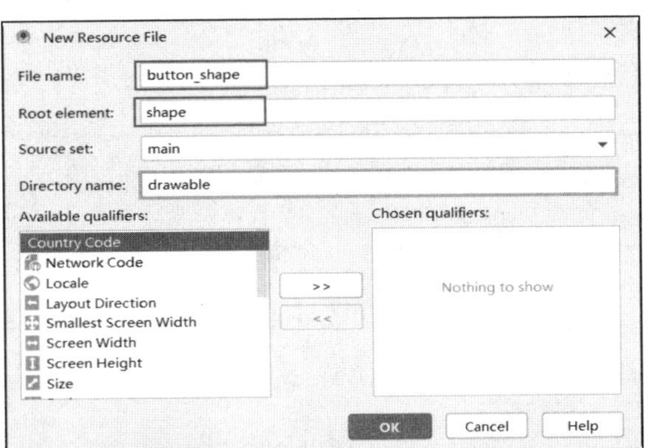

图 5.25　“New Resource File”对话框

单击“OK”按钮后，button_shape.xml 文件即在 drawable 目录下生成。需补全的代码如下：

```
<?xml version="1.0" encoding="utf-8"?>
<shape xmlns:android="http:// *****.com/apk/res/android">
    <solid android:color="@color/buttonBackground" /><!-- 填充的颜色 -->
    <!-- 设置按钮的四个角为弧形 -->
    <!-- android:**radius 弧形的半径 -->
    <corners android:topLeftRadius="6dp"
        android:topRightRadius="6dp"
        android:bottomRightRadius="6dp"
        android:bottomLeftRadius="6dp"/>
    <!-- 边框粗细及颜色 -->
</shape>
```

（4）activity_main.xml 布局资源

至此，创建布局文件所需的资源就准备好了，接下来我们开始创建主界面布局资源文件 activity_main.xml。activity_main 布局结构如图 5.26 所示。

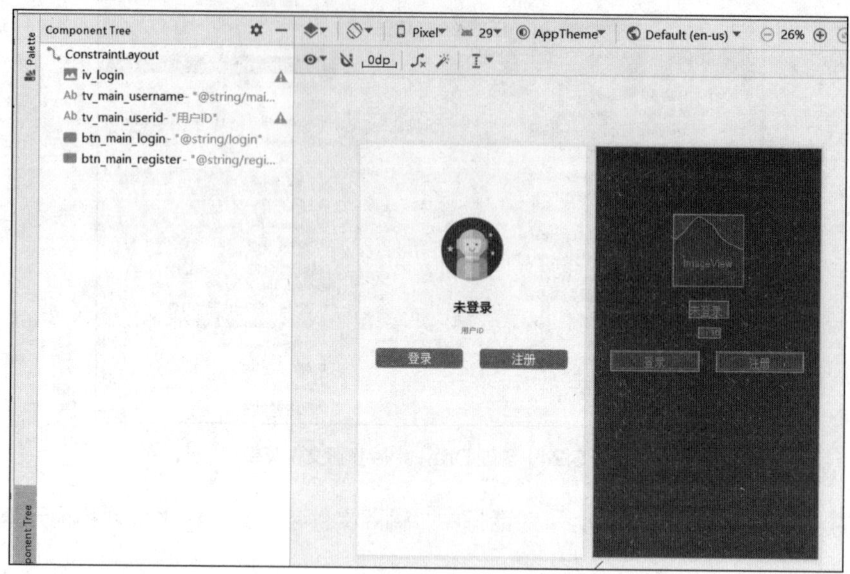

图 5.26　activity_main 布局结构

activity_main.xml 资源文件的参考代码如下：

```
<?xml version="1.0" encoding="utf-8"?>
<androidx.constraintlayout.widget.ConstraintLayout
    xmlns:android="http://******.com/apk/res/android"
    xmlns:app="http://******.com/apk/res-auto"
    xmlns:tools="http://******.com/tools"
    android:layout_width="match_parent"
    android:layout_height="match_parent"
    android:orientation="vertical">

    <ImageView
        android:id="@+id/iv_login"
        android:layout_width="wrap_content"
        android:layout_height="wrap_content"
        app:layout_constraintBottom_toBottomOf="parent"
        app:layout_constraintEnd_toEndOf="parent"
        app:layout_constraintStart_toStartOf="parent"
        app:layout_constraintTop_toTopOf="parent"
        app:layout_constraintVertical_bias="0.19999999"
        app:srcCompat="@drawable/user_1" />
    <TextView
        android:id="@+id/tv_main_username"
        android:layout_width="wrap_content"
        android:layout_height="wrap_content"
```

```
        android:layout_marginTop="24dp"
        android:text="@string/main_name"
        android:textColor="@color/titleText"
        android:textSize="23sp"
        android:textStyle="bold"
        app:layout_constraintEnd_toEndOf="@+id/iv_login"
        app:layout_constraintHorizontal_bias="0.529"
        app:layout_constraintStart_toStartOf="@+id/iv_login"
        app:layout_constraintTop_toBottomOf="@+id/iv_login" />
    <TextView
        android:id="@+id/tv_main_userid"
        android:layout_width="wrap_content"
        android:layout_height="wrap_content"
        android:layout_marginTop="16dp"
        android:text="用户 ID"
        app:layout_constraintEnd_toEndOf="@+id/tv_main_username"
        app:layout_constraintStart_toStartOf="@+id/tv_main_username"
        app:layout_constraintTop_toBottomOf="@+id/tv_main_username" />
    <Button
        android:id="@+id/btn_main_login"
        android:layout_width="160dp"
        android:layout_height="35dp"
        android:layout_marginTop="24dp"
        android:background="@drawable/button_shape"
        android:text="@string/login"
        android:textColor="@color/buttonText"
        android:textSize="23sp"
        app:layout_constraintEnd_toStartOf="@+id/btn_main_register"
        app:layout_constraintHorizontal_bias="0.5"
        app:layout_constraintStart_toStartOf="parent"
        app:layout_constraintTop_toBottomOf="@+id/tv_main_userid" />
    <Button
        android:id="@+id/btn_main_register"
        android:layout_width="160dp"
        android:layout_height="35dp"
        android:background="@drawable/button_shape"
        android:text="@string/register"
        android:textColor="@color/buttonText"
        android:textSize="23sp"
        app:layout_constraintBottom_toBottomOf="@+id/btn_main_login"
        app:layout_constraintEnd_toEndOf="parent"
        app:layout_constraintHorizontal_bias="0.5"
        app:layout_constraintStart_toEndOf="@+id/btn_main_login"
        app:layout_constraintTop_toTopOf="@+id/btn_main_login" />
</androidx.constraintlayout.widget.ConstraintLayout>
```

（5）activity_login.xml 布局资源

activity_login 布局结构如图 5.27 所示。

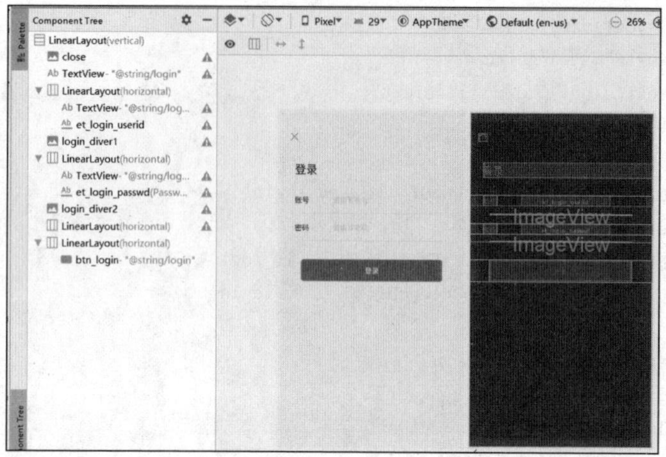

图 5.27 activity_login 布局结构

activity_login.xml 资源文件代码参考如下：

```
<?xml version="1.0" encoding="utf-8"?>
<LinearLayout xmlns:android="http://*****.com/apk/res/android"
    xmlns:app="http://*****.com/apk/res-auto"
    xmlns:tools="http://*****.com/tools"
    android:background="@color/bg"
    android:orientation="vertical"
    android:layout_width="match_parent"
    android:layout_height="match_parent"
    tools:context=".LoginActivity">
    <!--返回按钮-->
    <ImageView
        android:id="@+id/close"
        android:layout_marginTop="45dp"
        android:layout_marginLeft="20dp"
        android:src="@drawable/close"
        android:layout_width="17dp"
        android:layout_height="17dp" />
    <!--标题-->
    <TextView
        android:textSize="25sp"
        android:text="@string/login"
        android:layout_marginTop="45dp"
        android:layout_marginLeft="30dp"
        android:textColor="@color/fontText"
        android:layout_width="match_parent"
        android:layout_height="wrap_content" />
    <!--账号输入-->
    <LinearLayout
        android:layout_marginTop="40dp"
        android:layout_width="match_parent"
        android:layout_height="wrap_content">
        <TextView
```

```
            android:textColor="@color/fontText"
            android:layout_marginLeft="30dp"
            android:text="@string/login_name"
            android:textSize="16sp"
            android:layout_width="wrap_content"
            android:layout_height="wrap_content" />
        <EditText
            android:textColorHint="@color/input_text_hint"
            android:background="@null"
            android:id="@+id/et_login_userid"
            android:layout_marginLeft="55dp"
            android:textSize="16sp"
            android:hint="@string/name_hint"
            android:layout_width="200dp"
            android:layout_height="wrap_content" />
    </LinearLayout>
    <!--下划线-->
    <ImageView
        android:id="@+id/login_diver1"
        android:layout_marginTop="17dp"
        android:layout_gravity="center_horizontal"
        android:background="@color/input_text_hint"
        android:layout_width="320dp"
        android:layout_height="1dp" />
    <LinearLayout
        android:layout_marginTop="20dp"
        android:layout_width="match_parent"
        android:layout_height="wrap_content">
        <TextView
            android:textSize="16sp"
            android:textColor="@color/fontText"
            android:layout_marginLeft="30dp"
            android:text="@string/login_passwd"
            android:layout_width="wrap_content"
            android:layout_height="wrap_content" />
        <EditText
            android:textColorHint="@color/input_text_hint"
            android:inputType="textPassword"
            android:background="@null"
            android:id="@+id/et_login_passwd"
            android:layout_marginLeft="55dp"
            android:textSize="16sp"
            android:hint="@string/passwd_hint"
            android:layout_width="200dp"
            android:layout_height="wrap_content" />
    </LinearLayout>
    <ImageView
        android:id="@+id/login_diver2"
        android:layout_marginTop="17dp"
        android:layout_gravity="center_horizontal"
```

```
        android:background="@color/input_text_hint"
        android:layout_width="320dp"
        android:layout_height="1dp" />
    <LinearLayout
        android:layout_width="match_parent"
        android:layout_height="wrap_content">
    </LinearLayout>
    <LinearLayout
        android:layout_marginTop="40dp"
        android:gravity="center_horizontal"
        android:layout_width="match_parent"
        android:layout_height="wrap_content">
        <!--登录按钮-->
        <Button
            android:textSize="16sp"
            android:id="@+id/btn_login"
            android:layout_width="321dp"
            android:layout_height="48dp"
            android:background="@drawable/button_shape"
            android:text="@string/login"
            android:textColor="@color/buttonText" />
    </LinearLayout>
</LinearLayout>
```

上述代码中，EditText 控件中包含这样一行属性设置代码：android:background="@null" 。它的作用是去除 EditText 控件的背景样式，即输入文本框的下划线。

（6）activity_register.xml 布局资源

activity_register 布局结构如图 5.28 所示。

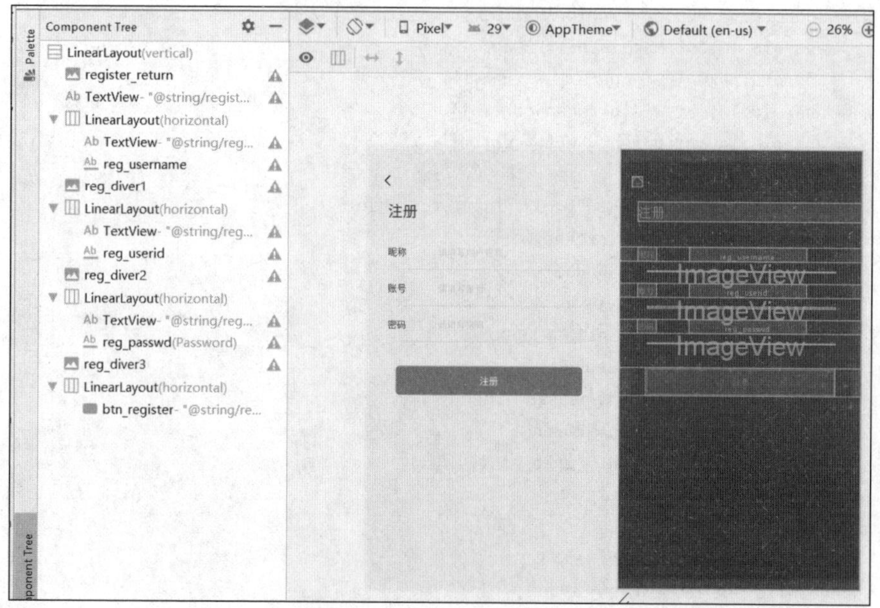

图 5.28　activity_register 布局结构

activity_register.xml 资源文件的参考代码如下：

```
<?xml version="1.0" encoding="utf-8"?>
<LinearLayout xmlns:android="http://*****.com/apk/res/android"
    xmlns:app="http://*****.com/apk/res-auto"
    xmlns:tools="http://*****.com/tools"
    android:background="@color/bg"
    android:orientation="vertical"
    android:layout_width="match_parent"
    android:layout_height="match_parent"
    tools:context=".RegisterActivity">
    <ImageView
        android:id="@+id/register_return"
        android:layout_marginTop="45dp"
        android:layout_marginLeft="20dp"
        android:src="@drawable/back"
        android:layout_width="17dp"
        android:layout_height="17dp" />
    <TextView
        android:textSize="25sp"
        android:text="@string/register"
        android:layout_marginTop="25dp"
        android:layout_marginLeft="30dp"
        android:textColor="@color/fontText"
        android:layout_width="match_parent"
        android:layout_height="wrap_content" />
    <LinearLayout
        android:layout_marginTop="40dp"
        android:layout_width="match_parent"
        android:layout_height="wrap_content">
        <TextView
            android:textColor="@color/fontText"
            android:layout_marginLeft="30dp"
            android:text="@string/reg_nick_name"
            android:textSize="16sp"
            android:layout_width="wrap_content"
            android:layout_height="wrap_content" />
        <EditText
            android:textColorHint="@color/input_text_hint"
            android:background="@null"
            android:id="@+id/reg_username"
            android:layout_marginLeft="55dp"
            android:textSize="16sp"
            android:hint="@string/reg_nick_hint"
            android:layout_width="200dp"
            android:layout_height="wrap_content" />
    </LinearLayout>
    <ImageView
        android:id="@+id/reg_diver1"
        android:layout_marginTop="17dp"
        android:layout_gravity="center_horizontal"
        android:background="@color/input_text_hint"
        android:layout_width="320dp"
```

```
        android:layout_height="1dp" />
    <LinearLayout
        android:layout_marginTop="20dp"
        android:layout_width="match_parent"
        android:layout_height="wrap_content">
        <TextView
            android:textColor="@color/fontText"
            android:layout_marginLeft="30dp"
            android:text="@string/reg_id"
            android:textSize="16sp"
            android:layout_width="wrap_content"
            android:layout_height="wrap_content" />
        <EditText
            android:textColorHint="@color/input_text_hint"
            android:background="@null"
            android:id="@+id/reg_userid"
            android:layout_marginLeft="55dp"
            android:textSize="16sp"
            android:hint="@string/name_hint"
            android:layout_width="200dp"
            android:layout_height="wrap_content" />
    </LinearLayout>
    <ImageView
        android:id="@+id/reg_diver2"
        android:layout_marginTop="17dp"
        android:layout_gravity="center_horizontal"
        android:background="@color/input_text_hint"
        android:layout_width="320dp"
        android:layout_height="1dp" />
    <LinearLayout
        android:layout_marginTop="20dp"
        android:layout_width="match_parent"
        android:layout_height="wrap_content">
        <TextView
            android:textSize="16sp"
            android:textColor="@color/fontText"
            android:layout_marginLeft="30dp"
            android:text="@string/reg_passwd"
            android:layout_width="wrap_content"
            android:layout_height="wrap_content" />
        <EditText
            android:textColorHint="@color/input_text_hint"
            android:background="@null"
            android:inputType="textPassword"
            android:id="@+id/reg_passwd"
            android:layout_marginLeft="55dp"
            android:textSize="16sp"
            android:hint="@string/passwd_hint"
            android:layout_width="200dp"
            android:layout_height="wrap_content" />
    </LinearLayout>
    <ImageView
        android:id="@+id/reg_diver3"
```

```
        android:layout_marginTop="17dp"
        android:layout_gravity="center_horizontal"
        android:background="@color/input_text_hint"
        android:layout_width="320dp"
        android:layout_height="1dp" />
    <LinearLayout
        android:layout_marginTop="40dp"
        android:gravity="center_horizontal"
        android:layout_width="match_parent"
        android:layout_height="wrap_content">
        <Button
            android:id="@+id/btn_register"
            android:layout_width="321dp"
            android:layout_height="34dp"
            android:background="@drawable/button_shape"
            android:text="@string/register"
            android:textColor="@color/buttonText"
            android:textSize="16sp" />
    </LinearLayout>
</LinearLayout>
```

3. 业务功能实现

本App中有3个界面，分别是主界面、登录界面和注册界面。

（1）MainActivity类

MainActivity主界面中主要实现的功能有两个：其一，使用startActivityForResult()方法打开登录界面和注册界面；其二，重写onActivityResult()方法来接收并处理登录界面和注册界面返回的信息。具体代码如下：

```
public class MainActivity extends AppCompatActivity implements View.OnClickListener {
    private Button btnLogin, btnRegister;
    private ImageView ivLogin;
    private TextView tvUsername, tvUserId;
    //定义打开注册窗口的请求码
    private static final int REQUEST_REGISTER_CODE = 1;
    //定义打开登录窗口的请求码
    private static final int REQUEST_LOGIN_CODE = 2;
    @Override
    protected void onCreate(Bundle savedInstanceState) {
        super.onCreate(savedInstanceState);
        setContentView(R.layout.activity_main);
        //初始化控件
        tvUserId = findViewById(R.id.tv_main_userid);
        tvUsername = findViewById(R.id.tv_main_username);
        ivLogin = findViewById(R.id.iv_login);
        btnLogin = findViewById(R.id.btn_main_login);
        btnRegister = findViewById(R.id.btn_main_register);
        btnLogin.setOnClickListener(this);
        btnRegister.setOnClickListener(this);
    }

    @Override
```

```
        public void onClick(View view) {
            Intent intent = new Intent();
            switch (view.getId()) {
                case R.id.btn_main_login:
                    //打开登录窗口
                    intent.setClass(this, LoginActivity.class);
                    startActivityForResult(intent, REQUEST_LOGIN_CODE);
                    break;
                case R.id.btn_main_register:
                    //打开注册窗口
                    intent.setClass(this, RegisterActivity.class);
                    startActivityForResult(intent, REQUEST_REGISTER_CODE);
                    break;
            }
        }
        @Override
        protected void onActivityResult(int requestCode, int resultCode, @Nullable Intent intent) {
            super.onActivityResult(requestCode, resultCode, intent);
            if (intent == null) {
                return;
            }
            //根据 requestCode 判断是哪个窗口返回的数据
            switch (requestCode) {
                case REQUEST_REGISTER_CODE:
                    //根据注册窗口返回的 resultCode 判断注册操作是否成功
                    if (resultCode == 11) {
                        tvUserId.setText(intent.getStringExtra("userId"));
                        tvUsername.setText(intent.getStringExtra("userName"));
                        ivLogin.setImageResource(R.drawable.user_2);
                  Toast.makeText(this, "注册成功！", Toast.LENGTH_LONG).show();
                    }else {
                  Toast.makeText(this, "注册失败！", Toast.LENGTH_LONG).show();
                    }
                    break;
                case REQUEST_LOGIN_CODE:
                    //根据登录窗口返回的 resultCode 判断注册操作是否成功
                    if (resultCode == 21) {
                        tvUserId.setText(intent.getStringExtra("userId"));
                        tvUsername.setText(intent.getStringExtra("userName"));
                        ivLogin.setImageResource(R.drawable.user_2);
                  Toast.makeText(this, "登录成功！", Toast.LENGTH_LONG).show();
                    }else{
                  Toast.makeText(this, "登录失败！", Toast.LENGTH_LONG).show();
                    }
                    break;
                default:
                 Toast.makeText(this, "操作失败！", Toast.LENGTH_LONG).show();
                    break;
            }
        }
    }
```

（2）LoginActivity 类

LoginActivity 类主要实现的功能有两个：其一，接收和校验用户输入的用户名与密码等是否合法，这里我们假设合法的用户名为“xiaoming”,密码为“12345”；其二，将用户信息通过 Intent 对象返回给主界面 MainActivity，并使用 finish()方法关闭当前窗口。参考代码如下：

```
public class LoginActivity extends AppCompatActivity {
    private EditText etUserId,etPasswd;
    private Button btnLogin;
    @Override
    protected void onCreate(Bundle savedInstanceState) {
        super.onCreate(savedInstanceState);
        setContentView(R.layout.activity_login);
        etUserId=findViewById(R.id.et_login_userid);
        etPasswd=findViewById(R.id.et_login_passwd);
        btnLogin=findViewById(R.id.btn_login);
        btnLogin.setOnClickListener(new View.OnClickListener() {
            @Override
            public void onClick(View view) {
                String userId=etUserId.getText().toString().trim();
                String passwd=etPasswd.getText().toString().trim();
                Intent intent=new Intent();
                if(userId.equals("xiaoming")&&passwd.equals("12345")){
                    //账号密码校验通过将数据据返回给 MainActivity
                    intent.putExtra("userId",userId);
                    intent.putExtra("userName","张晓明");
                    //21 为返回给 MainActivity 的结果码
                    setResult(21,intent);
                }else{
                    //校验不通过，将 20 结果码返回给 MainActivity
                    setResult(20,intent);
                }
                //关闭当前窗口
                finish();
            }
        });
    }
}
```

（3）RegisterActivity 类

RegisterActivity 类需要实现的功能比较简单，将用户填写的注册信息通过 Intent 对象返回给 MainActivity，并使用 finish()方法关闭当前窗口。参考代码如下：

```
public class RegisterActivity extends AppCompatActivity {
    private EditText etUsername,etUserId,etPasswd;
    private Button btnRegister;

    @Override
    protected void onCreate(Bundle savedInstanceState) {
        super.onCreate(savedInstanceState);
        setContentView(R.layout.activity_register);
        etUsername=findViewById(R.id.reg_username);
```

```
        etUserId=findViewById(R.id.reg_userid);
        btnRegister=findViewById(R.id.btn_register);
        btnRegister.setOnClickListener(new View.OnClickListener() {
            @Override
            public void onClick(View view) {
                Intent intent=new Intent();
                intent.putExtra("userId",etUserId.getText().toString());
                intent.putExtra("userName",etUsername.getText().toString());
                setResult(11,intent);
                finish();
            }
        });
    }
}
```

4. 运行效果

App 开发完成后，我们可以在模拟器或手机中运行此 App，查看运行效果。App 运行效果如图 5.29 所示。

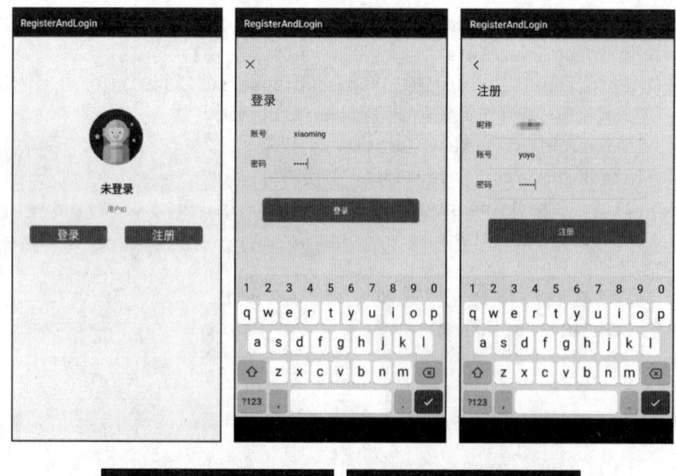

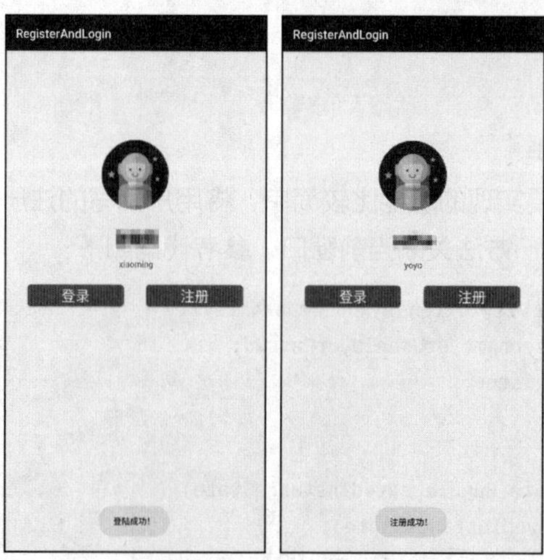

图 5.29　App 运行效果

5.8 课程小结

本章主要介绍了 Activity 组件的相关知识，包括 Activity 的创建、Activity 间的跳转和传值、Activity 的生命周期等，还简单介绍了 Intent 与 IntentFilter 在 Activity 启动时的作用。

5.9 自我测评

一、选择题

1. Android 以（　　）组织 Activity。

A. 堆的方式　　B. 栈的方式

C. 树型方式　　D. 链式方式

2. Activity 从可见状态变为半透明遮盖状态时，生命周期中的（　　）方法被调用。

A. onStop()　　B. onPause()

C. onRestart()　　D. onStart()

3. Intent 传递数据时，下列数据类型中不可以被传递的是（　　）。

A. Serializable　　B. charsequence

C. Parcelable　　D. Bundle

4. 下列选项中，不是 Activity 启动方法的是（　　）。

A. startActivity　　B. goToActivity

C. startActivityForResult　　D. startActivityFromChild

二、判断题

1. 通过调用 finish()方法可以关闭 Activity。（　　）

2. Activity 不用在 AndroidManifest.xml 文件中注册就可以运行。（　　）

3. 根据开启目标组件的方式不同，Intent 被分为两种类型，分别为显示 Intent 和隐式 Intent。（　　）

4. 通过隐式 Intent 启动 Activity 时，需要明确指定激活组件的名称。（　　）

5. 当 Activity 使用 setResult()方法时，将跳转到使用 startActivityForResult()方法请求数据的界面。（　　）

三、编程题

1. 编程实现如下功能：在 A 窗口单击按钮，打开并传递数据至 B 窗口，并在 B 窗口显示传递的数据。

2. 通过隐示 Intent 打开电话拨号界面。参考界面如图 5.30 所示。

实现提示：

（1）添加权限许可为 android.permission.CALL_PHONE;

（2）Intent 的 action 属性值为 Intent.ACTION_DIAL;

（3）Intent 的 data 属性值为 tel。

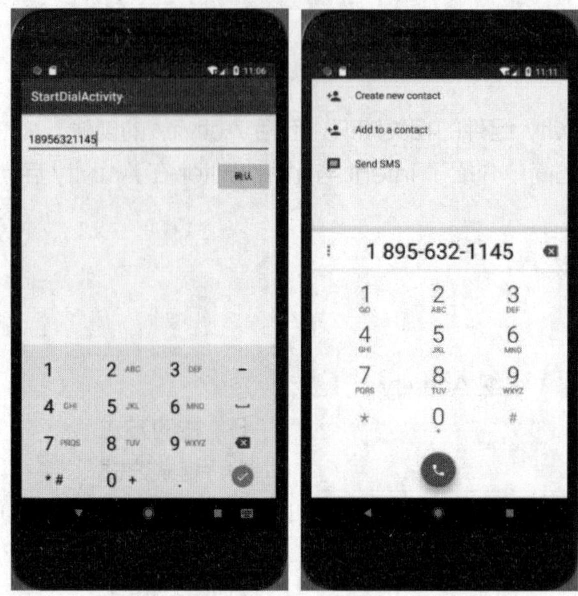

图 5.30　参考界面

5.10　课堂笔记（见工作手册）

5.11　实训记录（见工作手册）

5.12　课程评价（见工作手册）

5.13　扩展知识

Android 四大组件分别为 Activity、Service、ContentProvider、BroadcastReceiver。前面学习了 Activity 组件，这里介绍 Service 组件、ContentProvider 组件、BroadcastReceiver 组件。

1. Service

Service 用于在后台完成用户指定的操作。Service 分为以下两种。

（1）started（启动）：当应用程序组件（如 Activity）调用 startService()方法启动服务时，服务处于 started 状态。

（2）bound（绑定）：当应用程序组件调用 bindService()方法绑定服务时，服务处于 bound 状态。

startService()方法与 bindService()方法区别如下。

（1）启动服务是由其他组件调用 startService()方法启动的，这导致服务的 onStartCommand()方法被调用。当启动服务处于 started 状态时，其生命周期与启动它的组件无关。即使启动服务的组件已经被销毁，启动服务也可以在后台无限期运行。因此，服务需要在完成任务后调用 stopSelf()方法停止，或者由其他组件调用 stopService()方法停止。

（2）使用 bindService()方法绑定服务时，调用者与服务绑定在了一起，调用者一旦退出，服务也就终止，大有“不求同生，必须同死”的特点。

2. ContentProvider

（1）Android 平台提供了 ContentProvider 类，使一个应用程序的指定数据集被提供给其他应用程序。其他应用程序可以通过 ContentResolver 类从该内容提供者中获取或存入数据。

（2）只有需要在多个应用程序间共享数据时才需要内容提供者。例如通讯录数据被多个应用程序使用，但必须存储在一个内容提供者中。这样的好处是统一数据访问方式。

（3）ContentProvider 类实现数据共享。ContentProvider 类用于保存和获取数据，并使其对所有应用程序可见。这是不同应用程序间共享数据的唯一方式，因为 Android 没有提供所有应用可共同访问的公共存储区。

（4）开发人员不会直接使用 ContentProvider 类的对象，大多通过 ContentResolver 对象实现对 ContentProvider 类的操作。

（5）ContentProvider 类使用 URI 来唯一标识其数据集，这里的 URI 以 content://作为前缀，表示该数据由 ContentProvider 类来管理。

3. BroadcastReceiver

（1）你的应用程序可以使用 BroadcastReceiver 对外部事件进行过滤，而且只对感兴趣的外部事件（如当电话呼入或者数据网络可用时）进行接收并作出响应。BroadcastReceiver 没有用户界面。然而，它们可以启动一个 Activity 或 Serice 来响应它们收到的信息，或者用 Notification Manager 通知用户。通知可以用很多种方式来吸引用户的注意力，例如闪动背灯、震动、播放声音等。一般来说是在状态栏上放一个持久的显示图标，用户可以打开它并获取消息。

（2）BroadcastReceiver 的注册方法有两种，分别是程序动态注册和在 AndroidManifest 文件中进行静态注册。

（3）动态注册 BroadcastReceiver 的特点是用于注册的 Activity 关闭后，BroadcastReceiver 也就失效了。使用静态注册则无须担忧 BroadcastReceiver 是否被关闭。只要设备处于开启状态，BroadcastReceiver 就是打开着的。也就是说哪怕 App 本身未启动，该 App 订阅的广播在触发时也会对它起作用。

（4）Android 还有一套本地广播机制，它是用来解决广播的安全问题的。系统全局广播可以被其他任何应用程序接收到，一些携带关键性数据的广播可能被其他应用程序截获。而本地广播机制发出的广播只能在应用程序的内部进行传递，并且只能接收来自本应用程序的广播，这样就不存在安全问题了。

（5）在 Android 8.0 以后的版本中，静态注册被删除了，目的是提高效率，防止关闭 App 后广播还在，造成内存泄漏。现在静态注册的广播需要指定包名，而动态注册的就没有这个问题。并且，无论是静态注册广播还是动态注册广播，在接收广播的时候都不能拦截广播，否则会报错。

第 6 章 Android 高级控件 ListView 和 RecyclerView

6.1 预习要点（见工作手册）

6.2 学习目标

在 Android 开发的过程中，经常会开发列表类的功能模块，一般会使用到 Android 高级控件 ListView 和 RecycleView。本章主要介绍这两个控件。

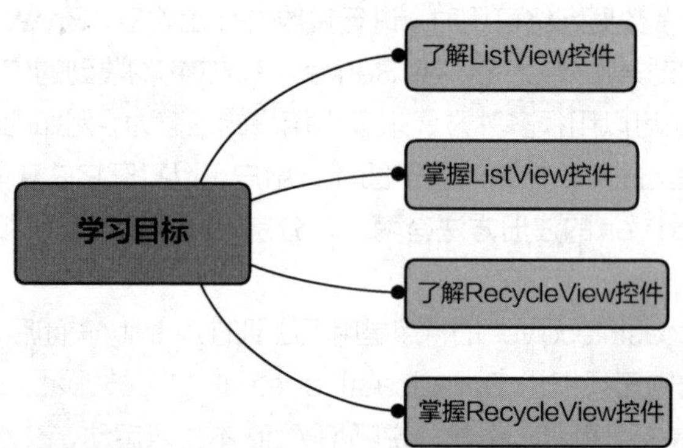

6.3 ListView 控件

当我们打开淘宝、京东等手机 App 时，商品信息以列表的形式进行展示。怎么才能开发出类似的列表功能呢？在 Android 开发中，可以通过 ListView 控件来开发。下面介绍如何使用 ListView 控件实现列表展示及响应功能。

6.3.1 ListView 控件介绍

扫码观看
微课视频

ListView 控件是 Android 操作系统为我们提供的一种列表显示的控件。它以列表的形式展示具体数据内容，并且能够根据数据的长度自适应屏幕显示。ListView 控件允许用户通过上下滑动来将屏幕外的数据滚动到屏幕内，同时将屏幕内原有的数据滚动到屏幕外，从而显示更多的数据内容。ListView 控件的使用案例如图 6.1 所示。

图 6.1　ListView 控件的使用案例

扫码观看
微课视频

6.3.2　ListView 控件的使用

ListView 控件是 Android 开发过程中最常用的控件之一，它的使用可以分为如下步骤。

1. UI 布局设计

在主布局文件中加入 ListView 控件，作为存放数据的一个容器，代码如下：

```
<LinearLayout
    android:layout_width="match_parent"
    android:layout_height="match_parent"
    android:orientation="vertical">
    <ListView
        android:id="@+id/myListView"
        android:layout_width="match_parent"
        android:layout_height="match_parent" />
</LinearLayout>
```

同时需要设计列表每行显示内容的布局。每行显示一张图片和文本的代码如下：

```
<LinearLayout xmlns:android="http://******.com/apk/res/android"
    xmlns:app="http://******.com/apk/res-auto"
    android:layout_width="match_parent"
    android:layout_height="match_parent">
    <ImageView
```

```
        android:id="@+id/item_img"
        android:layout_width="wrap_content"
        android:layout_height="wrap_content"
        android:layout_weight="1"
        app:srcCompat="@mipmap/ic_launcher" />
    <TextView
        android:id="@+id/item_name"
        android:layout_width="wrap_content"
        android:layout_height="wrap_content"
        android:layout_weight="1"
        android:text="TextView" />
</LinearLayout>
```

2. 使用适配器显示数据

ListView 控件要显示数据，必须使用适配器来进行辅助，下面的代码使用了 ArrayAdapter（数组适配器）显示数据：

```
 //显示 ListView
 //1.获取 ListView
 myListView = findViewById(R.id.myListView);
//2.创建适配器对象
myAdapter = new ArrayAdapter<String>
        (MainActivity.this,android.R.layout.simple_list_item_1,books);
//3.加载适配器
myListView.setAdapter(myAdapter);
```

6.3.3 ListView 控件的常用适配器

在使用 ListView 控件时，需要对其进行数据适配，只有通过适配器才可以把数据映射到 ListView 控件中。适配器就像显示器，将复杂的数据按人们易于接受的方式展示。为了实现这个功能，Android 操作系统提供一系列的适配器，ListView 控件的常用适配器如图 6.2 所示。

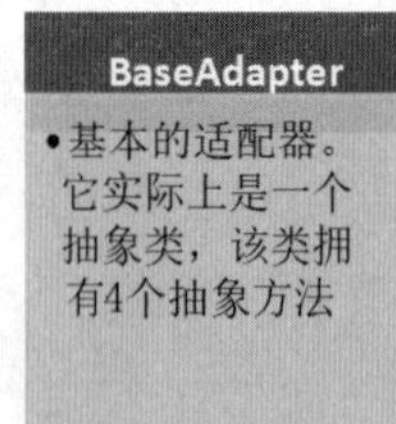

图 6.2　ListView 控件的常用适配器

在实际开发过程中，我们可以根据功能需求选择合适的适配器。

6.3.4 案例 1：使用 ListView 控件完成通讯录开发

通过前文对 ListView 控件的介绍，我们基本上对 ListView 控件有了一定的了解。下面我们通过一个案例，来实际体验 ListView 控件是如何展示列表的。

1. 需求描述

在本案例中，我们设计一个通讯录 App，该 App 以列表的方式展示通讯录的信息。通讯录效果如图 6.3 所示。

2. UI 布局设计

该案例的 UI 为 activity_main.xml（主界面）。主界面包含一个 ListView 控件，通讯录 UI 设计如图 6.4 所示。

图 6.3　通讯录效果

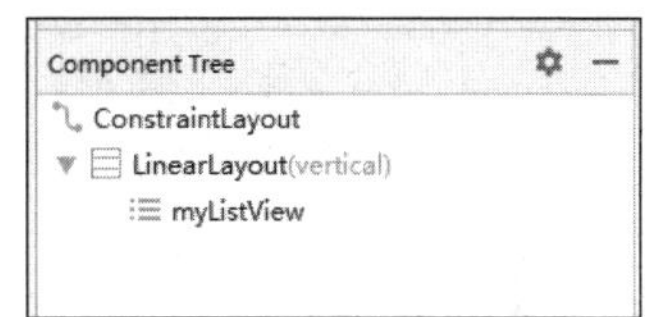

图 6.4　通讯录 UI 设计

该案例列表中行的布局采用 R.layout.simple_list_item_1（Android 操作系统默认的一个简单的布局文件），该布局文件仅包含一个文本。

activity_main.xml（主界面）源码如下：

```
<LinearLayout
    android:layout_width="match_parent"
    android:layout_height="match_parent"
    android:orientation="vertical">
    <ListView
        android:id="@+id/myListView"
        android:layout_width="match_parent"
        android:layout_height="match_parent" />
</LinearLayout>
```

3. 业务功能实现

当用户启动通讯录 App 后，首先需要初始化联系人数据，将联系人数据存储在一个数组中，然后使用 ArrayAdapter 适配联系人数据，在 ListView 控件中显示通讯录。业务功能的关键代码如下：

```
public class MainActivity extends AppCompatActivity {
    //创建 ListView 控件对象
    private ListView myListView;
    //创建一个数据适配器
    private ArrayAdapter<String> myAdapter;
    //创建一个数组，作为 ListView 的数据来源
    private String[] books = {"李铭","小花","宋妈","张明","姥爷","表哥"};
    @Override
    protected void onCreate(Bundle savedInstanceState) {
        super.onCreate(savedInstanceState);
        setContentView(R.layout.activity_main);
        //显示 ListView
        //1.获取 ListView
        myListView = findViewById(R.id.myListView);
```

```
        //2.创建适配器（参数 1 为 context，参数 2 为列表项布局文件，参数 3 为数据源）
        myAdapter = new ArrayAdapter<String>(MainActivity.this,
    android.R.layout.simple_list_item_1,books);
        //3.加载适配器
        myListView.setAdapter(myAdapter);
    }
}
```

4. 运行效果

项目开发完成后，我们可以在模拟器或手机中运行此通讯录 App，查看运行效果。通讯录 App 运行效果如图 6.5 所示。

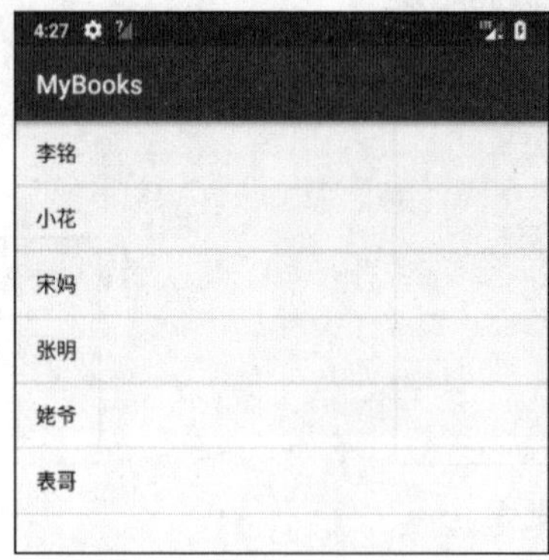

图 6.5　通讯录 App 运行效果

6.4 BaseAdapter

使用 ArrayAdapter 时具有局限性，默认情况下不支持 ImageView 等非文本以外的内容，所以我们在实际开发过程中，经常会使用 BaseAdapter 来作为 ListView 控件的适配器。

6.4.1 BaseAdapter 介绍

Android 提供的适配器中，BaseAdapter 使用得比较多。它可以作为 ListView、GridView、Spinner 等控件的适配器，通过重写 getView()方法，展示自定义视图。实际开发过程中，我们需要自定义一个适配器类，这个类继承 BaseAdapter，并且需要重写 BaseAdapter 的 4 个抽象方法：getItem()、getItemId()、getCount()、getView()。BaseAdapter 的 4 个抽象方法的详细说明如表 6.1 所示。

表 6.1　BaseAdapter 的 4 个抽象方法的详细说明

方法名称	描述
getItem(int)	在 getItemAtPosition(position)中被调用
getItemId(int)	返回值决定第 position 处的列表项的 ID
getCount()	决定了我们将要绘制的资源数
getView(int,View,ViewGroup)	将第 position 个 View 填充数据供 ListView 使用

其中 getView()方法返回我们任意想要的布局类型，是 4 个方法中最重要的方法。在实际开发过程中，我们还会使用 convertView、ViewHolder 来优化 ListView，以提升用户的体验感。

6.4.2 BaseAdapter 的使用

在使用 BaseAdapter 时，我们需要自定义一个适配器类。这个类继承 BaseAdapter，并且需要重写 BaseAdapter 的 4 个抽象方法：getItem()、getItemId()、getCount()、getView()。

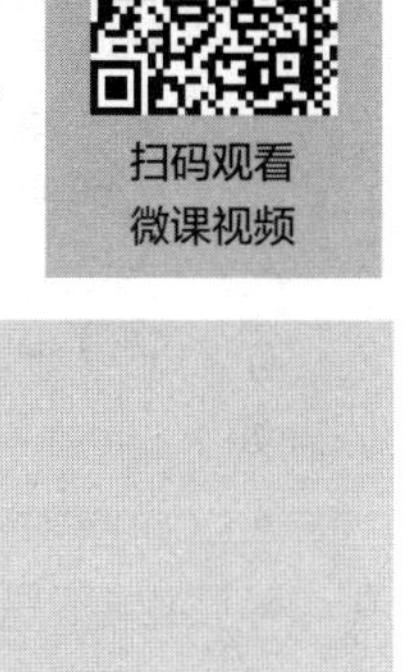

现在结合上面的 4 个方法，介绍 ListView 的绘制过程。

- 通过调用 getCount()方法获取 ListView 的长度（item 的个数）。
- 通过调用 getView()方法，根据 ListView 的长度逐一绘制 ListView 的每一行。
- 通过调用 getItem()方法，获取 Adapter 中的数据。

自定义适配器的代码如下：

```
public class PersonAdapter extends BaseAdapter {
    @Override
    public int getCount() {
        return 0;
    }
    @Override
    public Object getItem(int position) {
        return null;
    }
    @Override
    public long getItemId(int position) {
        return 0;
    }
    @Override
    public View getView(int position, View convertView, ViewGroup parent) {
        return null;
    }
}
```

在使用 BaseAdapter 时，我们还会结合 convertView、ViewHolder 来提升 ListView 的运行效率。具体操作代码如下：

```
//定义 ViewHolder 静态类
    static class ViewHolder{
        //定义对应的列表项
        public ImageView myimg;
        public TextView myname;
    }
    @Override
    public View getView(int position, View convertView, ViewGroup parent) {
        //定义 ViewHolder 对象
        ViewHolder holder;
        //判断 convertView 是否为空，convertView 对应的列表项
        if (convertView==null){
            //新建
            holder = new ViewHolder();
```

```
            convertView = LayoutInflater.from(context)
                    .inflate(R.layout.bookitem,parent,false);
            holder.myimg = (ImageView) convertView.findViewById(R.id.item_img);
            holder.myname = (TextView) convertView.findViewById(R.id.item_name);
            convertView.setTag(holder);
        }else{
            //复用列表项
            holder = (ViewHolder) convertView.getTag();
        }
        //设置列表项数据
        holder.myimg.setImageResource(pdata.get(position).getImg());
        holder.myname.setText(pdata.get(position).getName());
        return convertView;
    }
```

getView 中的 convertView 参数用于对之前加载好的布局进行缓存，以便以后可以重用，具体原理如下：

- convertView 为 null 时，使用 LayoutInflater 加载布局。
- 如果不是 null，则直接对 convertView 进行重用。

内部 ViewHolder 类用于对控件的实例进行缓存，具体原理如下。

- 当 convertView 为 null 时，创建 ViewHolder 对象，并将控件的实例都存到 ViewHolder，然后调用 View 的 setTag()方法，将 ViewHolder 对象存储于 View。
- 当 convertView 不为 null 时，调用 View 的 getTag()方法，把 ViewHolder 重新取出。

6.4.3 案例 2：使用 BaseAdapter 升级通讯录

本案例中，我们在 6.3.4 小节案例 1 的基础上，使用 BaseAdapter 重构通讯录 App。新的通讯录将显示联系人的姓名和头像，采用 ListView 和 BaseAdapter。

1. 需求描述

当用户启动通讯录 App 时，显示联系人列表，显示的每一位联系人信息包含姓名和头像。案例使用 BaseAdapter 替代 ArrayAdapter，通过 ListView 控件呈现通讯录列表。本案例使用的联系人头像可以从本章素材获取。

2. UI 布局设计

通讯录主界面沿用 6.3.4 小节案例 1 的主界面。除此之外还需要自定义 bookitem.xml 界面，用来显示 listView 的列表单行数据。bookitem.xml 界面包含一个 ImageView 头像控件和 TextView 联系人控件，采用图文结构显示 listView 的列表单行数据。bookitem.xml UI 设计如图 6.6 所示。activity_main.xml（主界面）保持不变。

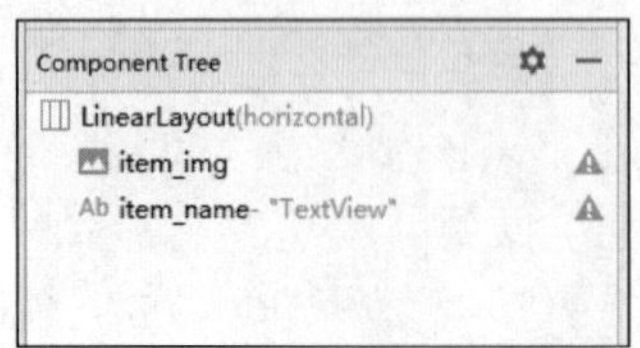

图 6.6　bookitem.xml UI 设计

bookitem.xml（行布局）的源代码如下：

```
<LinearLayout xmlns:android="http://******.com/apk/res/android"
    xmlns:app="http://******.com/apk/res-auto"
    android:layout_width="match_parent"
    android:layout_height="match_parent">
    <ImageView
        android:id="@+id/item_img"
        android:layout_width="25dp"
        android:layout_height="150dp"
        android:layout_weight="1"
        app:srcCompat="@mipmap/ic_launcher" />
    <TextView
        android:id="@+id/item_name"
        android:layout_width="wrap_content"
        android:layout_height="wrap_content"
        android:layout_weight="1"
        android:text="TextView"
        android:textSize="24sp" />
</LinearLayout>
```

3. 业务功能实现

我们将联系人对象（Person 对象）存储在一个列表中，通过 BaseAdapter 显示 listView 的列表。具体开发步骤如下。

（1）自定义 Person 类（数据对象），存储联系人数据。代码如下：

```
public class Person {
    //属性
    private String name;
    private int img;
    public Person(String name, int img) {
        this.name = name;
        this.img = img;
    }
    public int getImg() {
        return img;
    }
    public void setImg(int img) {
        this.img = img;
    }
    public String getName() {
        return name;
    }
    public void setName(String name) {
        this.name = name;
    }
}
```

注意：在应用中，每个联系人对应一个 Person 对象。

（2）自定义 PersonAdapter

创建 PersonAdapter，它继承 BaseAdapter，该适配器的实现流程如下。

- 从构造方法中接收联系人集合数据的传入。
- 根据联系人集合数据的个数确定 getCount()方法返回的列表数据个数。
- 定义 ViewHolder 静态类，持有 bookitem.xml 的联系人 TextView 控件的句柄和头像 ImageView 的句柄，方便统一管理数据，将其绑定到 ListView。
- 在 getView()方法中填充 convertView 对应的列表项。

PersonAdapter 的代码如下：

```
public class PersonAdapter extends BaseAdapter {
    //通讯录数据
    private List<Person> pdata = new ArrayList<Person>();
    //上下文
    private Context context;
    public PersonAdapter(List<Person> pdata, Context context) {
        this.pdata = pdata;
        this.context = context;
    }
    @Override
    public int getCount() {
        return pdata.size();//列表数据个数
    }
    @Override
    public Object getItem(int position) {
        return pdate.get(i);
    }
    @Override
    public long getItemId(int position) {
        return position;//返回数据项在列表中的索引
    }
    //绑定数据至 ListView
    //定义 ViewHolder 静态类
    static class ViewHolder{
        //定义对应的列表项
        public ImageView myimg;
        public TextView myname;
    }
    @Override
    public View getView(int position, View convertView, ViewGroup parent) {
        //定义 ViewHolder 对象
        ViewHolder holder;
        //判断 convertView 是否为空，convertView 对应的列表项
        if (convertView==null){
            //新建
            holder = new ViewHolder();
            convertView = LayoutInflater.from(context)
                    .inflate(R.layout.item,parent,false);
            holder.myimg = (ImageView) convertView.findViewById(R.id.item_img);
```

```
            holder.myname = (TextView) convertView.findViewById(R.id.item_name);
            convertView.setTag(holder);
        }else{
            //复用列表项
            holder = (ViewHolder) convertView.getTag();
        }
        //设置列表项数据
        holder.myimg.setImageResource(pdata.get(position).getImg());
        holder.myname.setText(pdata.get(position).getName());
        return convertView;
    }
}
```

（3）使用 listView 控件显示通讯录

在 Activity 中，用联系人数据初始化适配器，并将适配器绑定到 listView 控件上，具体步骤如下。

- 用联系人姓名字符串数组 names 和头像图片资源 ID 数组 imgs 初始化联系人集合 List<Person>。Model 类 Person 对象的一个实例保存一个联系人姓名和头像 ID。
- 用 List<Person>和 MainActivity 的上下文创建适配器对象 PersonAdapter。
- 用 findViewById()方法获取 ListView 控件，通过 setAdapter()方法为 ListView 加载适配器。

显示通讯录的 MainActivity 代码如下：

```
public class MainActivity extends AppCompatActivity {
    //创建 ListView 控件对象
    private ListView myListView;
    //创建一个数据适配器
    private PersonAdapter myAdapter;
    //创建数组，作为 ListView 的数据来源
    private String[] names = {"李铭","小花","宋妈","张明","姥爷","表哥"};
    private int[] imgs = {R.mipmap.tx1, R.mipmap.tx2, R.mipmap.tx3, R.mipmap.tx4, R.mipmap.tx5,
R.mipmap.tx6};
    //作为 ListView 的数据来源
    private List<Person> persons= new ArrayList<Person>();
    @Override
    protected void onCreate(Bundle savedInstanceState) {
        super.onCreate(savedInstanceState);
        setContentView(R.layout.activity_main);
        //显示 ListView
        //1.获取 ListView
        myListView = findViewById(R.id.myListView);
        //初始化数据
        initDataPersons();
        //2.创建适配器对象（参数 1 为数据源，参数 2 为 context 上下文）
        myAdapter = new PersonAdapter(persons,MainActivity.this);
        //3.加载适配器
        myListView.setAdapter(myAdapter);
    }
    //初始化数据
    private void initDataPersons(){
```

```
        for (int i=0;i<names.length;i++){
            //新建 Person 对象，存放头像及姓名
            Person person = new Person(names[i],imgs[i]);
            //将数据存入数据列表
            persons.add(person);
        }
    }
}
```

4. 运行效果

项目开发完成后，我们可以在模拟器或手机中运行此款升级版通讯录 App，查看运行效果。升级版通讯录 App 运行效果如图 6.7 所示。

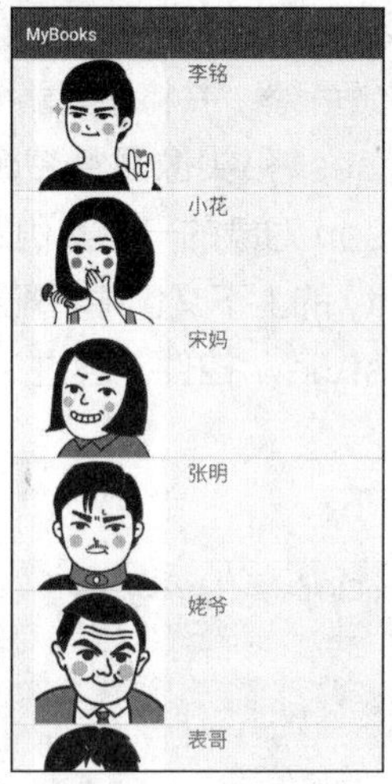

图 6.7　升级版通讯录 App 运行效果

6.5 ListView 控件的 Listener

用户在使用列表功能时，经常会在列表上进行相应操作，例如单击、长按某个条目、滚动等。我们的程序需要处理用户的这些操作。这时我们就需要用到 ListView 控件的 Listener（监听器）。

6.5.1　ListView 控件的 Listener 简介

扫码观看
微课视频

我们在前文已经接触过 Listener，例如按钮的监听事件。ListView 控件同样拥有 Listener，它们可以响应用户的各种操作（如单击、长按某个条目、滚动等）。ListView 控件的常用 Listener 如表 6.2 所示。

表 6.2　ListView 控件的常用 Listener

方法名称	描述
OnItemClickListener	处理视图中单个条目的点击事件
OnItemLongClickListener	处理视图中单个条目的长按事件
OnScrollListener	监视滚动的变换，常用于视图在滚动中加载数据

在 Android 开发过程中，我们可以根据需求选择不同的监听器来实现相应的功能。

6.5.2 ListView 控件的 Listener 使用

ListView 控件的 Listener 使用方式都是类似的，在这里我们主要介绍 OnItemClickListener 和 OnScrollListener。

我们使用接口方式来讲解 ListView 控件的 Listener，首先在 activity 中实现监听接口。代码如下：

```
public class MainActivity extends AppCompatActivity implements OnItemClickListener , OnScrollListener, OnItemLongClickListener
```

1. OnItemClickListener

（1）设置监听器：

```
lv.setOnItemClickListener(this);//lv ListView 控件对象
```

（2）为监听器编写方法：

```
@Override
   public void onItemClick(AdapterView<?> parent, View view, int position,
           long id) {
       Log.i("tag", "用户单击了的条目索引: "+position);
   }
```

2. OnItemLongClickListener

（1）设置监听器：

```
lv.setOnItemLongClickListener(this);//lv ListView 控件对象
```

（2）为监听器编写方法：

```
@Override
   public void onItemLongClick(AdapterView<?> parent, View view, int position,
           long id) {
       Log.i("tag", "用户长按了的条目索引: "+position);
   }
```

3. OnScrollListener 事件监听

（1）设置监听器：

```
lv.setOnScrollListener(this);
```

（2）为监听器编写方法：

```
   public void onScrollStateChanged(AbsListView view, int scrollState) {
        switch (scrollState) {
       case SCROLL_STATE_FLING:
           Log.i("tag", "用户手指离开屏幕后，因惯性继续滑动");
           break;
       case SCROLL_STATE_IDLE:
           Log.i("tag","已经停止滑动");
           break;
       case SCROLL_STATE_TOUCH_SCROLL:
```

```
                Log.i("tag", "手指未离开屏幕，屏幕继续滑动");
                break;
            }
        }
```

6.5.3 案例 3：完成通讯录的选中及下拉刷新功能

本案例在6.4.3小节案例2的基础上完成，实现通讯录的单击事件和滚动事件。

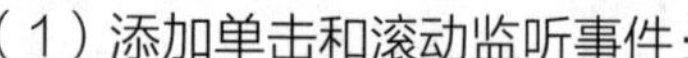
扫码观看
微课视频

1. 需求描述

当用户单击通讯录的某个联系人时，提示用户选中了那条通讯录数据。当用户下拉通讯录列表，滚动停止后，增加一条通讯录数据。

2. 业务功能实现

为 ListView 控件所在的 Activity 添加监听事件，实现相应的业务功能。具体步骤如下。

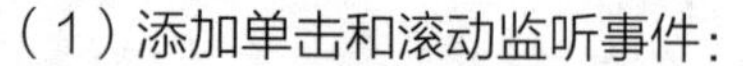

（1）添加单击和滚动监听事件：

```
public class MainActivity extends AppCompatActivity implements
            AdapterView.OnItemClickListener,AbsListView.OnScrollListener
```

（2）设置 ListView 控件的监听事件：

```
//监听事件
myListView.setOnItemClickListener(this);// 单击单个条目
myListView.setOnScrollListener(this);// 视图在滚动中加载数据
```

（3）实现业务方法。

通讯录单击监听的关键代码：

```
//监听事件
// 单击单个条目
    @Override
    public void onItemClick(AdapterView<?> adapterView, View view, int position, long id) {
        //获取单击的条目对象
        Person person = books.get(position);
        //弹出显示
        Toast.makeText(MainActivity.this,"您单击了"+position+"条通讯录，姓名："+person.getName(),
Toast.LENGTH_LONG).show();
    }
```

通讯录滚动监听的关键代码：

```
public void onScrollStateChanged(AbsListView view, int scrollState) {
    //判断滚动状态
    if (scrollState==SCROLL_STATE_FLING){
        Toast.makeText(MainActivity.this,"用户手指在离开屏幕前，由于用力滑动了一下，列表仍依靠惯性在继续
滑行",Toast.LENGTH_LONG).show();
    }else if (scrollState==SCROLL_STATE_IDLE){
        Toast.makeText(MainActivity.this,"列表停止滑动",Toast.LENGTH_LONG).show();
        //增加一条通讯录数据
        Person person = new Person("欣欣", R.mipmap.tx1);
```

```
            //将新通讯录数据加入通讯录列表
            books.add(person);
            //通知 UI 线程刷新界面
            myAdapter.notifyDataSetChanged();
        }if (scrollState==SCROLL_STATE_TOUCH_SCROLL){
            Toast.makeText(MainActivity.this,"手指也有离开屏幕，列表正在滑动",Toast.LENGTH_LONG).show();
        }
    }
```

3. 运行效果

项目开发完成后，我们可以在模拟器或手机中运行通讯录 App，查看运行效果。通讯录 App 运行效果如图 6.8 所示。

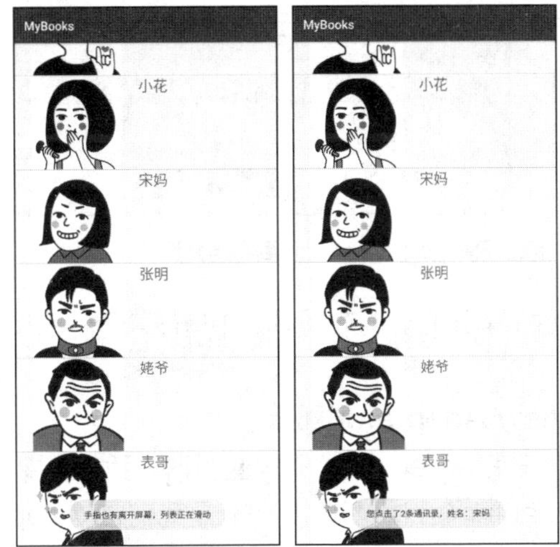

图 6.8　通讯录 App 运行效果

6.6 RecyclerView 控件

RecyclerView 控件是 Android 开发中的一个更强大的控件，它不仅可以实现和 ListView 控件同样的效果，还可以优化 ListView 控件中的各种不足。

扫码观看
微课视频

6.6.1 RecyclerView 控件介绍

RecyclerView 控件是 Android 5.0 推出的，是 support-v7 包中的新组件。它被用来代替 ListView 和 GridView 控件，并且能够实现瀑布流的布局。它更加高级并且更加灵活，可提供更为高效的回收复用机制，同时实现管理与视图的解耦合。

RecyclerView 相对于 ListView 的优点如下。

- 可以使用布局管理器 LayoutManager 来管理 RecyclerView 的显示方式，包括水平、垂直、网络、网格交错布局等。
- 自定义 item 的分隔条。
- 可以控制 item 的添加和删除的动画，非常自由，也可以自定义动画，配合具体场景，效果非常棒。

- 可以在指定位置动态地添加和删除某一项，而列表不会回到顶部动态的 update 列表数据。
- 在 Material Design 中和 CardView 配合使用，显示效果非常突出。

6.6.2 RecyclerView 控件的使用

RecyclerView 控件的使用和 ListView 控件类似，可以参考如下步骤。

1. 添加 RecyclerView 至布局文件

在使用 RecyclerView 控件前，需要将其添加到工程中。我们可以在控件面板中搜索 RecyclerView 关键字找到 RecyclerView 控件。将其拖入布局文件，RecyclerView 就会加入当前工程，如图 6.9 所示。

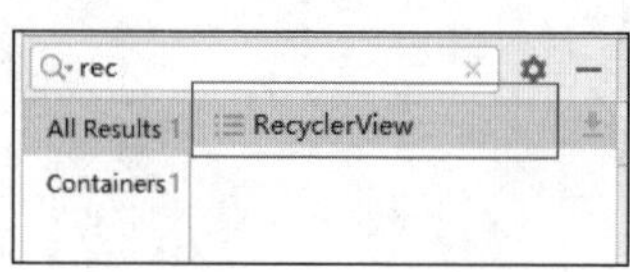

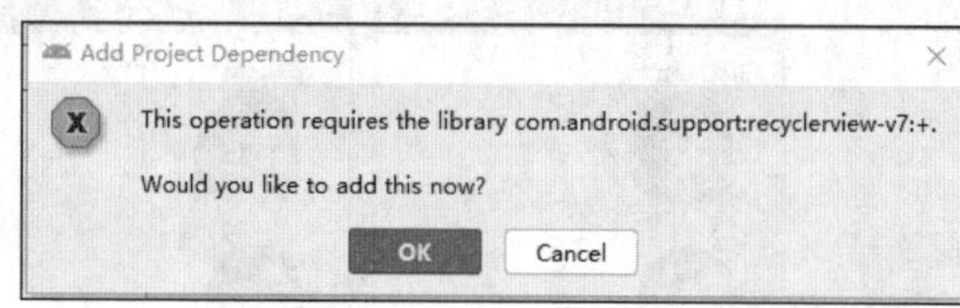

扫码观看
微课视频

图 6.9　添加 RecyclerView 控件到布局文件

要将 RecyclerView 控件加入工程，请在图 6.9 中单击“OK”按钮。RecyclerView 控件所在的库就会自动加入工程。

2. 自定义 RecyclerView.Adapter 适配器

和 ListView 控件一样，在使用 RecyclerView 控件时，我们需要创建一个 Adapter 类，这个类继承于 RecyclerView.Adapter<VH>，其中 VH 是我们在 Adapter 类中创建的一个继承于 RecyclerView.ViewHolder 的静态内部类。

该 Adapter 类主要由 3 个方法和 1 个自定义 ViewHolder 组成。

- onCreateViewHolder：创建 ViewHolder 并返回，后续 item 布局里控件都是从 ViewHolder 中取出的。
- onBindViewHolder：通过方法提供 ViewHolder，将数据绑定到 ViewHolder。
- getItemCount：获取数据源总的条数。
- MyHolder：这是 RecyclerView.ViewHolder 的实现类，可用于初始化 item 布局中的子控件。需要注意的是，在这个类的构造中需要传递 item 布局的 View 给父类。

RecyclerView.Adapter 的代码如下：

```
public class MyRecyclerAdapter extends
RecyclerView.Adapter<MyRecyclerAdapter.MyViewHolder> {
        @Override
    //返回一个自定义的 ViewHolder
    public MyViewHolder onCreateViewHolder(ViewGroup parent, int viewType)   {
        return null;
    }
    @Override
    //填充 onCreateViewHolder 方法返回的 holder 中的控件
    public void onBindViewHolder(final MyViewHolder holder, final int position) {
```

```
        }
    @Override
    public int getItemCount() {
        return 0;
    }    //定义内部类 ViewHolder
    class MyViewHolder extends RecyclerView.ViewHolder{
        public MyViewHolder(View itemView) {
            super(itemView);
        }
    }
}
```

3. RecyclerView 绑定数据适配器

在 Activity 中，将适配器与 RecyclerView 绑定，显示列表。可参考如下代码：

```
//1.初始化控件
myrecyclerview = findViewById(R.id.myrecyclerview);
//2.设置 RecyclerView 布局管理器
myrecyclerview.setLayoutManager(new
LinearLayoutManager(MainActivity.this,LinearLayoutManager.VERTICAL,false));
//3.初始化数据适配器
myAdapter = new MyRecyclerAdapter(movies,MainActivity.this);
//4.设置动画，默认动画
myrecyclerview.setItemAnimator(new DefaultItemAnimator());
//5.设置适配器
myrecyclerview.setAdapter(myAdapter);
```

上面的代码使用到了 LayoutManager。我们可以通过不同的布局管理器来控制 item 的排列顺序，负责 item 元素的布局和复用。RecycleView 提供了 3 种布局管理器。

- LinearLayoutManager：线性布局管理器，以垂直或水平滚动列表的方式显示项目。
- GridLayoutManager：网格布局管理器，在网格中显示项目。
- StaggeredGridLayoutManager：瀑布流布局管理器，在分散对齐网格中显示项目。

6.6.3 案例 4：使用 RecyclerView 开发“我爱电影”App

通过前文对 RecyclerView 控件的介绍，我们基本上对 RecyclerView 控件有了一定的了解。下面我们通过一个案例，来体验 RecyclerView 控件是如何展示列表的。

扫码观看
微课视频

1. 需求描述

在本案例中，我们将开发一款“我爱电影”App，通过使用 RecyclerView 实现电影列表界面。对于每个电影，显示电影名称和电影海报。本案例用到的海报图片请到本章素材中获取。

2. UI 布局设计

该案例的主界面 activity_main.xml 中包含一个 RecyclerView 控件，除此之外还需要自定义 item_movie.xml，用来显示 RecyclerView 控件的列表单行数据。item_movie.xml 界面包含一个 ImageView 头像控件和 TextView 联系人控件。采用图文结构显示 RecyclerView 的列表单行数据。案例的 UI 设计如图 6.10 和图 6.11 所示。

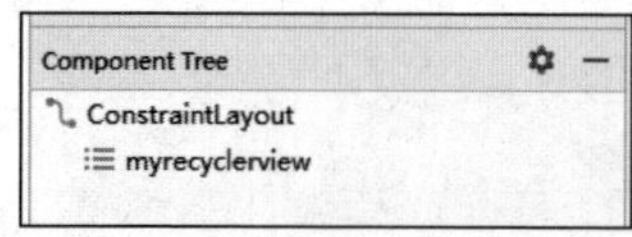

图 6.10　activity_main.xml 的 UI 设计

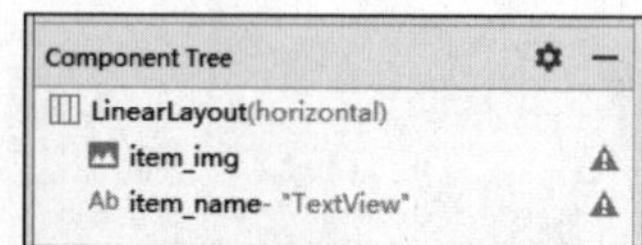

图 6.11　item_movie.xml 的 UI 设计

activity_main.xml 的关键代码实现：

```
<android.support.v7.widget.RecyclerView
    android:id="@+id/myrecyclerview"
    android:layout_width="match_parent"
    android:layout_height="match_parent" />
```

item_movie.xml 的关键代码实现：

```
    <ImageView
        android:id="@+id/item_img"
        android:layout_width="180dp"
        android:layout_height="212dp"
        android:layout_weight="1"
        app:srcCompat="@mipmap/ic_launcher" />
    <TextView
        android:id="@+id/item_title"
        android:layout_width="wrap_content"
        android:layout_height="wrap_content"
        android:layout_weight="1"
        android:text="TextView"
        android:textSize="24sp" />
```

3. 业务功能实现

在本案例中，我们将电影对象（Movie 对象）存储在一个 List 里，通过适配器显示 RecyclerView 的列表。具体开发步骤如下。

（1）定义存储电影信息的电影实体类

Movie（电影实体类）的实现代码如下：

```
public class Movie {
    //属性
    private String title;
    private int img;
    public Movie(String title, int img) {
        this.title = title;
        this.img = img;
    }
    public String getTitle() {
        return title;
    }
    public void setTitle(String title) {
        this.title = title;
    }
    public int getImg() {
        return img;
```

```
    }
    public void setImg(int img) {
        this.img = img;
    }
}
```

（2）自定义 RecyclerView.Adapter

我们创建 MyRecyclerAdapter，它继承 RecyclerView.Adapter，该适配器的实现流程如下。

- 从构造方法中接收电影集合数据的传入。
- 根据电影集合数据的数量确定 getItemCount 返回的数据个数。
- 定义 MyViewHolder 内部类，持有 item_movie.xml 的电影名 TextView 控件的句柄和电影海报 ImageView 的句柄，方便统一管理数据绑定到 RecyclerView 上。
- 在 onCreateViewHolder()方法中从 item_movie.xml 返回一个自定义的 MyViewHolder。
- 在 onBindViewHolder()方法中将当前电影数据项填充到 MyViewHolder 的控件。

MyRecyclerAdapter 的代码如下：

```
public class MyRecyclerAdapter extends
    RecyclerView.Adapter<MyRecyclerAdapter.MyViewHolder> {
    //电影数据
    private List<Movie> pdata = new ArrayList<Movie>();
    //上下文
    private Context context;
    public MyRecyclerAdapter(List<Movie> pdata, Context context) {
        this.pdata = pdata;
        this.context = context;
    }
    @NonNull
    @Override
    //返回一个自定义的 ViewHolder
    public MyViewHolder onCreateViewHolder(ViewGroup parent, int viewType) {
        //填充布局，获取列表项布局
        View view =
        LayoutInflater.from(context).inflate(R.layout.movieitem,parent,false);
        MyViewHolder myViewHolder = new MyViewHolder(view);
        return myViewHolder;
    }
    @Override
    //填充 onCreateViewHolder()方法返回的 holder 中的控件
    public void onBindViewHolder(MyViewHolder holder, int position) {
        //获取通讯录数据
        Movie movie = pdata.get(position);
        holder.myimg.setImageResource(movie.getImg());
        holder.mytitle.setText(movie.getTitle());
    }
    @Override
    public int getItemCount() {
        return pdata.size();
    }
    //定义内部类 ViewHolder
    class MyViewHolder extends RecyclerView.ViewHolder{
```

```
        //定义对应的列表项
        private ImageView myimg;
        private TextView mytitle;
        public MyViewHolder(View itemView) {
            super(itemView);
            //获取对应列表项
            myimg = itemView.findViewById(R.id.item_img);
            mytitle = itemView.findViewById(R.id.item_title);
        }
    }
}
```

（3）使用 RecyclerView 显示电影

在 Activity 中，用电影数据初始化适配器，并将适配器绑定到 RecyclerView 上，具体步骤如下。

- 用电影名数组 titles 和电影海报图片资源 ID 数组 imgs 初始化电影集合 List<Movie>。Model 类 Movie 的一个实例保存一个电影名字和电影海报图片 ID。
- 用 findViewById 获取 myrecyclerview，设置 RecyclerView 布局管理器和默认动画。
- 用 List<Movie>和 MainActivity 的上下文创建适配器对象 MyRecyclerAdapter。
- 通过 RecyclerView 的 setAdapter()方法，为 myrecyclerview 加载 MyRecyclerAdapter。

MainActivity 的代码如下：

```
public class MainActivity extends AppCompatActivity{
    //创建 ListView 控件对象
    private RecyclerView myrecyclerview;
    //创建一个数据适配器
    private MyRecyclerAdapter myAdapter;
    //创建数组，作为 ListView 控件的数据来源
    private String[] titles = {"哪吒闹海","手到擒来","云海天","田园风光","北极小熊"};
    private int[] imgs = {R.mipmap.m1, R.mipmap.m2, R.mipmap.m3, R.mipmap.m4, R.mipmap.m5};
    //作为 ListView 控件的数据来源
    private List<Movie> movies = new ArrayList<Movie>();
    @Override
    protected void onCreate(Bundle savedInstanceState) {
        super.onCreate(savedInstanceState);
        setContentView(R.layout.activity_main);
        //初始化数据
        initDataMovies();
        //1.初始化控件
        myrecyclerview = findViewById(R.id.myrecyclerview);
        //2.设置布局管理器
        myrecyclerview.setLayoutManager(new
LinearLayoutManager(MainActivity.this,LinearLayoutManager.VERTICAL,false));
        //3.初始化数据适配器
        myAdapter = new MyRecyclerAdapter(movies,MainActivity.this);
        //4.设置动画，默认动画
```

```
        myrecyclerview.setItemAnimator(new DefaultItemAnimator());
        //5.设置适配器
        myrecyclerview.setAdapter(myAdapter);
    }
    //初始化数据
    private void initDataMovies(){
        for (int i=0;i<titles.length;i++){
            //新建 Movie 对象，存放头像及姓名
             Movie movie = new Movie(titles[i],imgs[i]);
            //将数据存入数据列表
            movies.add(movie);
        }
    }
}
```

4．运行效果

项目开发完成后，我们可以在模拟器或手机中运行“我爱电影”App，查看运行效果。“我爱电影”App 运行效果如图 6.12 所示。

图 6.12 “我爱电影”App 运行效果

6.7 RecyclerView 控件的 Listener

RecyclerView 控件同样有 Listener，响应用户相关操作。

6.7.1 RecyclerView 控件的单击监听器

RecyclerView 控件没有提供 setOnItemClickListener 这个监听器，也就无法响应单击监听事件。我们可以在 RecyclerView 的 Adapter 中自定义一个接口，并创建一个监听的方法来实现单击监听，实现步骤如下。

1. 自定义 OnItemClickListener 监听接口

OnItemClickListener 接口的实现代码如下：

```
public interface OnItemClickListener {
    //单击回调方法
    public void onItemClick(View view,int position);
}
```

2. Adapter 中实现且绑定监听器 OnItemClickListener

RecyclerView.Adapter 单击击监听关键代码如下：

```
//创建单击回调接口
private OnItemClickListener mOnItemClickListener;
public void setmOnItemClickListener(OnItemClickListener mOnItemClickListener) {
    this.mOnItemClickListener = mOnItemClickListener;
}
//填充 onBindViewHolder()方法返回的 holder 中的控件
public void onBindViewHolder(final MyViewHolder holder, final int position) {
    //获取电影数据
    Movie movie = pdata.get(position);
    holder.myimg.setImageResource(movie.getImg());
    holder.mytitle.setText(movie.getTitle());
    //设置单击回调
    if (mOnItemClickListener !=null){
        holder.itemView.setOnClickListener(new View.OnClickListener() {
            @Override
            public void onClick(View v) {
                mOnItemClickListener.onItemClick(holder.itemView,position);
            }
        });
    }
}
```

3. 在 Activity 使用单击回调接口

在 Activity 使用单击回调接口的代码如下：

```
//设置单击回调
myAdapter.setmOnItemClickListener(new OnItemClickListener() {
    @Override
    public void onItemClick(View view, int position) {
        Movie movie = movies.get(position);
        Toast.makeText(MainActivity.this,"你选中的是第"+position+"个电影，名称："+movie.getTitle(),
Toast.LENGTH_LONG).show();
    }
});
```

6.7.2 SwipeRefreshLayout 控件的使用

扫码观看
微课视频

SwipeRefreshLayout 控件是谷歌公司提供的下拉刷新控件，具有使用简单、灵活等特点。SwipeRefreshLayout 控件的方法有很多，这里只介绍 5 个经常用到的方法。

- isRefreshing()。

判断当前的状态是否是刷新状态。

- setColorSchemeResources(intcolorResIds)。

设置下拉进度条的颜色主题，参数为可变参数，并且为资源 ID，可以用来设置多种不同的颜色，每转一圈就显示一种颜色。

- setOnRefreshListener(SwipeRefreshLayout.OnRefreshListener listener)。

设置监听，需要重写 onRefresh()方法。顶部下拉时会调用这个方法，在里面实现请求数据的逻辑，设置下拉进度条消失等。

- setProgressBackgroundColorSchemeResource(int colorRes)。

设置下拉进度条的背景颜色，默认为白色。

- setRefreshing(boolean refreshing)。

设置刷新状态，true 表示正在刷新，false 表示取消刷新。

我们介绍了 SwipeRefreshLayout 控件及其主要的方法，接下来介绍 SwipeRefreshLayout 控件的使用，可参考以下步骤。

1. 设置布局

SwipeRefreshLayout 控件只能有一个子元素，当然我们一般也不会往里面放其他的布局。下面的代码包含一个 RecyclerView 控件：

```
<android.support.v4.widget.SwipeRefreshLayout
    android:id="@+id/swipeRf"
    android:layout_width="match_parent"
    android:layout_height="match_parent">
    <android.support.v7.widget.RecyclerView
        android:id="@+id/myrecyclerview"
        android:layout_width="match_parent"
        android:layout_height="match_parent" />
</android.support.v4.widget.SwipeRefreshLayout>
```

注意：我们在 androidx 包下找不到 SwipeRefreshLayout 的解决方案。

解决方案：升级到 androidx 后需要手动在 build.gradle 中添加新版本的依赖。代码如下：

```
implementation "androidx.swiperefreshlayout:swiperefreshlayout:1.0.0"
```

同时 SwipeRefreshLayout 控件的代码应替换为如下代码：

```
<androidx.swiperefreshlayout.widget.SwipeRefreshLayout
    android:id="@+id/swipeRf"
    android:layout_width="match_parent"
    android:layout_height="match_parent">
</androidx.swiperefreshlayout.widget.SwipeRefreshLayout>
```

2. SwipeRefreshLayout 控件的使用

在代码中，需要先设置 RecyclerView 显示的适配器，再设置 SwipeRefreshLayout 控件。

```
swipeRf1.setOnRefreshListener(new SwipeRefreshLayout.OnRefreshListener() {
        @Override
        public void onRefresh() {
                // 开始刷新，设置当前为刷新状态
                //swipeRefreshLayout.setRefreshing(true);
        }
    });
```

以上就是 SwipeRefreshLayout 控件的基本使用方法。后面的案例会详细演示 SwipeRefresh-Layout 控件的使用。

6.7.3 案例 5：完成“我爱电影”的选中及刷新功能

扫码观看
微课视频

在本案例中，我们使用 RecyclerView 控件和 SwipeRefreshLayout 控件实现“我爱电影”App 的电影列表选中和下拉刷新功能。

1. 需求描述

本案例在 6.6.3 小节案例 4 的基础上升级，用 RecyclerView 控件实现电影列表界面，电影列表界面中每个电影都显示出电影名称和电影海报。当单击某个电影条目时，提示选中电影的信息。当下拉电影列表后，能刷新并加载更多电影。

2. UI 布局设计

案例的主界面 activity_main.xml 文件中加入 SwipeRefreshLayout 控件，SwipeRefreshLayout 控件包含 RecyclerView 控件，activity_main UI 布局如图 6.13 所示。

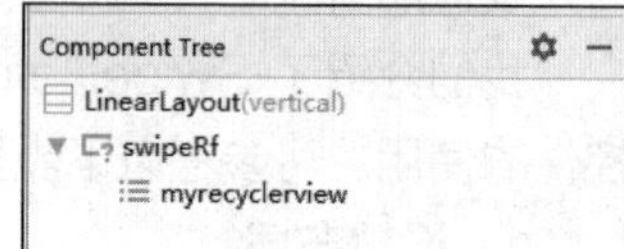

图 6.13　activity_main UI 布局

activity_main.xml 主界面代码如下：

```
<LinearLayout xmlns:android="http://*****.com/apk/res/android"
    xmlns:tools="http://*****.com/tools"
    android:layout_width="match_parent"
    android:layout_height="match_parent"
    android:orientation="vertical"
    tools:context=".MainActivity">
    <android.support.v4.widget.SwipeRefreshLayout
        android:id="@+id/swipeRf"
        android:layout_width="match_parent"
        android:layout_height="match_parent">
        <android.support.v7.widget.RecyclerView
            android:id="@+id/myrecyclerview"
            android:layout_width="match_parent"
            android:layout_height="match_parent" />
    </android.support.v4.widget.SwipeRefreshLayout>
</LinearLayout>
```

3. 业务功能实现

程序在 Activity 中为 SwipeRefreshLayout 控件加入 OnRefreshListener 监听（刷新监听器），在其 onRefresh()方法中编写加载电影的功能。

SwipeRefreshLayout 控件的设置与监听实现的关键代码如下：

```
//获取刷新框架
swipeRf = (SwipeRefreshLayout) findViewById(R.id.swipeRf);
//设置下拉时圆圈的颜色（可以由多种颜色拼成）
swipeRf.setColorSchemeResources(
        android.R.color.holo_blue_light,
        android.R.color.holo_red_light,
        android.R.color.holo_orange_light);
//设置下拉时圆圈的背景颜色（这里设置成白色）
```

```
swipeRf.setProgressBackgroundColorSchemeResource
        (android.R.color.white);

//设置刷新监听
swipeRf.setOnRefreshListener(new SwipeRefreshLayout.OnRefreshListener(){
    @Override
    public void onRefresh() {
        //下拉刷新的圆圈是否显示
        swipeRf.setRefreshing(true);
        //具体操作
        initDataMovies();//加载电影
        myAdapter.notifyDataSetChanged();
        //下拉刷新的圆圈是否显示
        swipeRf.setRefreshing(false);
    }
});
```

电影列表项的单击选中提示功能可参考“6.6.1 RecyclerView 的单击监听”的代码。

4. 运行效果

项目开发完成后，我们可以在模拟器或手机中运行“我爱电影”App，查看运行效果。“我爱电影”App 运行效果如图 6.14 所示。

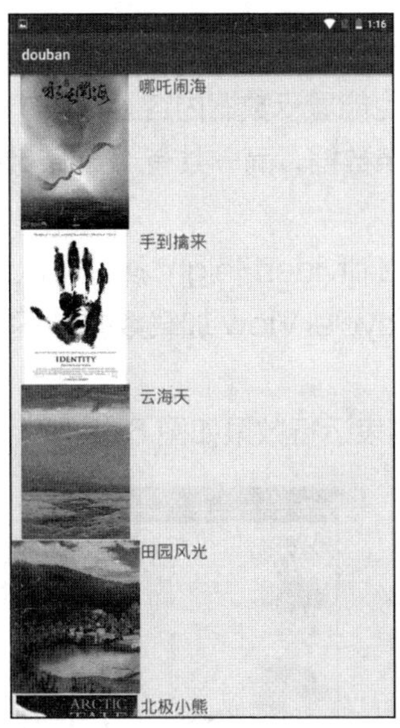

图 6.14 “我爱电影”App 运行效果

6.8 课程小结

在本章中，我们主要介绍了 ListView 控件显示数据列表的功能，并结合其监听器完成常用列表功能的开发。我们学习了更灵活、先进的 RecyclerView 控件，并学习了如何实现单击监听及 SwipeRefreshLayout 控件下拉刷新功能。

6.9 自我测评

一、选择题

1. 自定义一个数据适配器 MyAdatper，需要让它继承的类是（　　）。
   A. DefaultAdapter　　B. ParentAdapter
   C. BaseAdapter　　D. BasicAdapter
2. 下列选项中，用来给 ListView 填充数据的方法是（　　）。
   A. setAdapter()　　B. setDefaultAdapter()
   C. setBaseAdapter()　　D. setView()
3. 下列选项中，用来通知 ListView 数据更新的方法是（　　）。
   A. getAutofillOptions()　　B. notifyDataSetChanged()
   C. getViewTypeCount()　　D. notifyDataSetInvalidated()
4. 下列选项中，Android 5.0 后，可以替代 ListView 滚动的组件是（　　）。
   A. ImageView　　B. TextView　　C. CardView　　D. RecyclerView
5. 下列选项中，不属于 RecyclerView 适配器的方法是（　　）。
   A. onCreateViewHolder()　　B. getView()
   C. onBindViewHolder()　　D. getItemCount()

二、判断题

1. 在 Android 中，SimpleAdapter 继承 BaseAdapter 类。（　　）
2. ListView 不设置 Adapter 也能显示数据内容。（　　）
3. 若 ListView 当前能显示 5 条数据，而一共有 100 条数据，则一定产生了 100 个 View。（　　）
4. 通过 ListView 中的 android:dividerHeight 属性可以设置分隔线的高度。（　　）
5. 与 ListView 不同的是，RecyclerView 加载数据时不需要适配器。（　　）

三、编程题

开发商城中的商品列表。商品列表运行效果如图 6.15 所示。

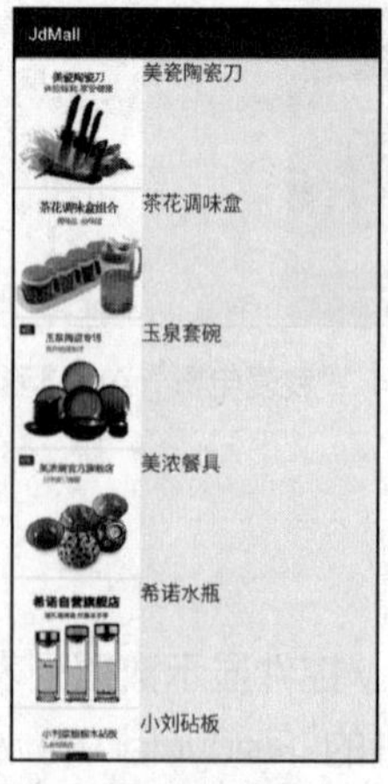

图 6.15　商品列表运行效果

开发流程说明如下：

（1）分别使用 ListView、RecyclerView 显示京东商城的商品列表。

（2）参考本章案例，加入单击、刷新、加载等更多商品列表功能。

素材：见课程提供的素材。

6.10 课堂笔记（见工作手册）

6.11 实训记录（见工作手册）

6.12 课程评价（见工作手册）

6.13 扩展知识

Android 中常见的十个高级控件如下。

（1）自动完成输入文本框

Android 开发提供了两种智能输入文本框：AutoCompleteTextView 和 MultiAutoCompleteTextView。它们的功能类似于在搜索文本框输入信息的时候，弹出与输入信息接近的提示信息，然后用户点击需要的信息，自动完成文本输入。AutoCompleteTextView 和 MultiAutoCompleteTextView 都是可编辑的文本视图，前者能够实现动态匹配输入的内容，后者则能够对用户输入的文本进行有效的扩充提示。MultiAutoCompleteTextView 可以在输入文本框中一直增加选择值。

（2）进度条（ProgressBar）与拖动条（SeekBar）

进度条是需要长时间加载某些资源时为用户显示加载进度的控件。它还有一个次要的进度条，用来显示中间的进度。在不确定模式下，进度条显示循环动画。拖动条则主要完成与用户的简单交互。用户可以通过拖动滑块，来调节当前进度，比如播放进度、调节音量大小，可以在 XML 文件中使用属性设置拖动条。

（3）评分条（RatingBar）

评分条是基于进度条和拖动条的扩展，用星形来显示等级评定，一般默认最高等级对应 5 颗星。用户可以通过点击触屏或者左右移动轨迹球来进行星形等级评定。评分条有 3 种风格：RatingBarStyle（默认风格）、RatingBarStyleSmall（小风格）、RatingBarStyledicator（大风格）。

（4）滚动视图（ScollView）

滚动视图是在一个屏幕不能完全显示所有需要显示的信息的情况下使用到的控件。它支持垂直滚动，使用方法非常简单，与布局的使用方法完全一致，需要将其他布局嵌套在滚动视图之内。

（5）列表视图（ListView）

列表视图是数据处于空闲的时候在一个垂直且可滚动的列表中使用的一种控件，数据来源于列表视图，包括图片、文本等。

（6）下拉列表（Spinner）

下拉列表每次只显示用户选中的元素，当用户再次点击时，会弹出选择列表供用户选择，而选择列表中的元素同样来自适配器。

（7）选项卡控件（TabHost）

选项卡控件可以实现多个标签样式的效果。单击每个选项卡，打开对应的内容界面。选项卡控件是整个 Tab 的容器，包括 TadWidget 和 FrameLayout。

（8）界面滑动切换控件（ViewPager)

Android 的左右滑动在实际编程中经常用到，比如查看多张图片、左右切换 Tab 等。页面滑动切换控件是 Google SDK 中自带的附加包的一个类，可以用来实现屏幕间的切换。

（9）图片切换控件（ImageSwitcher）

图片切换控件是 Android 中控制图片展示效果的一个控件，如幻灯片效果等。在 Android 开发中，可以通过使用图片切换控件 ImageSwitcher 来实现浏览多张图片的功能。在布局文件中，我们使用 LinearLayout 对整个界面进行垂直布局。在界面的顶端设置了一个水平居中的图片切换控件来显示多张图片。

（10）网格视图（GridView）

网格视图是一个 ViewGroup 以网格显示它的子视图元素，即二维的、滚动的网格。网格元素通过 ListAdapter 自动插入网格。Android 中网格视图的视图排列方式与矩阵类似，当屏幕上有很多元素（文字、图片或其他元素）需要显示时，可以使用网格视图。

第 7 章 Android 高级控件 ViewPager 和 Fragment

7.1 预习要点（见工作手册）

7.2 学习目标

在 Android 开发过程中，经常会使用 Android 的一些高级控件，利用这些高级控件可以开发出复杂的功能，提高开发效率。本章主要介绍 ViewPager（视图滑动切换）控件和 Fragment（碎片或片段，类似于 Activity）控件。

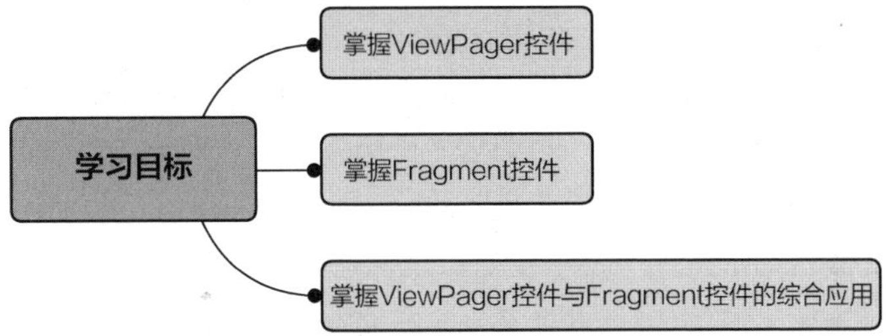

7.3 ViewPager 控件

ViewPager 控件是 Android 开发者比较常用的一个控件。它允许数据页从左到右或者从右到左翻页，因此备受设计师青睐。

7.3.1 ViewPager 控件介绍

ViewPager 控件是 Android 3.0 后引入的一个 UI 控件，它通过滑动手势可以完成 View 的切换，在 App 的很多场景中都用得到，比如第一次安装 App 时的用户引导页、广告 Banner 页等。ViewPager 控件的应用场景如图 7.1 所示。

ViewPager 控件的使用要点如下。

- ViewPager 是 v4 包中的一个类，继承自 ViewGroup，是一个容器，可以用于添加其他的 View 类。

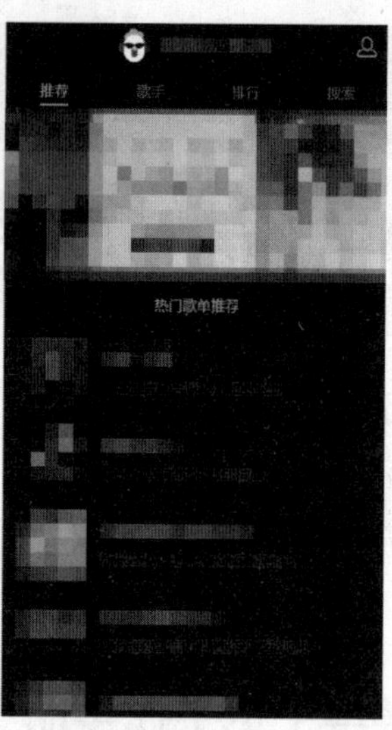

图 7.1　ViewPager 控件的应用场景

- ViewPager 允许翻转带数据的界面，可以通过实现 PagerAdapter 来显示视图。
- ViewPager 类需要一个 PagerAdapter 类给它提供数据。

7.3.2　ViewPager 控件用法

ViewPager 控件与 ListView 控件一样，必须设置 PagerAdapter(ViewPager 控件的适配器)来完成界面数据的绑定。PagerAdapter 主要是对 ViewPager 控件进行数据适配，以实现 ViewPager 控件的滑动效果。

扫码观看
微课视频

实际开发中所创建的适配器类必须继承 PagerAdapter，并且重写父类中的 4 个方法，它们分别是 getCount()、isViewFromObject（View,Object）、instantiateItem（View Group，int）和 destroyItem（ViewGroup,int,Object）。这 4 个方法的说明如表 7.1 所示。

表 7.1　PagerAdapter 的常用方法说明

方法名称	描述
getCount()	返回有效的 View 的个数
isViewFromObject(View,Object)	判断返回的 View 是否来自 Object
instantiateItem(ViewGrout,int)	创建指定位置的界面视图
destroyItem(ViewGroup,int,Object)	销毁指定位置的界面

ViewPager 控件的 PagerAdapter 类的关键代码如下：

```
//初始化指定位置的界面
@Override
public Object instantiateItem( ViewGroup container, int position) {
    //将界面加入容器
    container.addView(viewList.get(position));
    //返回加载的界面
    return viewList.get(position);
}
```

```
    //销毁指定位置的界面
    @Override
    public void destroyItem( ViewGroup container, int position,  Object object) {
        container.removeView(viewList.get(position));//删除界面
    }
    //显示多少个界面
    @Override
    public int getCount() {
        return viewList.size();
    }
    //判断返回的 View 是否来自 Object
    @Override
    public boolean isViewFromObject( View view,  Object object) {
        return view==object;
    }
```

7.3.3 案例 1：App 启动界面的开发

在本案例中，我们设计一个 App 启动界面，用于 App 启动时展示相关的 App 介绍等，案例采用 ViewPager 控件和 PagerAdapter 实现。

1. 需求描述

用户启动 App 时，显示 App 的启动界面，用户通过滑动可以切换对应的启动界面，查看 App 相应的启动信息。在启动界面设置 3 个界面进行切换，启动需要用到 3 张图片进行信息展示，图片可以在本章素材中获取。

2. UI 布局设计

UI 分为 activity_main.xml（主界面）、layout_1.xml（启动界面 1）、layout_1.xml（启动界面 2）、layout_1.xml（启动界面 3）这 4 个界面。主界面包含一个 ViewPager 控件，用于实现启用界面的滑动效果，而每个启动界面分别加入一个 ImageView 控件，用于设置素材中的图片（相应图片请从本章素材中获取）。App 启动界面 UI 布局如图 7.2 所示。

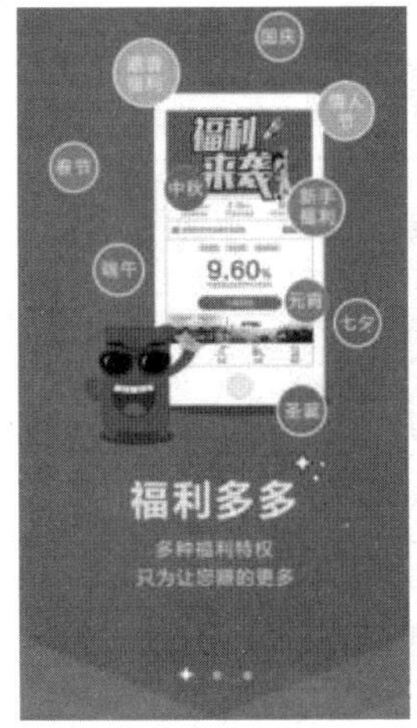

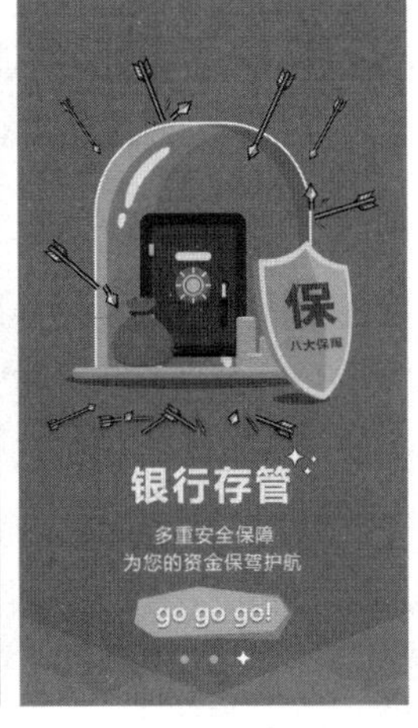

图 7.2　App 启动界面 UI 布局

UI 设计：

activity_main.xml 代码如下：

```
<LinearLayout
    android:layout_width="match_parent"
    android:layout_height="match_parent"
    android:orientation="vertical">
    <androidx.viewpager.widget.ViewPager
        android:id="@+id/myViewPager"
        android:layout_width="match_parent"
        android:layout_height="match_parent" />
</LinearLayout>
```

layout_1.xml 代码如下：

```
<LinearLayout xmlns:android="http://*****.com/apk/res/android"
    xmlns:app="http://*****.com/apk/res-auto"
    android:layout_width="match_parent"
    android:layout_height="match_parent">
    <ImageView
        android:id="@+id/imageView"
        android:layout_width="match_parent"
        android:layout_height="match_parent"
        android:layout_weight="1"
        app:srcCompat="@mipmap/p1" />
</LinearLayout>
```

layout_2.xml 代码如下：

```
<LinearLayout xmlns:android="http://*****.com/apk/res/android"
    xmlns:app="http://*****.com/apk/res-auto"
    android:layout_width="match_parent"
    android:layout_height="match_parent">
    <ImageView
        android:id="@+id/imageView2"
        android:layout_width="match_parent"
        android:layout_height="match_parent"
        android:layout_weight="1"
        app:srcCompat="@mipmap/p2" />
</LinearLayout>
```

layout_3.xml 代码如下：

```
<LinearLayout xmlns:android="http://******.com/apk/res/android"
    xmlns:app="http://schemas.android.com/apk/res-auto"
    android:layout_width="match_parent"
    android:layout_height="match_parent">
    <ImageView
        android:id="@+id/imageView3"
        android:layout_width="match_parent"
        android:layout_height="match_parent"
        android:layout_weight="1"
        app:srcCompat="@mipmap/p3" />
</LinearLayout>
```

3. 业务功能实现

App 启动时，会将 3 个启动界面加入一个列表，再将列表传入适配器，由适配器组织和显示启动界面。在这里需要创建一个名为 MyPagerAdapter 的适配器，然后在 Activity 中使用。

Activity 中的关键代码如下：

```
//获取 ViewPager 对象
myViewPager = (ViewPager) findViewById(R.id.myViewPager);
//获取 3 个启动界面,将布局和变量联系起来
//LayoutInflater 将布局文件转换成 View 对象
LayoutInflater layoutInflater = getLayoutInflater();
view1 = layoutInflater.inflate(R.layout.layout_1,null);
view2 = layoutInflater.inflate(R.layout.layout_2,null);
view3 = layoutInflater.inflate(R.layout.layout_3,null);
//创建视图列表
List<View> viewList = new ArrayList<View>();
viewList.add(view1);
viewList.add(view2);
viewList.add(view3);
//创建适配器
MyPagerAdapter myPagerAdapter = new MyPagerAdapter(viewList);
//设置适配器
myViewPager.setAdapter(myPagerAdapter);
```

MyPagerAdapter 适配器中的关键代码如下：

```
public class MyPagerAdapter extends PagerAdapter {
    //视图列表
    private List<View> viewList = new ArrayList<View>();
    //构造方法
    public MyPagerAdapter() {
    }
    public MyPagerAdapter(List<View> viewList) {
        this.viewList = viewList;
    }
    //初始化指定位置的界面
    @Override
    public Object instantiateItem( ViewGroup container, int position) {
        //将页面加入容器
        container.addView(viewList.get(position));
        //返回加载的界面
        return viewList.get(position);
    }
    //销毁指定位置的界面
    @Override
    public void destroyItem( ViewGroup container, int position, Object object) {
        container.removeView(viewList.get(position));//删除界面
    }
    //显示多少个界面
    @Override
    public int getCount() {
        return viewList.size();
    }
    //判断返回的 View 是否来自 Object
    @Override
```

```
    public boolean isViewFromObject( View view, Object object) {
        return view==object;
    }
}
```

4. 运行效果

项目开发完成后，我们可以在模拟器或手机中运行此 App，查看运行效果。App 启动界面运行效果如图 7.3 所示。

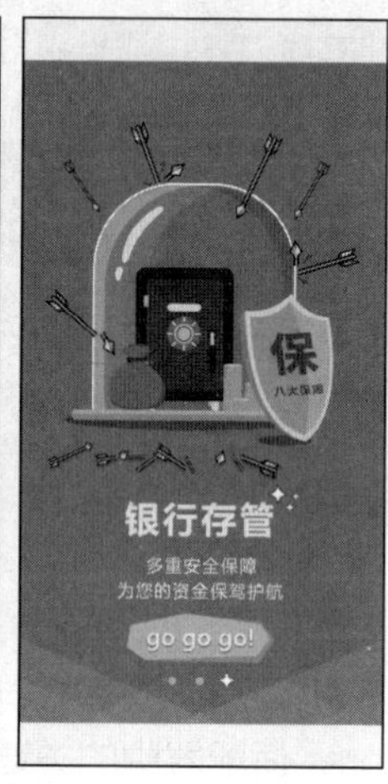

图 7.3　App 启动界面运行效果

7.4 Fragment 控件

Fragment 控件与 Activity 控件非常类似，可以像 Activity 控件一样包含布局。

7.4.1 Fragment 控件介绍

Fragment 控件在 Android 3.0 版中率先引入，为了兼容低版本的操作系统，support-v4 包中也开发了一套 Fragment API，最低兼容 Android 1.6。Fragment 控件可以嵌入在活动中的 UI 片段，能够让程序更加合理和充分地利用大屏幕的空间，出现的初衷是适应大屏幕的平板电脑。Fragment 控件不能够单独使用，需要嵌套在 Activity 中使用，其生命周期也受到宿主 Activity 的生命周期的影响。

扫码观看
微课视频

1. Fragment 使用要点

① Fragment 是依赖于 Activity 的，不能独立存在的。

② 一个 Activity 里可以有多个 Fragment 控件。

③ 一个 Fragment 控件可以被多个 Activity 重用。

④ Fragment 控件有自己的生命周期，并能接收输入事件。

⑤ 我们能在 Activity 运行时动态地添加或删除 Fragment 控件。

2. Fragment 控件使用方式

使用 Fragment 控件有两种方式，分别是静态加载和动态加载，下面分别展示它们的使用方法。

① 静态加载。

关于静态加载的流程如下。

- 定义 Fragment 控件的布局文件。
- 自定义 Fragment 类，继承自 Fragment 类或其子类，同时实现 onCreate()方法。在方法中，通过 inflater.inflate 加载布局文件，接着返回其 View。
- 在需要加载 Fragment 控件的 Activity 对应的布局文件中添加 Fragment 标签，并设置 name 属性为自定义 Fragment 类。
- 最后在 Activity 的 onCreat()方法中调用 setContentView()加载布局文件即可。

下面我们用一个例子来说明静态加载 Fragment。

步骤 1：定义 Fragment 布局，新建 layout_1.xml 文件。代码如下：

```
<?xml version="1.0" encoding="utf-8"?>
<LinearLayout xmlns:android="http://*****.com/apk/res/android"
    xmlns:app="http://*****.com/apk/res-auto"
    android:layout_width="match_parent"
    android:layout_height="match_parent">
    <ImageView
        android:id="@+id/imageView"
        android:layout_width="match_parent"
        android:layout_height="match_parent"
        android:layout_weight="1"
        app:srcCompat="@mipmap/ic_launcher" />
</LinearLayout>
```

该布局包含一张图片，图片显示 Android 默认图标。

步骤 2：自定义 Fragment 类，继承自 Fragment 或其子类，重写 onCreateView()方法。代码如下：

```
public class Fragment_1 extends Fragment {
    @Override
    public View onCreateView(LayoutInflater inflater, ViewGroup container, Bundle 
savedInstanceState) {
        //创建 Fragment 布局
        View view = inflater.inflate(R.layout.layout_1,container,false);
        return view;
    }
}
```

步骤 3：在需要加载 Fragment 控件的 Activity 对应的布局文件中添加 Fragment 标签。代码如下：

```
<fragment
    android:id="@+id/loadFragment"
    android:name="com.duansh.myvpfragment.Fragment_1"
    android:layout_width="match_parent"
    android:layout_height="match_parent"></fragment>
```

步骤 4：在 Activity 的 onCreate()方法中调用 setContentView()方法加载布局文件即可。代码如下：

```
public class LoadFragmentActivity extends AppCompatActivity {
    @Override
    protected void onCreate(Bundle savedInstanceState) {
        super.onCreate(savedInstanceState);
        setContentView(R.layout.activity_load_fragment);
    }
}
```

这时的运行结果界面将包含 Fragment 的内容。

② 动态加载。

关于动态加载的流程如下。

- 通过 getSupportFragmentManager()方法获得 FragmentManager 对象。
- 通过 beginTransaction()方法获得 FragmentTransaction 对象。
- 调用 add()方法或者 replace()方法加载或删除 Fragment。
- 最后调用 commit()方法提交事务。

下面我们用一个例子来说明动态加载的过程。

同静态加载一样，首先定义 Fragment 控件的布局和类，然后修改主布局文件，在这里不需要指定 Fragment 标签的 name 属性。

步骤 1：定义 Fragment 布局，新建 layout_1.xml 文件。代码如下：

```
<?xml version="1.0" encoding="utf-8"?>
<LinearLayout xmlns:android="http://******.com/apk/res/android"
    xmlns:app="http://******.com/apk/res-auto"
    android:layout_width="match_parent"
    android:layout_height="match_parent">

    <ImageView
        android:id="@+id/imageView"
        android:layout_width="match_parent"
        android:layout_height="match_parent"
        android:layout_weight="1"
        app:srcCompat="@mipmap/ic_launcher" />
</LinearLayout>
```

步骤 2：自定义 Fragment 类，继承自 Fragment 或其子类，重写 onCreateView()方法。代码如下：

```
public class Fragment_1 extends Fragment {
    @Override
    public View onCreateView(LayoutInflater inflater,  ViewGroup container,  Bundle
savedInstanceState) {
        //创建 Fragment 布局
        View view = inflater.inflate(R.layout.layout_1,container,false);
        return view;
    }
}
```

步骤 3：在 Activity 中动态加载 Fragment 控件。代码如下：

```
//开启事务，Fragment 的切换由事务控制
FragmentTransaction transaction = getSupportFragmentManager().beginTransaction();
//判断 Fragment 是否为空
if (fragment_1==null){
    fragment_1 = new Fragment_1();
    //添加 Fragment 到事务
    transaction.add(R.id.content_layout,fragment_1);
}
//显示 Fragment
transaction.show(fragment_1);
//提交事务
transaction.commit();
```

7.4.2 Fragment 控件的生命周期

Fragment 控件的生命周期和 Activity 控件的类似，但比 Activity 控件的生命周期复杂一些，Fragment 控件的生命周期如图 7.4 所示。

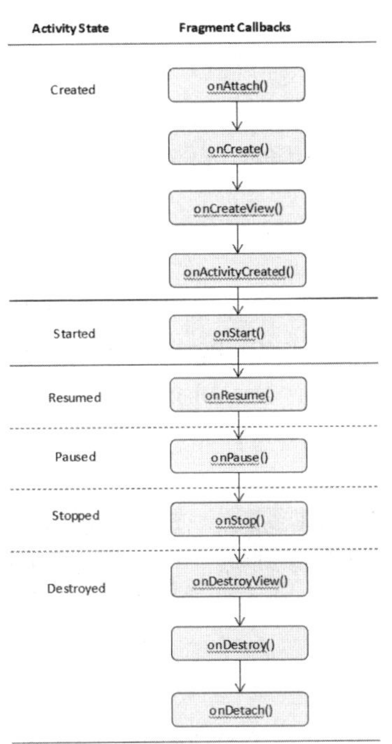

图 7.4 Fragment 控件的生命周期

Fragment 控件的生命周期回调函数与 Activity 控件的生命周期回调函数的名字是一样，它们的功能也基本一致，对其中一些函数的具体说明如下。

- onAttach()：Fragment 和 Activity 相关联时调用。可以通过该方法获取 Activity 引用，还可以通过 getArguments()方法获取参数。
- onCreate()：Fragment 被创建时调用。
- onCreateView()：创建 Fragment 布局。

- onActivityCreated()：当 Activity 完成 onCreate()方法时调用。
- onStart()：当 Fragment 可见时调用。
- onResume()：当 Fragment 可见且可交互时调用。
- onPause()：当 Fragment 不可交互但可见时调用。
- onStop()：当 Fragment 不可见时调用。
- onDestroyView()：当 Fragment 的 UI 从视图结构中移除时调用。
- onDestroy()：销毁 Fragment 时调用。
- onDetach()：当 Fragment 和 Activity 解除关联时调用。

上述方法中，只有 onCreateView()方法在重写时不用写 super()方法，其他都需要。

Fragment 的生命周期会经历运行、暂停、停止、销毁。

- 运行状态：碎片可见时，关联活动处于运行状态，其也为运行状态。
- 暂停状态：活动进入暂停状态，相关联碎片就会进入暂停状态。
- 停止状态：活动进入停止状态，相关联碎片就会进入停止状态，或者通过 FragmentTransaction 的 remove()、replace()方法将碎片从活动中移除，但如果在事务提交之前调用 addToBackStack()方法，这时的碎片也会进入停止状态。
- 销毁状态：当活动被销毁，相关联碎片进入销毁状态。或者调用 FragmentTransaction 的 remove()、replace()方法将碎片从活动中移除，但在事务提交之前并没有调用 addToBackStack()方法，碎片也会进入销毁状态。

7.4.3 Fragment 适配器介绍

Fragment 的使用同样离不开适配器，谷歌公司给我们提供了两个不同的适配器，它们分别是 FragmentPageAdapter 和 FragmentStatePagerAdapter。它们是用来呈现 Fragment 界面的，这些 Fragment 界面会一直保存在 Fragment Manager（Fragment 管理器）中，以便用户可以随时取用。Fragment 的适配器说明如图 7.5 所示。

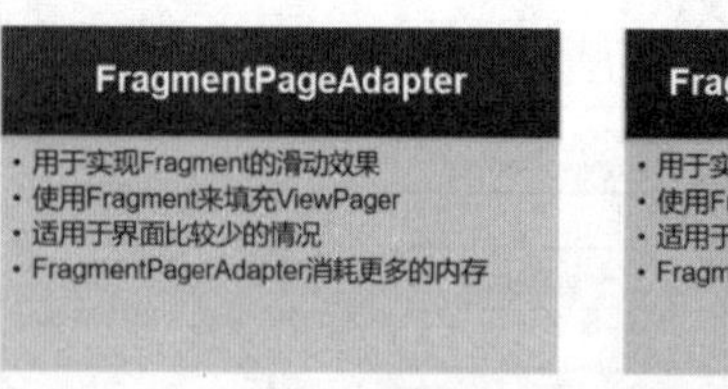

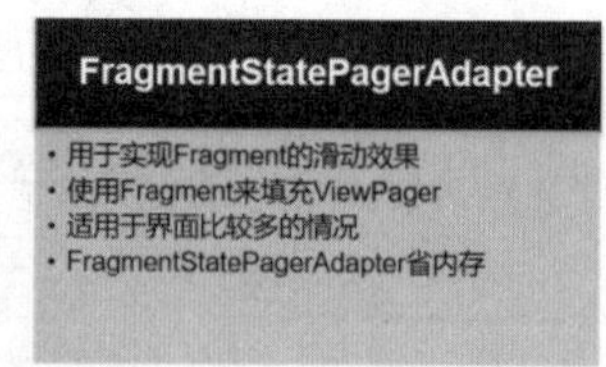

图 7.5　Fragment 的适配器说明

FragmentPagerAdapter 适用于界面比较少的情况。它会把每一个 Fragment 保存在内存中，不用每次切换的时候去保存现场，切换回来再重新创建，所以用户体验比较好，实际开发过程中需要重写 getItem()和 getCount()两个方法。而对于界面比较多的情况，需要切换的时候销毁以前的 Fragment 以释放内存，就可以使用 FragmentStatePagerAdapter。

7.4.4 案例 2：App 底部导航功能

在本案例中，我们设计一个拥有底部导航功能的 App，让大家掌握 Fragment 的基本使用方法。

1. 需求描述

扫码观看
微课视频

用户打开该 App 后，在底部有 3 个导航标签，分别是“首页”“订单”“我的”。用户单击其中某个标签，主界面将会切换至对应的界面。案例用到的图片可以在本章素材中获取。

2. UI 布局设计

UI 分为 activity_main.xml（主界面）、layout_1.xml（切换界面 1）、layout_2.xml（切换界面 2）、layout_3.xml（切换界面 3）这 4 个界面。主界面分为两个部分，底部为一个标签显示栏，其他为界面显示区域。切换界面分别采用 Fragment 来显示，为每一个 Fragment 对应的 UI 加入一个 ImageView 控件，用于设置图片。图片素材则需要提前复制到工程中的资源包。主界面 UI 布局设计如图 7.6 所示，切换页面 UI 布局设计如图 7.7 所示。

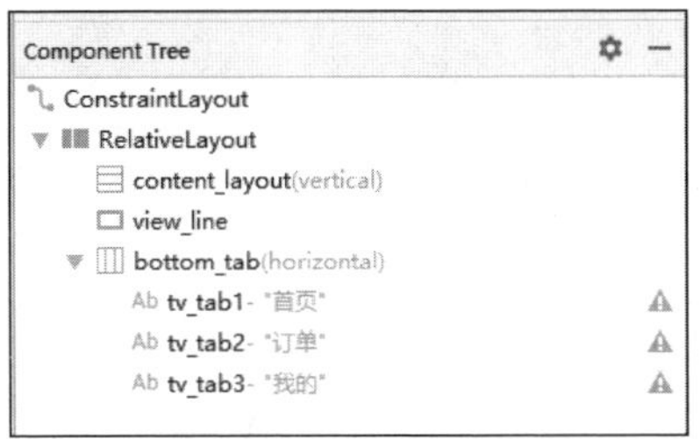

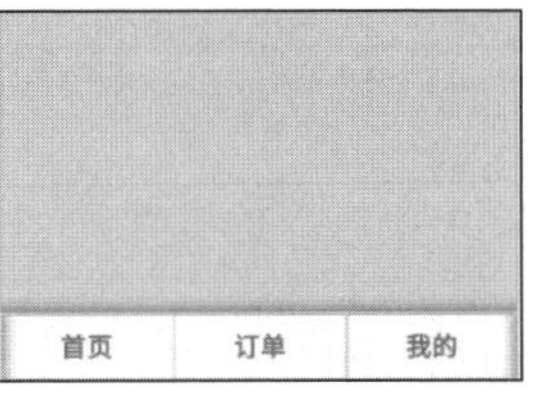

图 7.6　主界面 UI 布局设计

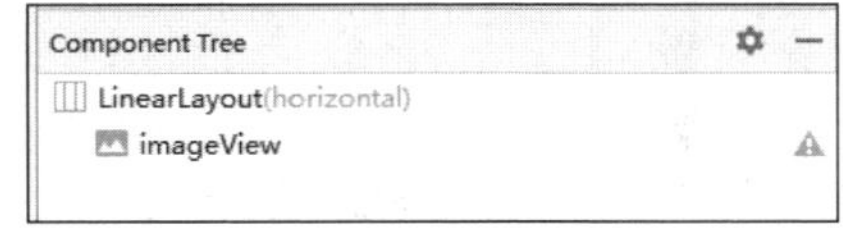

图 7.7　切换界面 UI 布局设计

activity_main.xml 代码如下：

```
<RelativeLayout
    android:layout_width="match_parent"
    android:layout_height="match_parent">
    <!-- 内容部分，fragment 切换 -->
    <LinearLayout
        android:id="@+id/content_layout"
        android:layout_width="match_parent"
        android:layout_height="match_parent"
        android:layout_above="@id/view_line"
        android:background="#B4DBEC"
        android:orientation="vertical">
    </LinearLayout>
    <View
        android:id="@+id/view_line"
        android:layout_width="match_parent"
        android:layout_height="1dp"
        android:layout_above="@id/bottom_tab"
        android:background="@color/colorAccent"
        tools:layout_editor_absoluteX="419dp"
        tools:layout_editor_absoluteY="39dp" />
    <!-- 底部 tab -->
    <LinearLayout
        android:id="@+id/bottom_tab"
        android:layout_width="match_parent"
        android:layout_height="50dp"
        android:layout_alignParentBottom="true"
```

```
        android:orientation="horizontal">
        <TextView
            android:id="@+id/tv_tab1"
            android:layout_width="wrap_content"
            android:layout_height="match_parent"
            android:layout_weight="1"
            android:gravity="center"
            android:text="首页"
            android:textSize="20sp"
            android:textStyle="bold" />
        <TextView
            android:id="@+id/tv_tab2"
            android:layout_width="wrap_content"
            android:layout_height="match_parent"
            android:layout_weight="1"
            android:gravity="center"
            android:text="订单"
            android:textSize="20sp"
            android:textStyle="bold" />
        <TextView
            android:id="@+id/tv_tab3"
            android:layout_width="wrap_content"
            android:layout_height="match_parent"
            android:layout_weight="1"
            android:gravity="center"
            android:text="我的"
            android:textSize="20sp"
            android:textStyle="bold" />
    </LinearLayout>
</RelativeLayout>
```

layout_1.xml 代码如下：

```
<LinearLayout xmlns:android="http://*****.com/apk/res/android"
    xmlns:app="http://*****.com/apk/res-auto"
    android:layout_width="match_parent"
    android:layout_height="match_parent">
    <ImageView
        android:id="@+id/imageView"
        android:layout_width="wrap_content"
        android:layout_height="wrap_content"
        android:layout_weight="1"
        app:srcCompat="@mipmap/f1" />
</LinearLayout>
```

layout_2.xml 代码如下：

```
<LinearLayout xmlns:android="http://*****.com/apk/res/android"
    xmlns:app="http://*****.com/apk/res-auto"
    android:layout_width="match_parent"
    android:layout_height="match_parent">
    <ImageView
```

```
        android:id="@+id/imageView2"
        android:layout_width="wrap_content"
        android:layout_height="wrap_content"
        android:layout_weight="1"
        app:srcCompat="@mipmap/f2" />
</LinearLayout>
```

layout_3.xml 代码如下：

```
<LinearLayout xmlns:android="http://*****.com/apk/res/android"
    xmlns:app="http://*****.com/apk/res-auto"
    android:layout_width="match_parent"
    android:layout_height="match_parent">
    <ImageView
        android:id="@+id/imageView3"
        android:layout_width="wrap_content"
        android:layout_height="wrap_content"
        android:layout_weight="1"
        app:srcCompat="@mipmap/f3" />
</LinearLayout>
```

3. 业务功能实现

App 启动时，程序将会初始化底部导航栏的 3 个导航标签，为其加入 OnClick 监听，并初始化 3 个 Fragment。当用户单击某个导航标签时，触发单击事件，显示对应的 Fragment。下面我们来看业务逻辑的关键代码。

以下为 Activity 中的业务功能代码：

```
public class MainActivity extends AppCompatActivity implements View.OnClickListener {
    //定义 Fragment 对象
    private Fragment fragment_1,fragment_2,fragment_3,nowFragment;
    //定义底部标签
    private TextView tab_1,tab_2,tab_3;
    @Override
    protected void onCreate(Bundle savedInstanceState) {
        super.onCreate(savedInstanceState);
        setContentView(R.layout.activity_main);
        //初始化界面
        initUI();
    }
    /**
     * 初始化 UI
     */
    private void initUI(){
        tab_1 = (TextView) findViewById(R.id.tv_tab1);
        tab_2 = (TextView) findViewById(R.id.tv_tab2);
        tab_3 = (TextView) findViewById(R.id.tv_tab3);
        //设置底部 tab 变化
        tab_1.setBackgroundColor(Color.RED);
        tab_2.setBackgroundColor(Color.WHITE);
        tab_3.setBackgroundColor(Color.WHITE);
        //为底部标签设置单击事件
```

```
        tab_1.setOnClickListener(this);
        tab_2.setOnClickListener(this);
        tab_3.setOnClickListener(this);
        //显示第一个 Fragment
        showFragment1();
    }
    //单击事件
    @Override
    public void onClick(View view) {
        if (view.getId()==R.id.tv_tab1){
            //第一个标签被单击
            showFragment1();
        }else if (view.getId()== R.id.tv_tab2){
            //第二个标签被单击
            showFragment2();
        }else if (view.getId()==R.id.tv_tab3){
            //第三个标签被单击
            showFragment3();
        }
    }
    /**
     *第一个标签被单击
     */
    private void showFragment1(){
        //开启事务，Fragment 的切换由事务控制
        FragmentTransaction transaction =
        getSupportFragmentManager().beginTransaction();
        //判断 Fragment 是否为空
        if (fragment_1==null){
            fragment_1 = new Fragment_1();
            //添加 Fragment 到事务
            transaction.add(R.id.content_layout,fragment_1);
        }
        //隐藏所有的 Fragment
        hideAllFragment(transaction);
        //显示 Fragment
        transaction.show(fragment_1);
        //记录 Fragment
        nowFragment = fragment_1;
        //提交事务
        transaction.commit();
        //设置底部 tab 变化
        tab_1.setBackgroundColor(Color.RED);
        tab_2.setBackgroundColor(Color.WHITE);
        tab_3.setBackgroundColor(Color.WHITE);
    }
    /**
     *第二个标签被单击
     */
    private void showFragment2(){
        //开启事务，Fragment 的切换由事务控制
```

```
        FragmentTransaction transaction =
        getSupportFragmentManager().beginTransaction();
        //判断 Fragment 是否为空
        if (fragment_2==null){
            fragment_2 = new Fragment_2();
            //添加 Fragment 到事务
            transaction.add(R.id.content_layout,fragment_2);
        }
        //隐藏所有的 Fragment
        hideAllFragment(transaction);
        //显示 Fragment
        transaction.show(fragment_2);
        //记录 Fragment
        nowFragment = fragment_2;
        //提交事务
        transaction.commit();
        //设置底部 tab 变化
        tab_1.setBackgroundColor(Color.WHITE);
        tab_2.setBackgroundColor(Color.RED);
        tab_3.setBackgroundColor(Color.WHITE);
    }
    /**
     *第三个标签被单击
     */
    private void showFragment3(){
        //开启事务，Fragment 的切换由事务控制
        FragmentTransaction transaction =
        getSupportFragmentManager().beginTransaction();
        //判断 Fragment 是否为空
        if (fragment_3==null){
            fragment_3 = new Fragment_3();
            //添加 Fragment 到事务
            transaction.add(R.id.content_layout,fragment_3);
        }
        //隐藏所有的 Fragment
        hideAllFragment(transaction);
        //显示 Fragment
        transaction.show(fragment_3);
        //记录 Fragment
        nowFragment = fragment_3;
        //提交事务
        transaction.commit();
        //设置底部 tab 变化
        tab_1.setBackgroundColor(Color.WHITE);
        tab_2.setBackgroundColor(Color.WHITE);
        tab_3.setBackgroundColor(Color.RED);
    }
    /**
     * 隐藏所有的 Fragment
     */
    private void hideAllFragment(FragmentTransaction transaction){
        if (fragment_1!=null){
            transaction.hide(fragment_1);
```

```
            }
            if (fragment_2!=null){
                transaction.hide(fragment_2);
            }
            if (fragment_3!=null){
                transaction.hide(fragment_3);
            }
        }
    }
```

4. 运行效果

项目开发完成后，我们可以在模拟器或手机中运行此款 App，查看运行效果。App 运行效果如图 7.8 所示。

图 7.8　App 运行效果

7.5　案例 3：商城导航 App

本案例是一个综合案例，我们结合 ViewPager 控件和 Fragment 控件的特点，设计一个商城导航 App，通过本案例让大家掌握 ViewPager 控件与 Fragment 控件的综合使用。

1. 需求描述

该 App 是一款展示当前主流电商内容的应用程序。用户打开该 App，可以通过底部导航栏切换到不同的商城，也可通过滑动屏幕切换不同的商城。目前该 App 包含 3 个商城，分别是“商城 1”“商城 2”“商城 3”。案例需要的图片可以在本章素材中获取。

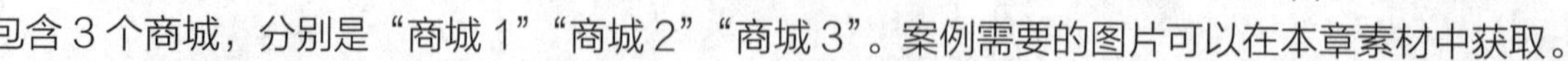

2. UI 布局设计

UI 分为 activity_main.xml（主界面）、layout_1.xml（切换界面 1）、layout_2.xml（切换界面 2）、layout_3.xml（切换界面 3）这 4 个界面。主界面分为两个部分，底部为一个标签显示栏，其他为界面显示区域。切换界面分别采用 Fragment 控件来显示，在每一个 Fragment 对应的界面加入一个 ImageView 控件，可用于设置素材中的图片。图片需要提前复制到工程的资源包中。主界面 UI 布局设计如图 7.9 所示，切换页 UI 布局设计如图 7.10 所示。

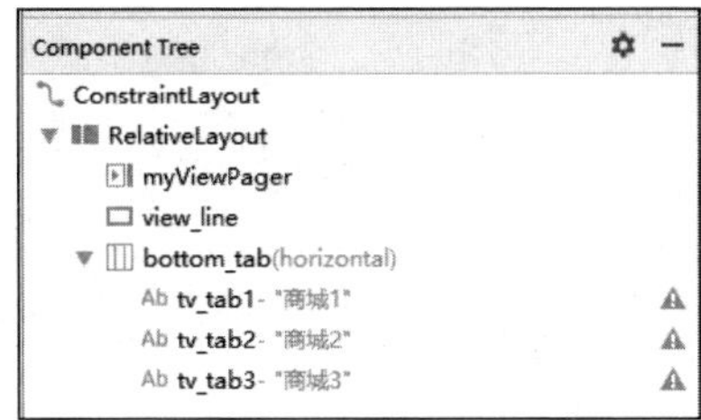

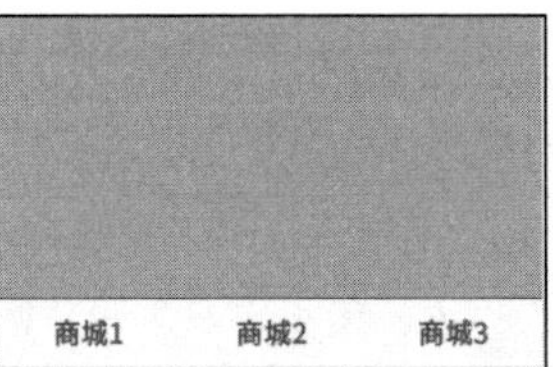

图 7.9　主界面 UI 布局设计

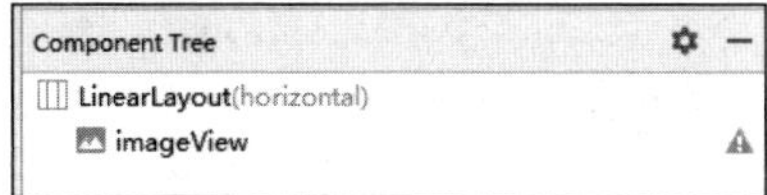

图 7.10　切换页 UI 布局设计

activity_main.xml 代码如下：

```
<RelativeLayout
    android:layout_width="match_parent"
    android:layout_height="match_parent">
    <androidx.viewpager.widget.ViewPager
        android:id="@+id/myViewPager"
        android:layout_width="match_parent"
        android:layout_height="match_parent"
        android:layout_above="@id/view_line"
        android:background="#CDDC39" />
    <View
        android:id="@+id/view_line"
        android:layout_width="wrap_content"
        android:layout_height="1dp"
        android:layout_above="@id/bottom_tab"
        android:background="@color/colorAccent" />
    <LinearLayout
        android:id="@+id/bottom_tab"
        android:layout_width="match_parent"
        android:layout_height="50dp"
        android:layout_alignParentBottom="true"
        android:orientation="horizontal">
        <TextView
            android:id="@+id/tv_tab1"
            android:layout_width="wrap_content"
            android:layout_height="match_parent"
            android:layout_weight="1"
            android:gravity="center"
            android:text="商城 1"
            android:textSize="20sp"
            android:textStyle="bold" />
        <TextView
            android:id="@+id/tv_tab2"
            android:layout_width="wrap_content"
            android:layout_height="match_parent"
            android:layout_weight="1"
            android:gravity="center"
            android:text="商城 2"
            android:textSize="20sp"
            android:textStyle="bold" />
```

```
        <TextView
            android:id="@+id/tv_tab3"
            android:layout_width="wrap_content"
            android:layout_height="match_parent"
            android:layout_weight="1"
            android:gravity="center"
            android:text="商城 3"
            android:textSize="20sp"
            android:textStyle="bold" />
    </LinearLayout>
</RelativeLayout>
```

layout_1.xml 代码如下：

```
<LinearLayout xmlns:android="http://*****.com/apk/res/android"
    xmlns:app="http://*****.com/apk/res-auto"
    android:layout_width="match_parent"
    android:layout_height="match_parent">
    <ImageView
        android:id="@+id/imageView"
        android:layout_width="match_parent"
        android:layout_height="match_parent"
        android:layout_weight="1"
        app:srcCompat="@mipmap/h1" />
</LinearLayout>
```

layout_2.xml 代码如下：

```
<LinearLayout xmlns:android="http://*****.com/apk/res/android"
    xmlns:app="http://*****.com/apk/res-auto"
    android:layout_width="match_parent"
    android:layout_height="match_parent">
    <ImageView
        android:id="@+id/imageView2"
        android:layout_width="match_parent"
        android:layout_height="match_parent"
        android:layout_weight="1"
        app:srcCompat="@mipmap/h2" />
</LinearLayout>
```

layout_3.xml 代码如下：

```
<LinearLayout xmlns:android="http://*****.com/apk/res/android"
    xmlns:app="http://*****.com/apk/res-auto"
    android:layout_width="match_parent"
    android:layout_height="match_parent">
    <ImageView
        android:id="@+id/imageView3"
        android:layout_width="match_parent"
        android:layout_height="match_parent"
        android:layout_weight="1"
        app:srcCompat="@mipmap/h3" />
</LinearLayout>
```

3. 业务功能实现

App 启动时，程序将会初始化底部导航栏的 3 个导航标签，为其加入 OnClick 监听，并初始化 3 个 Fragment 控件。当用户单击某个导航标签，触发单击事件后，显示对应的 Fragment 控件，隐藏其他的 Fragment 控件。当用户在界面滑动时，通过监听 ViewPager 控件的 OnPageChangeListener，实现滑动切换效果。下面我们来看业务功能的关键代码。

FragmentPagerAdapter 代码如下：

```
public class MyFragmentPagerAdapter extends FragmentPagerAdapter {
    //定义属性：Fragment 列表
    private List<Fragment> fragmentList;
    //构造方法
    public MyFragmentPagerAdapter(FragmentManager fm) {
        super(fm);
    }
    public MyFragmentPagerAdapter(FragmentManager fm,
                                  List<Fragment> fragmentList) {
        super(fm);
        this.fragmentList = fragmentList;
    }

    //显示界面
    @Override
    public Fragment getItem(int position) {
        return fragmentList.get(position);
    }
    //界面个数
    @Override
    public int getCount() {
        return fragmentList.size();
    }
}
```

Activity 中的业务代码如下：

```
public class MainActivity extends AppCompatActivity
                          implements View.OnClickListener {
    //定义属性
    private TextView tab_1,tab_2,tab_3;//底部标签
    private ViewPager myViewPager;//切换区
    private List<Fragment> fragmentList;//Fragment 列表
    private MyFragmentPagerAdapter fragmentPagerAdapter;//适配器
    @Override
    protected void onCreate(Bundle savedInstanceState) {
        super.onCreate(savedInstanceState);
        setContentView(R.layout.activity_main);
        //初始化
        initUI();
        initTab();
    }
    /**
```

```
 * 初始化 UI
 */
private void initUI(){
    //初始化底部标签
    tab_1 = (TextView) findViewById(R.id.tv_tab1);
    tab_2 = (TextView) findViewById(R.id.tv_tab2);
    tab_3 = (TextView) findViewById(R.id.tv_tab3);
    //为底部标签添加单击事件
    tab_1.setOnClickListener(this);
    tab_2.setOnClickListener(this);
    tab_3.setOnClickListener(this);
    //初始化切换区
    myViewPager = (ViewPager) findViewById(R.id.myViewPager);
}
/**
 * 初始化 Fragment 及第一个显示的标签
 */
private void initTab(){
    //新建 Fragment
    Fragment_1 fragment1 = new Fragment_1();
    Fragment_2 fragment2 = new Fragment_2();
    Fragment_3 fragment3 = new Fragment_3();
    //建立列表
    fragmentList = new ArrayList<Fragment>();
    fragmentList.add(fragment1);
    fragmentList.add(fragment2);
    fragmentList.add(fragment3);
    //新建适配器
    fragmentPagerAdapter = new MyFragmentPagerAdapter(getSupportFragmentManager(),fragmentList);
    //设置适配器
    myViewPager.setAdapter(fragmentPagerAdapter);
    //设置滑动监听
    myViewPager.addOnPageChangeListener(new MyPageChangeListennr());
    //显示第一个界面
    showFragment(0);
}
/**
 * 显示 Fragment
 */
private void showFragment(int num){
    //按索引显示 Fragment
    myViewPager.setCurrentItem(num);
    //改变底部标签
    if (num == 0){
        tab_1.setBackgroundColor(Color.RED);
        tab_2.setBackgroundColor(Color.WHITE);
        tab_3.setBackgroundColor(Color.WHITE);
    }else if (num == 1){
        tab_1.setBackgroundColor(Color.WHITE);
        tab_2.setBackgroundColor(Color.RED);
        tab_3.setBackgroundColor(Color.WHITE);
    }else if (num == 2){
        tab_1.setBackgroundColor(Color.WHITE);
```

```
            tab_2.setBackgroundColor(Color.WHITE);
            tab_3.setBackgroundColor(Color.RED);
        }
    }
    /**
     * 底部标签单击事件
     */
    @Override
    public void onClick(View view) {
        if (view.getId() == R.id.tv_tab1){
            //第一个标签被单击
            showFragment(0);
        }else if (view.getId() == R.id.tv_tab2){
            //第二个标签被单击
            showFragment(1);
        }else if (view.getId() == R.id.tv_tab3){
            //第二个标签被单击
            showFragment(2);
        }
    }
    /**
     * 定义界面滑动的监听类，用于界面滑动时，底部导航跟着变化
     */
    public class MyPageChangeListennr
                    implements ViewPager.OnPageChangeListener{
        @Override
        public void onPageScrolled(int position, float positionOffset,
                            int positionOffsetPixels) {         }
        //界面选中时调用
        @Override
        public void onPageSelected(int position) {
            //改变底部标签
            if (position == 0){
                tab_1.setBackgroundColor(Color.RED);
                tab_2.setBackgroundColor(Color.WHITE);
                tab_3.setBackgroundColor(Color.WHITE);
            }else if (position == 1){
                tab_1.setBackgroundColor(Color.WHITE);
                tab_2.setBackgroundColor(Color.RED);
                tab_3.setBackgroundColor(Color.WHITE);
            }else if (position == 2){
                tab_1.setBackgroundColor(Color.WHITE);
                tab_2.setBackgroundColor(Color.WHITE);
                tab_3.setBackgroundColor(Color.RED);
            }
        }
        @Override
        public void onPageScrollStateChanged(int state) {
        }
    }
```

4. 运行效果

项目开发完成后，我们可以在模拟器或手机中运行此款 App，查看运行效果。App 运行效果如图 7.11 所示。

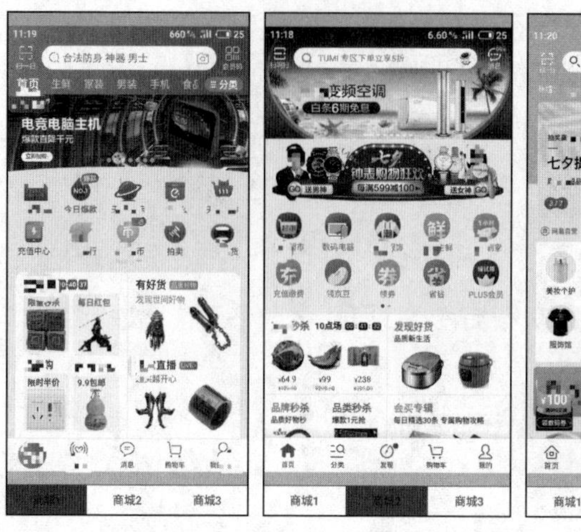

图 7.11　App 运行效果

7.6 课程小结

本章主要介绍了 ViewPager 控件和 Fragment 控件。我们学习了 ViewPager 控件并结合适配器进行开发，也学习了 Fragment 控件，它主要嵌入 Activity 使用，在实际开发过程中使用得非常多。我们还可以将 Fragment 控件和 ViewPager 控件结合在一起开发一些很“炫”的功能。

7.7 自我测评

一、选择题

1. ViewPager 直接继承了（　　），它是一个容器类，可以在其中添加其他 View 类。

   A. ImageView　　B. SurfaceView　　C. ViewGroup　　D. TextView

2. 自定义一个 ViewPager 的数据适配器 MyViewAdatper，需要让它继承的类是（　　）。

   A. DefaultAdapter　　B. ParentAdapter

   C. BaseAdapter　　D. PagerAdapter

3. 在 Fragment 界面较少的情况下，经常用（　　）适配器做 Fragment 到 ViewPager 的数据适配。

   A. PagerAdapter()　　B. FragmentPageAdapter()

   C. FragmentStatePagerAdapter()　　D. DefaultAdapter()

4. 在下列选项中，实现 ViewPager 滑动的监听器是（　　）。

   A. OnCheckedChangeListener　　B. OnItemClickListener

   C. OnCreateContextMenuListener　　D. OnPageChangeListener

5. 对 Fragment 的控制操作，一般是由（　　）来完成的。

   A. FragmentManager　　B. FragmentTransaction

   C. FragmentActivity　　D. LayoutInFlater

二、判断题

1. Fragment 的生命周期是独立的，不受其他组件的影响。（　　）

2. Fragment 关联的视图被移除时调用生命周期的方法为 onDestroyView()。(　　)
3. 通过 FragmentManager 的 beginTransaction()方法可以开启 FragmentTransaction。(　　)
4. 如果创建的 Fragment 继承自 android.app.Fragment 类，则不兼容。(　　)
5. 一个 Activity 中可以包含多个 Fragment，一个 Fragment 只能在一个 Activity 中。(　　)

三、编程题

请编程开发一款新闻资讯 App，运行效果如图 7.12 所示。

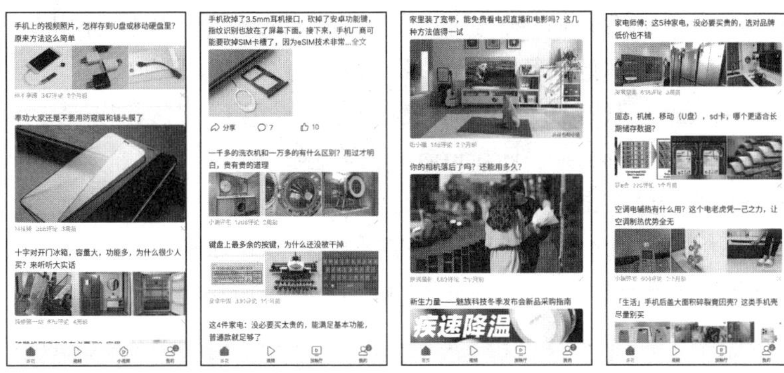

图 7.12　运行效果

开发流程说明如下。

（1）在主布局文件中加入顶部导航区、分割线、ViewPager 切换区。

（2）新建 4 个简单的布局文件，作为 Fragment 的 View 对象，并分别进行标识。

（3）创建 FragmentPagerAdapter 适配器，提供 ViewPager 数据源。

（4）在 MainActivity.java 里编写逻辑代码，实现 UI 及顶部标签切换。

（5）编写代码，以实现对顶部导航的功能。

素材：见本章提供的素材。

7.8 课堂笔记（见工作手册）

7.9 实训记录（见工作手册）

7.10 课程评价（见工作手册）

7.11 扩展知识

Android Fragment 堆栈解析

在使用 Fragment 进行开发时，我们使用 FragmentManager 和 FragmentTransaction 来进

行 Fragment 事物管理，将 Fragment 压入堆栈，可用于用户的界面导航。具体代码如下：

```
FragmentManager manager = getSupportFragmentManager();//获取 Fragment 管理类
FragmentTransaction transaction = manager.beginTransaction();//事务处理类
transaction.add(R.id.fragment, new FirstFragment(), "title");//add 方法事务
transaction.commit(); //提交事务
```

FragmentManager 是一个抽象类，用于管理 Fragment，主要管理 Fragment 堆栈，具体方法解析如下。

- findFragmentById(int id)：通过 ID 在 Activity 堆栈中找到对应的 Fragment。
- findFragmentByTag(String tag)：通过 tag 在 Activity 堆栈中找到对应的 Fragment。
- popBackStack()：等其他任务完成后，Fragment 进行出栈。
- beginTransaction()：获取 FragmentTransaction，用于一系列对 Fragment 的编辑操作。
- popBackStackImmediate()：Fragment 立即出栈。
- getFragments()：获取栈内的所有 Fragment。
- FragmentTransaction()：用于一系列的对 Fragment 堆栈的处理。
- add(int containerViewId, Fragment fragment, String tag)：把一个 Fragment 添加到一个容器里。
- remove(Fragment fragment) replace：先移除相同 ID 的所有 Fragment，然后增加当前的这个 Fragment。
- replace(int containerViewId, Fragment fragment, String tag)：替换一个已经存在于堆栈中的 Fragment，类似于先执行 remove()再增加的过程。也就是说这会销毁视图。不推荐这么做，因为会增大内存消耗。
- hide(Fragment fragment)：隐藏 Fragment。
- show(Fragment fragment)：显示 FragmentVisibility。
- commit()：提交事务。

第 8 章 Android 的网络编程框架 Volley 和 Gson

8.1 预习要点（见工作手册）

8.2 学习目标

在 Android 开发的过程中，经常会通过网络编程访问服务器的 API，以便获取相关的数据，这是我们本章主要学习的内容。

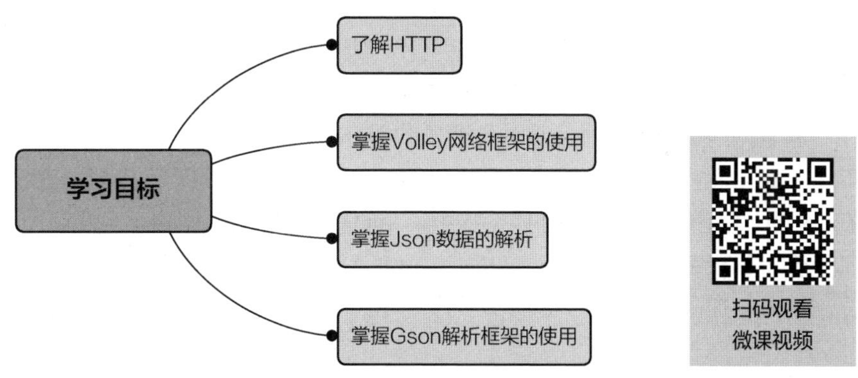

8.3 HTTP 简介

日常生活中，我们使用手机 App 时，App 展示的数据基本上都是通过网络接口从服务器中获取的。例如我们使用“京东”或“淘宝”App 打开商品列表时，列表展示的商品数据就是从对应服务器中获取的。这个访问过程就是通过超文本传送协议（Hyper Text Transfer Protocol，HTTP）完成的。HTTP 是一个基于请求与响应的、无状态的、应用层的协议，常基于 TCP/IP 传输数据。它是互联网上应用最为广泛的一种网络协议，规定了浏览器和万维网服务器之间互相通信的规则。

HTTP 是一种请求/响应模式的协议。当客户端在与服务器建立连接后，向服务器发送请求，称为 HTTP 请求。服务器接收到请求后会作出响应，称为 HTTP 响应。HTTP 请求/响应模式如图 8.1 所示。

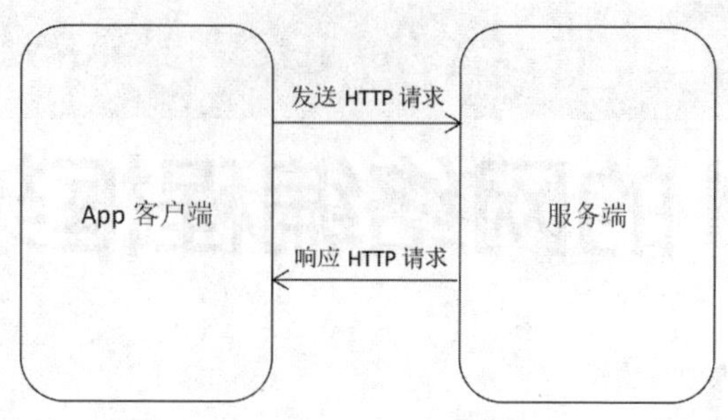

图 8.1 HTTP 请求/响应模式

下面我们来介绍 HTTP 的两种常用请求方式，它们分别是 GET、POST。

- GET：请求指定的界面信息，并返回实体主体。
- POST：向指定资源提交数据进行处理请求（例如提交表单或者上传文件），数据被包含在请求体中。POST 请求可能会导致新的资源的建立或已有资源的修改。

GET 和 POST 的区别如下。

- GET 提交的数据会放在 URL 之后，以“?”分隔 URL 和传输数据，参数以“&”相连，如 EditPosts.aspx?name=test1&id=123456。POST 是把提交的数据放在 HTTP 包的主体中。
- GET 提交的数据大小有限制（因为浏览器对 URL 的长度有限制），而 POST 提交的数据没有限制。
- GET 提交的数据会带来安全问题。比如一个登录界面，通过 GET 请求方式提交数据时，用户名和密码将出现在 URL 上。如果界面可以被缓存或者其他人可以访问这台服务器，就可以从历史记录获得该用户的用户名和密码。

随着网络通信安全性及高效性要求的提升，目前网络经常会使用超文本传输安全协议（Hyper Text Transfer Protocol Secure，HTTPS）进行通信。HTTPS 是以安全为目标的 HTTP 通道，在 HTTP 的基础上通过传输加密和身份认证保证了传输过程的安全性。HTTPS 在 HTTP 的基础上加入安全套接字层(Secure Socket Layer，SSL)，可以对传输的内容进行加密。HTTPS 提供了身份验证与加密通信方法，被广泛用于万维网上安全敏感的通信，例如交易、支付等方面。

8.4 Volley

在开发 Android 应用的时候，经常会与服务器进行数据交互。Android 本身提供了相应的网络编程的 API，但是使用起来比较复杂，所以在实际开发过程中，我们经常会使用网络通信框架来进行网络编程。下面介绍如何应用 Volley 框架进行更快、更简单、更健壮的网络通信。

8.4.1 Volley 简介

Volley 是一个网络通信框架，在 2013 年谷歌公司的 I/O 大会上被推出。Volley 能使网络通信变得更快、更简单、更健壮。它既能非常简单地完成 HTTP 通信，也能轻松加载网络上的图片。除了简单易用之外，Volley 在性能方面也进行了大幅度的调整。它的设计目标是适合数据量不大、通信频繁的网络操作，支持 Json、

图像等的异步下载、网络请求的排序（scheduling）、网络请求的优先级处理 、缓存、多级别取消请求和 Activity 生命周期联动（Activity 结束时同时取消所有请求）。

下面我们来介绍 Volley 中的常用对象，它们有助于我们学习 Volley 网络编程。

- Volley：Volley 对外暴露 API，通过 newRequestQueue()方法新建并启动一个请求队列 RequestQueue。
- Request：表示一个请求的抽象类。Volley 提供了 4 种请求方式：StringRequest、JsonObjectRequest、JsonArrayRequest、ImageRequest。
- RequestQueue：表示请求队列。Request 请求将会被添加到队列，并发送请求至服务器。

在实际使用过程中，我们只需要使用以上几个对象即可完成 Android 的网络编程。下面我们详细介绍 Volley 的 Request 对象。

1. StringRequest 请求

StringRequest 请求的构造方法见下面的代码，构造参数依次是请求地址、处理请求成功的监听器、处理请求失败的监听器。

StringRequest 请求代码如下：

```
StringRequest stringRequest = new StringRequest(url, new Response.Listener<String>() {
        @Override
        public void onResponse(String s) {
            Log.i("info:"+s);
        }
    }, new Response.ErrorListener() {
        @Override
        public void onErrorResponse(VolleyError volleyError) {
            Log.i("error infos :" + volleyError.toString());
        }
    });
```

上面的代码很简单，我们创建了一个 StringRequest 请求，该请求使用的是 GET 请求方式，后面是成功和失败的回调方法。

StringRequest 请求如果使用 POST 请求方式提交，参考如下代码：

```
StringRequest stringRequest = new StringRequest(url, new Response.Listener<String>() {
        @Override
        public void onResponse(String s) {
            Log.i("info:"+s);
        }
    }, new Response.ErrorListener() {
        @Override
        public void onErrorResponse(VolleyError volleyError) {
            Log.i("error infos :" + volleyError.toString());
        }
    }){
        @Override
        protected Map<String, String> getParams(){
            return map;
        }
    };
```

当以 POST 请求方式发起请求时，会调用 getParams()方法来查找参数，我们只需要重写该方法，然后添加 map 集合参数即可。

2. JsonObjectRequest 请求和 JsonArrayRequest 请求

JsonObjectRequest 与 JsonArrayRequest 没有什么实质性区别，都是请求 Json 数据，一个是 Json 对象，另外一个是 Json 数组。这里只讲解 JsonObjectRequest。

JsonObjectRequest 请求代码如下：

```
    JsonObjectRequest JsonObjectRequest = new JsonObjectRequest(url, null, new
Response.Listener<JsonObject>() {
            @Override
            public void onResponse(JsonObject JsonObject) {
                Log.i("info:"+JsonObject.toString());
            }
        }, new Response.ErrorListener() {
            @Override
            public void onErrorResponse(VolleyError volleyError) {
                Log.i("error infos :" + volleyError.toString());
            }
        });
```

JsonObjectRequest 看起来和 StringRequest 基本类似，只不过返回的参数是 Json 对象。

3. ImageRequest 请求

ImageRequest 用于请求图片，一般使用得较少。代码如下：

```
    ImageRequest imageRequest = new ImageRequest(url, new Response.Listener<Bitmap>() {
            @Override
            public void onResponse(Bitmap bitmap) {
                //显示图片
                iv_pic.setImageBitmap(bitmap);
            }
        }, 0, 0, Bitmap.Config.RGB_565, new Response.ErrorListener() {
            @Override
            public void onErrorResponse(VolleyError volleyError) {
                Log.i("error infos :" + volleyError.toString());
            }
        });
```

在实际开发过程中，我们比较少直接使用 ImageRequest，而是一般用第三方图片框架加载图片，这里只需要了解即可。

8.4.2 Android 中 Volley 的使用

扫码观看
微课视频

在 Android 中使用 Volley 非常简单，我们通过如下步骤，就可快速地使用 Volley 进行开发。

1. 在 Android 工程中添加网络访问权限

由于需要访问网络上的服务器，所以需要在 AndroidManifest.xml 清单文件中添加网络权限。

网络权限代码：

```
    <uses-permission android:name="android.permission.INTERNET"></uses-permission>
```

Android 6.0 不再支持 Apache HTTP 客户端，所以在 AndroidManifest.xml 清单文件中还需添加 org.apache.http.legacy 库。代码如下：

```
<uses-library
    android:name="org.apache.http.legacy"
    android:required="false" />
```

AndroidManifest.xml 清单文件配置代码：

```
<?xml version="1.0" encoding="utf-8"?>
<manifest xmlns:android="http://*****.com/apk/res/android"
    package="com.e.movieshare">
    <uses-permission android:name="android.permission.INTERNET" />
    <application
        android:name=".Myapplication"
        android:allowBackup="true"
        android:usescleartextTraffic="true"
        android:icon="@mipmap/ic_launcher"
        android:label="@string/app_name"
        android:roundIcon="@mipmap/ic_launcher_round"
        android:supportsRtl="true"
        android:theme="@style/appTheme">
        <uses-library android:name="org.apache.http.legacy"
                                android:required="false" />
         ......
       </application>
</manifest>
```

2. 在 Android 工程中添加 Volley 框架

打开工程的 build.gradle 配置文件，加入框架配置信息，并重新构建工程。Volley 框架配置代码如下：

```
implementation 'com.mcxiaoke.volley:library:1.0.19'
```

3. 编写访问服务 API 的代码

Volley 访问服务 API 的步骤如下。

① 创建一个 Request 队列 RequestQueue。

② 创建 Request 对象（StringRequest、JsonObjectRequest、JsonArrayRequest、ImageRequest）。

③ 将 Request 对象添加到请求队列中。

Volley 框架访问服务 API 的代码如下：

```
  //创建请求队列
RequestQueue requestQueue requestQueue = Volley.newRequestQueue(this);
        //服务器 API URL
        String url = "[服务器 API url]";
        //创建一个请求
        JsonObjectRequest JsonObjectRequest = new JsonObjectRequest(url, null, new
Response.Listener<JsonObject>() {
            @Override
            public void onResponse(JsonObject response) {
```

```
                //请求成功，执行业务代码
            Toast.makeText(this,"请求成功",Toast.LENGTH_LONG).show();
            }
        }, new Response.ErrorListener() {
            @Override
            public void onErrorResponse(VolleyError error) {
                //请求失败，提示
                Toast.makeText(this,"网络错误",Toast.LENGTH_LONG).show();
            }
        });
        //将请求加入队列
        requestQueue.add(JsonObjectRequest);
```

8.4.3 案例 1：“狗狗”App

1. 需求描述

在本案例中，我们使用 Volley 加载一张网络图片。用户单击“加载网络图片”按钮后，界面显示小狗的图片，“狗狗”App 运行效果如图 8.2 所示。

图 8.2 “狗狗”App 运行效果

2. UI 布局设计

主布局文件（activity_main.xml）包含 ImageView、Button 两个控件，分别用于显示图片和单击按钮加载操作。“狗狗”App UI 布局设计如图 8.3 所示。

图 8.3 “狗狗”App UI 布局设计

布局文件 activity_main.xml 的代码如下：

```
<LinearLayout
        android:layout_width="match_parent"
        android:layout_height="match_parent"
        android:orientation="vertical">
        <ImageView
```

```
        android:id="@+id/volley_image"
        android:layout_width="match_parent"
        android:layout_height="wrap_content"
        app:srcCompat="@mipmap/ic_launcher" />
    <Button
        android:id="@+id/btn_load"
        android:layout_width="match_parent"
        android:layout_height="wrap_content"
        android:text="加载网络图片" />
</LinearLayout>
```

3. 业务功能实现

单击“加载网络图片”按钮之后，使用 Volley 的 ImageRequest 请求获取给定地址的狗狗图片。关键步骤如下。

- 创建一个请求队列 RequestQueue。
- 创建 ImageRequest 对象。
- 在 ImageRequest 对象的监听器编写显示图片的代码。
- 将 ImageRequest 对象加入队列 RequestQueue。

以下为加载图片的关键代码如下：

```
//新建控件
private ImageView volley_image;
private EditText txt_url;
//新建请求队列
private RequestQueue requestQueue;

//加载网络图片
private void loadImage(){
    //创建网络请求队列
    requestQueue = Volley.newRequestQueue(MainActivity.this);
    //获取网络图片路径 URL
    String url = "http://img.jj20.com/up/allimg/tx05/062032181615502.jpg";
    //创建请求
    ImageRequest imageRequest = new ImageRequest(url, new Response.Listener<Bitmap>() {
        @Override
        public void onResponse(Bitmap response) {
            //正确接收图片
            volley_image.setImageBitmap(response);
        }
    }, 0, 0, Bitmap.Config.RGB_565, new Response.ErrorListener() {
        @Override
        public void onErrorResponse(VolleyError error) {
            //接收图片错误
            volley_image.setImageResource(R.mipmap.ic_launcher);//默认图片
        }
    });
    //将请求加入队列
    requestQueue.add(imageRequest);
}
```

4. 运行效果

项目开发完成后，我们可以在模拟器或手机中运行此款 App，查看运行效果。“狗狗”App 运行效果如图 8.4 所示。

图 8.4 “狗狗”App 运行效果

8.5 Json 数据解析

在 Android 网络编程的过程中，服务器返回的数据很多时候是 Json 格式的，我们需要解析数据并进行显示。下面我们来介绍 Json 格式的数据如何解析。

8.5.1 Json 格式数据介绍

Json 即对象表示法（JavaScript Object Notation），是一种轻量级的数据交换格式，它是基于 JavaScript 的一个子集，使用了类似于 C 语言家庭（包括 C、C++、C#、Java、JavaScript、Perl、Python 等）的习惯。Json 独立于语言和平台，比 XML 文件更小，更快被读取，更易解析。Json 格式已经成互联网中大多数数据的传递格式。因其易于阅读、编写和易于机器解析与生成的特性，Json 成了 Android 的理想数据交互语言。Json 有如下两种数据结构。

1. 对象结构

以“{”开始，以“}”结束。中间部分由 0 个或多个以“,”分隔的 key:value 构成，注意关键字和值之间以“:”分隔。代码如下：

```
{
  "name":"张三",
  "age":23
}
```

2. 数组结构

以“[”开始，以“]”结束。中间部分由 0 个或多个以“,”分隔的值的列表组成。代码如下：

```
[
  {
    "name":"张三",
    "age":23
  },
  {
    "name":"例子",
    "age":25
  }
]
```

8.5.2 Json 格式数据解析

扫码观看
微课视频

在接收到服务器返回的 Json 数据后，我们需要将 Json 数据解析出来。为了解析 Json 数据，Android SDK 为开发者提供了 org.Json 包。该包中有 JsonObject 和 JsonArray 两个类，可分别对 Json 对象与 Json 数组两种结构的数据进行解析，可将文件、输入流中的数据转化为 Json 对象，然后从对象中获取 Json 数据。org.Json 包的常用对象如表 8.1 所示。

表 8.1　org.Json 包的常用对象

对象名称	对象描述
JSONObject	可以看作一个 Json 对象,这是系统中有关 Json 定义的基本单元
JSONStringer	Json 文本构建类，可以用于快速便捷地创建 Json 文本
JSONArray	它代表一组有序的数值
JSONTokener	Json 解析类

以城市空气质量的 Json 数据解析为例，介绍 org.Json 包如何对 Json 数据进行解析，城市空气质量 Json 数据代码如下：

```
{
  "resultcode": "200",
  "reason": "SUCCESSED",
  "result": [
    {
      "city": "苏州",
      "PM2.5": "73",
      "AQI": "98",
      "quality": "良",
      "PM10": "50",
      "time": "2021年01月30日"
    }
  ]
}
```

我们想要知道上述空气质量 Json 数据是哪一座城市的，可通过如下代码查询：

```
JsonObject JsonObject = new JsonObject(result);
int resultCode = JsonObject.getInt("resultcode");
JsonArray resultJsonArray =
          JsonObject.getJsonArray("result");
JsonObject resultJsonObject =
          resultJsonArray.getJsonObject(0);
String city = resultJsonObject.getString("city") ; //城市
```

执行上述代码后，字符串变量“city”就是我们想要的结果。

8.5.3 案例 2：“我爱电影”App（网络版）

扫码观看
微课视频

1. 需求描述

本案例以第 6 章案例 4 为基础进行升级。新的案例将不使用电影数组提供数据，而是通过访问本地的服务器获得数据。新案例将访问“我爱电影”服务器的首页 API，获取电影数组数据完成“我爱电影”App 首页的开发。

服务器的配置与启动可以参考第 9 章“9.5.1 图片及数据访问框架配置”中的“服务器配置”（服务器可在本章素材中获得）。服务器部分 API 说明如表 8.2 所示。

表 8.2 服务器部分 API 说明

API 名称	URL	说明
电影列表 API	https://本机 IP 地址:8084/MovieAPI/movie/in_theaters?start=-1&count=-1	start 为从第几条开始读取; count 为一共读取多少条; start=-1&count=-1 为取全部数据; start=5&count=3 为取第 5 条到第 7 条数据

例如用 ipconfig 命令查询到本机 IP 地址为 192.168.0.103，Tomcat8.5 启动后端口号为 8084，则访问电影列表，可以使用如下链接：

https://192.168.0.103:8084/movie/in_theaters?start=0&count=15。

在以下案例中假定你的 IP 地址为 192.168.0.103，端口号为 8084。

“我爱电影”服务器电影列表 API 返回的 Json 数据格式说明如下：

```
{
    count：返回数量
    start：分页量
    total：数据库总数量
    title：返回数据相关信息
    subjects：具体电影信息
[
{
    rating：排名信息
{
    max：最高分
    average：该电影得分
    stars：星数
    min：最低分
}
    genres：电影分类
    title：电影名
    casts：原型
{
    avatars：该演员剧照
    name：该演员中文名
    id：演员 ID
}
    duration：电影时长
    collect_count：多少人看过
    directors：导演信息
{
    avatars：该导演剧照
    name：该导演中文名
```

```
        id：导演 ID
    }
        year：上映年
        images：剧照
        id：电影 ID，用于电影介绍
    }
    ]
    }
```

2. 业务功能实现

新案例沿用第 6 章的案例 4 中的 UI 布局设计。但替换数据来源部分的代码，我们将使用 Volley 访问服务器的 API，获取电影数据。实现过程参考如下步骤。

（1）添加网络访问权限

在 AndroidManifest.xml 清单文件中添加网络权限，网络权限代码如下：

```
<uses-permission android:name="android.permission.INTERNET"></uses-permission>
```

Android 6.0 不再支持 Apache HTTP 客户端，所以在 AndroidManifest.xml 清单文件中还需添加 org.apache.http.legacy 库，代码如下：

```
<uses-library
    android:name="org.apache.http.legacy"
    android:required="false" />
```

添加过程参考本章的 8.4.2 节在 Android 中使用 Volley。

（2）添加 Volley 框架

打开工程的 build.gradle 配置文件，加入框架配置信息，并重新构建工程，Volley 框架配置代码如下：

```
implementation 'com.mcxiaoke.volley:library:1.0.19'
```

（3）开发电影列表功能

① 改造电影实体 Movie 类。

添加电影图片网络地址属性 imgUrl，电影实体 Movie 类的关键代码如下：

```
public class Movie {
    private String title;
    private int img;
    //添加属性 imgUrl 及其 getter、setter 方法
    private String imgUrl;
    ...
}
```

② 使用 Volley 框架加载电影数据。

在 MainActivity 中加入获取电影数据的方法，该方法将 Json 字符串转换成电影对象的主要步骤如下。

- 创建 Volley 请求队列。
- 声明“我爱电影”App 服务端 API 的 URL。
- 创建一个 JsonObject Request 请求。
- 实例化 Response.Listener 接口，实现 onResponse()回调方法。

- 请求成功，在 onResponse 中将返回数据的电影集合解析成 JsonArray 数据，写入本地电影列表对象 movies。
- 请求不成功，在 onErrorResponse 中给出提示。
- 通知适配器数据已改变，请求更新。
- 创建一个 JsonObjectRequest 请求，将请求加入请求队列。

使用 Volley——加载并解析电影数据的关键代码如下：

```
//初始化数据——加载我爱电影服务端数据
private void initDouBanDataMovies(){
    //创建请求队列
    requestQueue = Volley.newRequestQueue(MainActivity.this);
    //我爱电影列表 URL
    String url = "http://192.168.0.103:8084/MovieAPI/movie/in_theaters?start=0&count=15";
    //创建一个请求
    JsonObjectRequest JsonObjectRequest =
        new JsonObjectRequest(url, null, new Response.Listener<JsonObject>() {
        @Override
        public void onResponse(JsonObject response) {
            //请求成功，初始化本地电影列表
            //解析 Json 数据
            //获取电影列表
            try {
                JsonArray subjects =
                    response.getJsonArray("subjects");//subjects 为电影列表键
                //循环电影列表
                for (int i=0;i<subjects.length();i++){
                    //获取电影的 Json 对象
                    JsonObject movie_Json = subjects.getJsonObject(i);
                    //获取电影的名称及图片
                    String title = movie_Json
                            .getString("title");//title 为电影名称键
                            //images 为图片的键（大、中、小三类图）
                    JsonObject img_Json = movie_Json.getJsonObject("images");
                            //获取中图
                    String img_rul = img_Json.getString("medium");//medium 为中图的键
                    //新建 Movie 对象，存放图片 URL 及名称
                    Movie movie = new Movie(title,img_rul);
                    //将数据加入本地电影列表
                    movies.add(movie);
                }
                //通知 UI 线程更新数据列表
                myAdapter.notifyDataSetChanged();
            } catch (JsonException e) {
                e.printStackTrace();
            }
        }
    }, new Response.ErrorListener() {
```

```
            @Override
            public void onErrorResponse(VolleyError error) {
                //请求失败，提示
             Toast.makeText(MainActivity.this,"网络错误",Toast.LENGTH_LONG).show();
            }
        });
        //将请求加入队列
        requestQueue.add(JsonObjectRequest);
    }
```

在 MainActivity 中需要调用该方法，代码如下：

```
//初始化数据——加载我爱电影服务端数据
initDouBanDataMovies();
```

③ 重构 Adapter 适配器。

与 6.6.3 节案例 4 相比，电影的图片的相应代码由本地图片资源 ID 变换为网络图片地址。我们需要通过 Volley 的 ImageLoader 和缓存类 BitmapCache 来实现图片显示。 首先将素材中的 BitmapCache 类复制到工程，并在适配器中添加如下代码：

```
//加载网络图片，使用了缓存
private void loadCacheImage(String url,ImageView volley_image){
    //创建网络请求队列
    RequestQueue requestQueue = Volley.newRequestQueue(context);
    //创建请求
    ImageLoader imageLoader = new ImageLoader(requestQueue,new BitmapCache());
    //加载不到图片，加载失败，采用默认图片
    ImageLoader.ImageListener imageListener =
ImageLoader.getImageListener(volley_image, R.mipmap.ic_launcher,
 R.mipmap.ic_launcher);
    imageLoader.get(url,imageListener);
}
```

上述代码通过 Volley 加载图片，紧接着，我们需要替换原有的显示图片的代码，关键代码如下：

```
//填充 onCreateViewHolder()方法返回的 holder 中的控件
public void onBindViewHolder(@NonNull MyViewHolder holder, int position) {
    //获取通讯录数据
    Movie movie = pdata.get(position);
    holder.mytitle.setText(movie.getTitle());
    //holder.myimg.setImageResource(movie.getImg());
    //加载网络图片，使用了缓存
    loadCacheImage(movie.getImgUrl(),holder.myimg);
}
```

3. 运行效果

项目开发完成后，我们可以在模拟器或手机中运行此款 App，查看运行效果。“我爱电影”App（网络版）运行效果如图 8.5 所示。

图 8.5 “我爱电影”App（网络版）运行效果

8.6 Gson 框架的使用

通过 8.5 节的案例 2，我们可以看到 org.Json 包的 API 对 Json 的解析并不方便。在实际开发中，我们通常会使用 Gson 框架来解析 Json 数据。下面介绍如何用 Gson 框架来提高 Json 的解析效率。

8.6.1 Gson 框架简介

Gson 框架是谷歌公司提供的一个 Json 数据解析框架，同类的框架有 FastJson、JackJson 等。Gson 框架作为在 Java 对象和 Json 数据之间进行映射的 Java 类库，可以将一个 Json 字符串与 Java 对象进行转换，或者反过来。Gson 框架和其他现有的 Json 类库最大的不同是，Gson 框架序列化得到的实体类可以不使用 annotation（Gson 的注解）来标识需要序列化的字段，同时 Gson 框架也可以通过使用 annotation 来灵活配置需要序列化的字段。Gson 框架解析的基础概念如下。

扫码观看
微课视频

- Serialization：序列化，从 Java 对象转换为 Json 字符串的过程。
- Deserialization：反序列化，从 Json 字符串转换为 Java 对象的过程。

8.6.2 Gson 框架使用流程

扫码观看
微课视频

在 Android 开发过程中，如果需要使用 Gson 框架，可参考如下步骤。

1. 在项目中添加 Gson 框架

打开工程的 build.gradle 配置文件，加入框架配置信息，并重新构建工程。Gson 框架的配置代码如下：

```
implementation 'com.google.code.gson:gson:2.8.6'
```

2. 定义 Json 字符串对应的实体类

例如定义一个电影实体类，该类的属性名称要与 Json 数据的 Key 对应，代码如下：

```
public class Movie {
    //属性
    private String title;
    private int img;
    private String imgUrl;
    private DouBanImage images;
//set,get()方法
......
}
```

3. 使用 Gson 框架

使用 Gson 框架，我们主要使用两个基础方法。

- toJson()：将 bean 对象转换为 Json 字符串。
- fromJson()：将 Json 字符串转为 bean 对象。

具体使用方法，可以参考如下代码：

```
//创建 Gson 对象
Gson gson = new Gson();
// toJson 将 bean 对象转换为 Json 字符串
String JsonStr = gson.toJson(movie, Movie.class);
// fromJson 将 Json 字符串转换为 bean 对象
Movie movie = gson.fromJson(JsonStr, Movie.class);
//指定版型使用 Gson 解析 Json 为电影集合
List<Movie> movies =
    gson.fromJson(subjects,new TypeToken<List<Movie>>(){}.getType());
```

8.6.3 案例 3：使用 Gson 框架改造“我爱电影”App（网络版）

1. 需求描述

本案例以 8.5.3 节案例 2 为基础进行升级，将 org.Json 包的 Json 数据解析的功能换为 Gson 框架进行解析。

扫码观看
微课视频

2. 业务功能实现

新案例主要修改的是 MainActivity 的 initDouBanDataMovies()方法中 Json 数据解析的内容。实现过程参考如下步骤。

（1）添加 Gson 框架。

打开工程的 build.gradle 配置文件，加入框架配置信息，并重新构建工程。

Gson 框架配置代码如下：

```
implementation 'com.google.code.gson:gson:2.8.6'
```

（2）开发电影列表功能。

① 改造电影实体 Movie 类，添加电影图片对象属性 images。

首先需要从本章素材中复制电影图片对象类（DouBanImage）到项目，添加电影图片对象属性。

电影实体 Movie 类的关键代码如下：

```
public class Movie {
    private String title;
```

```
    private int img;
    //添加属性 images 及其 getter()、setter()方法
    private DouBanImage images;
    ...
}
```

② 使用 Gson 框架解析电影数据。

在案例源码中，找到 MainActivity 的 initDouBanDataMovies()方法中，使用 Gson 框架解析电影数据，该方法将返回的电影数据转换成电影对象。

Gson 框架解析 Json 数据的关键代码如下：

```
//创建 Gson 对象
Gson gson = new Gson();
//获取电影列表
try {
    //subjects 为电影列表 Key
    JSONArray subjects = response.getJSONArray("subjects"); //循环电影列表
    for (int i=0;i<subjects.length();i++){
        //获取电影的 Json 对象
        JSONObject movie_json = subjects.getJSONObject(i);
        //将电影 Json 字符串转换为电影对象
        Movie movie = gson.fromJson(movie_json.toString(),Movie.class);
        //将数据加入本地电影列表
        movies.add(movie);
    }
    //通知 UI 线程更新数据列表
    myAdapter.notifyDataSetChanged();
} catch (JSONException e) {
    e.printStackTrace();
}
```

以上代码还不够简单，我们可以通过使用 Gson 将 Json 解析为电影集合，参考代码如下：

```
//创建 Gson 对象
Gson gson = new Gson();
//获取电影列表
try {
    //subjects 为电影列表 Key
    JSONArray subjects = response.getJSONArray("subjects");
    //指定版型使用 Gson 解析 Json 为电影集合
    movies = gson.fromJson
         (subjects.toString(),new TypeToken<List<Movie>>(){}.getType());
    //通知 UI 线程更新数据列表
    myAdapter.notifyDataSetChanged();
} catch (JSONException e) {
    e.printStackTrace();
}
```

③ 重构 Adapter 适配器。

适配器 MyRecyclerAdapter 的修改比较简单，只需要修改加载网络图片的方法的传递参数即可，关键代码如下：

```
//加载网络图片，使用了缓存
loadCacheImage(movie.getImages().getMedium(),holder.myimg);
```

3. 运行效果

项目开发完成后，我们可以在模拟器或手机中运行此款 App，查看运行效果。“我爱电影” App（网络版）运行效果如图 8.6 所示。

图 8.6 “我爱电影” App（网络版）运行效果

8.7 课程小结

本章介绍 Volley 和 Gson 框架的使用，也介绍了 Json 数据结构及其在 Volley 网络通信中的使用。学完本章知识后，我们需要掌握 Android 网络编程及第三方框架的使用。

8.8 自我测评

一、选择题

1. Volley 框架的请求队列对象是（　　）。
   A. ResponseQueue　　B. RequestQueue
   C. JsonObjectRequest　　D. JsonObject
2. 在下列选项中，返回 Json 数据的网络请求方法是（　　）。
   A. StringRequest()　　B. JsonObjectRequest()
   C. ImageRequest()　　D. JsonArrayRequest()
3. 在下列选项中，返回 String 数据的网络请求方法是（　　）。
   A. StringRequest()　　B. JsonObjectRequest()
   C. ImageRequest()　　D. JsonArrayRequest()

4. 在下列选项中，返回图片数据的网络请求方法是（　　）。

A. StringRequest()　　B. JsonObjectRequest()

C. ImageRequest()　　D. JsonArrayRequest()

5. 在下列选项中，解析 Json 数据的框架不包括（　　）。

A. Gson　　B. fastJson

C. JackJson　　D. LoveJson

二、判断题

1. 使用 Gson 框架解析数据时，创建实体类的成员名称必须与 Json 数据中的 key 值一致。（　　）

2. Gson 框架中的 fromJson()方法用于解析对象结构的 Json 数据。（　　）

3. HTTP 规定了浏览器和服务器之间互相通信的规则。（　　）

4. HTTP 响应是客户端与服务器建立连接后，向服务器发送的请求。（　　）

5. Json 是基于 JavaScript 的一个子集，采用完全独立于编程语言的文本格式来存储和表示。（　　）

三、编程题

参考本章案例，开发"我爱电影"App 的欧美排行榜的电影列表，欧美排行榜运行效果如图 8.7 所示。

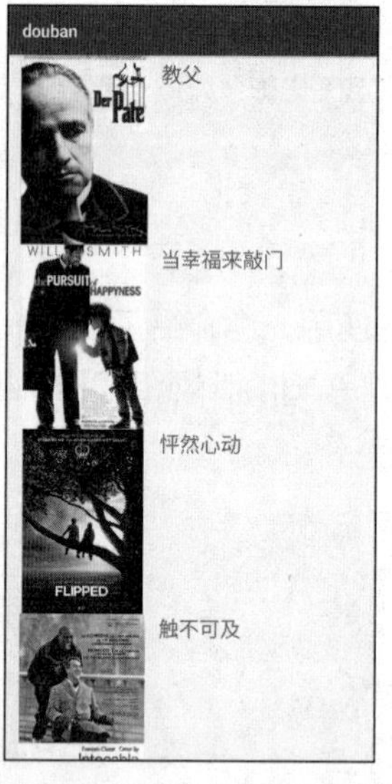

图 8.7　欧美排行榜运行效果

本地服务端部分 API 的情况如表 8.3 所示。

表 8.3　服务端部分 API 说明

API 名称	URL	说明
欧美排行榜接口	http://IP:8084/MovieAPI/mo***/us_box?start=0&count=5	start 为从第几条开始读取；count 为一共读取多少条

8.9 课堂笔记（见工作手册）

8.10 实训记录（见工作手册）

8.11 课程评价（见工作手册）

8.12 扩展知识

Android HTTP 请求框架介绍

我们来介绍目前主流的 Android 的网络框架，它们是 OkHttp、Volley、Retrofit、android-async-http 等。由于 android-async-http 已经不维护，所以在这里就不介绍了，下面我们分别来说说前 3 个框架。

（1）OkHttp

我们知道在 Android 开发中是可以直接使用现成的 API 进行网络请求的，就是使用 HttpClient、HttpUrlConnection 进行操作。HttpClient 已经废弃使用，而 android-async-http 是基于 HttpClient 的，可能也是出于这个原因其作者放弃维护。

而 OkHttp 是 Square 公司开源的针对 Java 和 Android 程序封装的一个高性能 HTTP 请求库，所以它的职责与 HttpUrlConnection 是一样的。它支持 SPDY、HTTP2.0、WebSocket，支持同步、异步，又封装了线程池、数据转换、参数使用、错误处理等，这使得 API 使用起来更加方便。可以把 OkHttp 理解成是一个封装之后的类似 HttpUrlConnection 的东西，但是我们在使用的时候仍然需要自己再做一层封装，这样才能像使用一个框架一样更加顺手。

（2）Volley

Volley 是谷歌公司推出的一套小而巧的异步请求框架，该框架的扩展性很强，支持 HttpClient、HttpUrlConnection，甚至支持 OkHttp。而且 Volley 里面封装了 ImageLoader，所以如果你愿意，甚至不需要使用图片加载框架。不过它的这个功能没有一些专门的图片加载框架的功能强大，因此对于简单的需求可以使用它，而对于稍复杂点的需求还是要用到专门的图片加载框架。

Volley 也有缺陷，比如不支持 post 大数据，所以不适合上传文件。不过 Volley 设计本身就是为频繁的、数据量小的网络请求而生的。

（3）Retrofit

Retrofit 是 Square 公司出品的默认基于 OkHttp 封装的一套 RESTful 网络请求框架。RESTful 是目前流行的一套 API 设计的风格，但并不是标准。Retrofit 的封装很强大，里面涉及一系列设计模式，你可以通过注解直接配置请求，也可以使用不同的 HTTP 客户端，虽然默认是用 HTTP，可以使用不同的 Json Converter 来序列化数据，同时提供对 RxJava 的支持。“Retrofit + OkHttp + RxJava + Dagger2”可以说是目前比较流行的一套框架，但是使用起来门槛较高。

Volley、OkHttp、Retrofit 的比较如下。

① Volley vs OkHttp：毫无疑问，Volley 的优势在于封装得更好，而使用 OkHttp 需要有足够的能力再对它进行一次封装。OkHttp 的优势在于性能更好，因为 OkHttp 基于 NIO 和 Okio，所以性能上要比 Volley 更好。

估计有些读者不理解 IO 和 NIO 的概念，在这里且作简单说明，这两个都是 Java 中的概念。如果从硬盘读取数据，第一种方式就是程序一直等，数据读完后才能继续操作，这种是极简单的，也称为阻塞式 IO。第二种方式就是你读你的，程序接着往下执行，等数据处理完你再来通知程序，然后处理回调，这就是 NIO 的方式，即非阻塞式。

所以 NIO 的性能比 IO 好。而 Okio 是 Square 公司在 IO 和 NIO 基础上做的一个更简单的用于高效处理数据流的库。

理论上如果将 Volley 和 OkHttp 对比，笔者更倾向于使用 Volley。因为 Volley 内部同样支持使用 OkHttp，对于这点，OkHttp 的性能优势就没了，而且 Volley 本身的封装也更易用，扩展性更好。

② OkHttp vs Retrofit：毫无疑问，Retrofit 默认是基于 OkHttp 的，这没有可比性，肯定首选 Retrofit。

③ Volley vs Retrofit：这两个库都有非常不错的封装，但是 Retrofit 解耦更彻底，尤其是 Retrofit 2.0 出现后，Jake 对 1.0 版本设计不合理的地方做了大量的重构，使职责划分得更细，而且 Retrofit 默认使用 OkHttp，性能上也比 Volley 更好。如果你的项目采用了 RxJava，那么你更应该使用 Retrofit。

第 9 章 综合项目："影视分享"App 的开发

9.1 预习要点（见工作手册）

9.2 学习目标

经过前文的学习，我们掌握了 Android 开发的基本知识点和技巧。现在我们开发一个综合案例，该案例不仅应用了前面所讲的知识点和技巧，而且对 Android 的高级开发技巧进行了扩展。

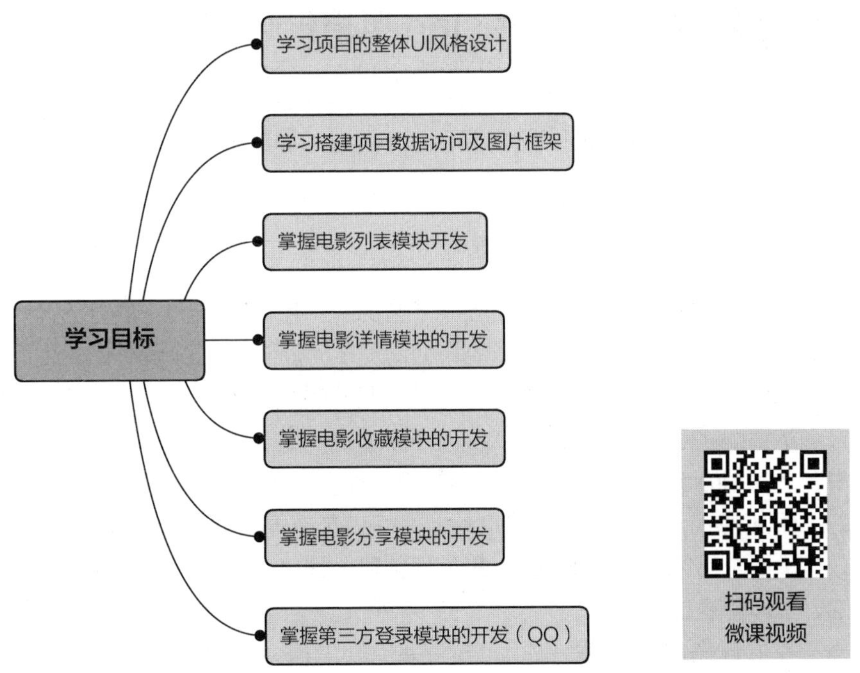

9.3 项目需求

本项目主要是开发一款"影视分享"App。这款 App 功能并不复杂，总共有 5 个功能模块，分别是电影列表、电影详情、电影收藏、电影分享和第三方登录。项目使用了前面 8 章的知识点，并在这些知识点上进行了扩展。“影视分享”App 功能架构如图 9.1 所示。

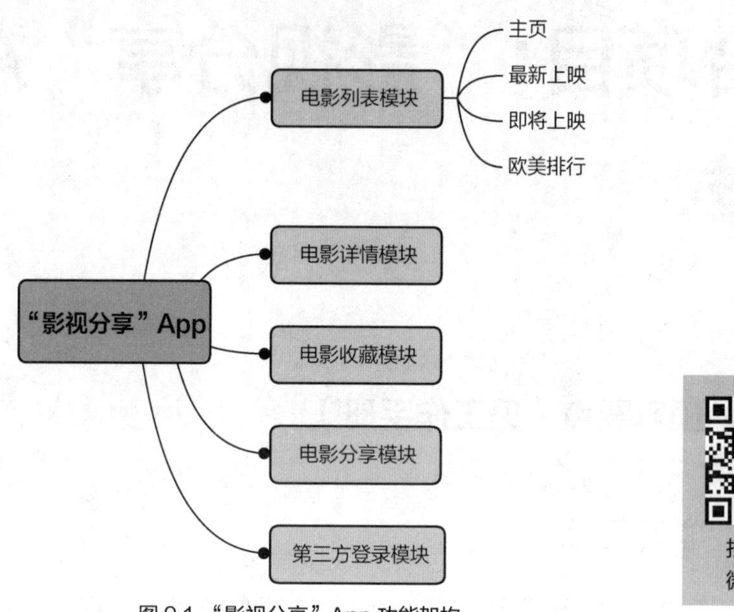

图 9.1 “影视分享”App 功能架构

扫码观看
微课视频

9.4 Meterial Design 风格界面设计

Material Design 是谷歌公司于 2014 年推出的新的设计模式，谷歌公司希望借此来统一各种平台上的用户体验。Material Design 通过干净的排版和简单的布局突出内容，这也是其主要特点。

9.4.1 Meterial Design 风格

Material Design 主要强调的是统一的安卓应用风格，但是它的普及程度却并不理想。于是在 2015 年，谷歌公司发布了 Design Support 库，让程序员可以在不了解 Material Design 的情况下轻松使用。

本章案例将使用 Material Design 设计风格来统一 App 的外观，我们借助于 Android Studio 中的模板，来创建一个 Material Design 设计风格的工程。“影视分享”App 的 Material Design 风格界面如图 9.2 所示。

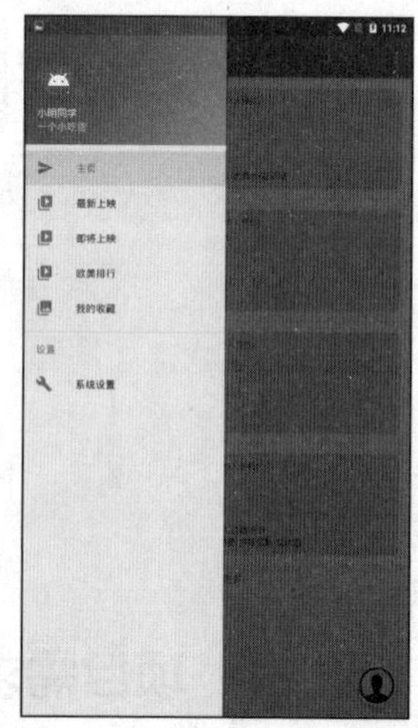

图 9.2 “影视分享”App 的 Material Design 风格界面

下面介绍“影视分享”App 是如何创建 Material Design 风格界面的，具体创建过程如下。

我们首先创建名为“MovieShare”的工程，选择“Navigation Drawer Activity”模板，如图 9.3 所示。

单击“Next”按钮，进入工程设置界面，如图 9.4 所示。

单击“Finish”按钮，完成创建。我们可以在模拟器中查看运行效果，如图 9.5 所示。

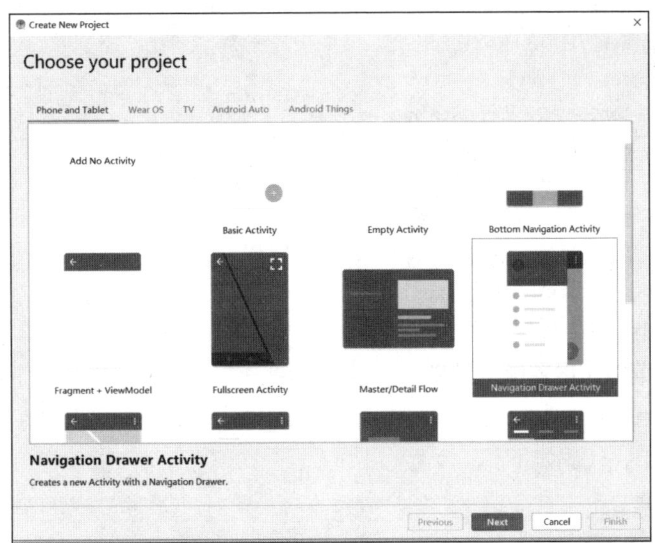

图 9.3　选择"Navigation Drawer Activity"模板

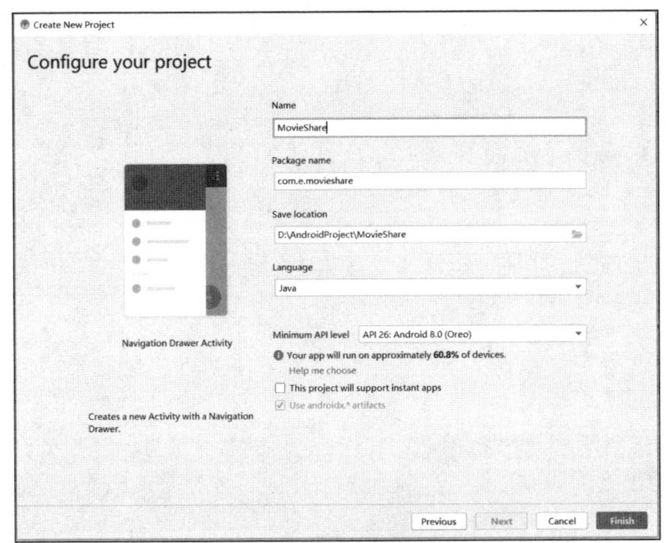

图 9.4　工程设置界面

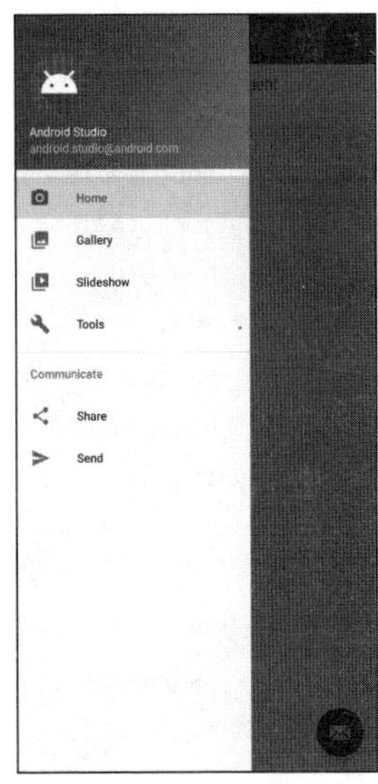

图 9.5　运行效果

9.4.2　侧滑导航

扫码观看
微课视频

创建好工程后，Android Studio 自动帮我们创建菜单及对应的 UI。要实现侧滑菜单，我们需要修改相应的界面及配置，具体过程如下。

1. 修改资源文件，加入字符常量

在工程中，打开 res/string/strings.xml 的字符串配置文件，加入以下配置信息。此代码主要配置工程的常用字符串：

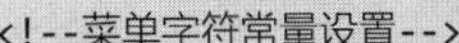

```
<!--菜单字符常量设置-->
<string name="app_name">影视分享</string>
```

```
<string name="menu_home">主页</string>
<string name="menu_new">最新上映</string>
<string name="menu_coming">即将上映</string>
<string name="menu_top25">欧美排行</string>
<string name="menu_collect">我的收藏</string>
<string name="menu_settings">系统设置</string>
<string name="line_setting">设置</string>
<!--顶部个人信息常量设置-->
<string name="header_titile">小明同学</string>
<string name="header_subtitile">一个小吃货</string>
```

2．修改 menu 菜单，设置侧滑菜单

在工程中，打开 res/menu/activity_main_drawer.xml 菜单文件，请按以下代码修改配置信息。此处主要配置侧滑菜单，代码如下：

```
<?xml version="1.0" encoding="utf-8"?>
<menu xmlns:android="http://******.com/apk/res/android"
    xmlns:tools="http:// ******.com/tools"
    tools:showIn="navigation_view">
    <group android:checkableBehavior="single">
        <item
            android:id="@+id/nav_home"
            android:icon="@drawable/ic_menu_send"
            android:title="@string/menu_home" />
        <item
            android:id="@+id/nav_new"
            android:icon="@drawable/ic_menu_slideshow"
            android:title="@string/menu_new" />
        <item
            android:id="@+id/nav_coming"
            android:icon="@drawable/ic_menu_slideshow"
            android:title="@string/menu_coming" />
        <item
            android:id="@+id/nav_top25"
            android:icon="@drawable/ic_menu_slideshow"
            android:title="@string/menu_top25" />
        <item
            android:id="@+id/nav_collect"
            android:icon="@drawable/ic_menu_gallery"
            android:title="@string/menu_collect" />
    </group>
    <item android:title="@string/line_setting">
        <menu>
            <item
                android:id="@+id/nav_setting"
                android:icon="@drawable/ic_menu_manage"
```

```
                android:title="@string/menu_settings" />
        </menu>
    </item>
</menu>
```

3. 配置个人信息界面

在工程中，打开 res/layout/nav_header_main.xml 布局文件，配置个人信息界面。此处主要配置侧滑菜单上方的个人信息栏目，代码如下：

```
<?xml version="1.0" encoding="utf-8"?>
<LinearLayout xmlns:android="http://******.com/apk/res/android"
    xmlns:app="http://******.com/apk/res-auto"
    android:layout_width="match_parent"
    android:layout_height="@dimen/nav_header_height"
    android:background="@drawable/side_nav_bar"
    android:gravity="bottom"
    android:orientation="vertical"
    android:paddingLeft="@dimen/activity_horizontal_margin"
    android:paddingTop="@dimen/activity_vertical_margin"
    android:paddingRight="@dimen/activity_horizontal_margin"
    android:paddingBottom="@dimen/activity_vertical_margin"
    android:theme="@style/ThemeOverlay.appCompat.Dark">
    <ImageView
        android:id="@+id/myImage"
        android:layout_width="60dp"
        android:layout_height="60dp"
        android:contentDescription="@string/nav_header_desc"
        android:paddingTop="@dimen/nav_header_vertical_spacing"
        app:srcCompat="@mipmap/ic_launcher_round" />
    <TextView
        android:id="@+id/myName"
        android:layout_width="match_parent"
        android:layout_height="wrap_content"
        android:paddingTop="@dimen/nav_header_vertical_spacing"
        android:text="@string/header_titile"
        android:textappearance="@style/Textappearance.appCompat.Body1" />
    <TextView
        android:id="@+id/myGender"
        android:layout_width="wrap_content"
        android:layout_height="wrap_content"
        android:text="@string/header_subtitile" />
</LinearLayout>
```

到此为止，侧滑菜单及相关配置就完成了，在模拟器中可查看运行效果。侧滑菜单运行效果如图 9.6 所示。

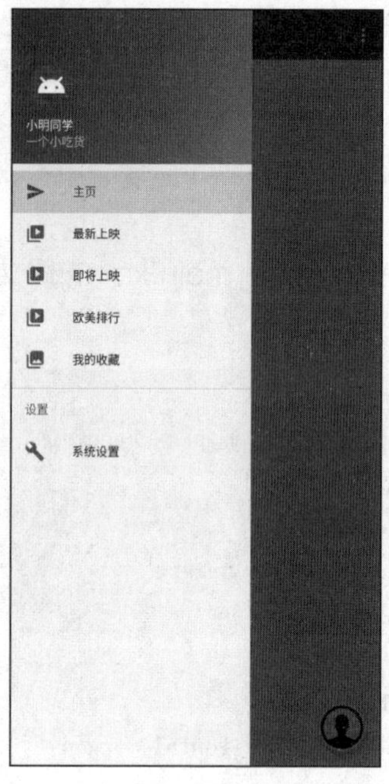

图 9.6　侧滑菜单运行效果

9.4.3　菜单项切换

侧滑菜单设置完成后，接下来将实现各项菜单的切换功能。单击左侧导航菜单，将打开对应的菜单界面，具体实现过程如下。

1．删除默认的资源

在创建工程的时候，系统默认创建了 6 个 Fragment 界面，在这里我们需要将它们删除。打开工程，找到图 9.7 对应的红框部分，将其删除。

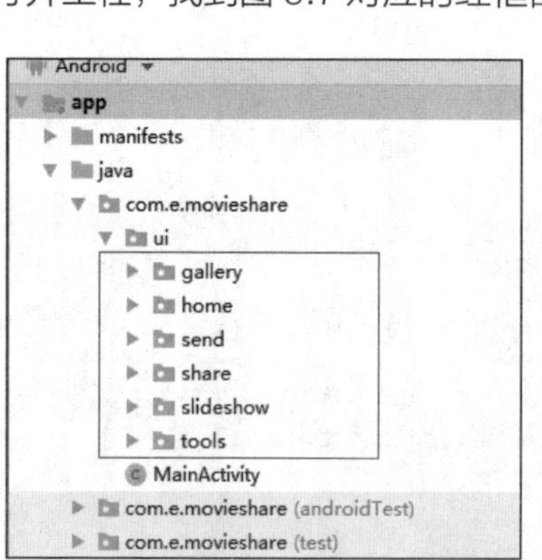

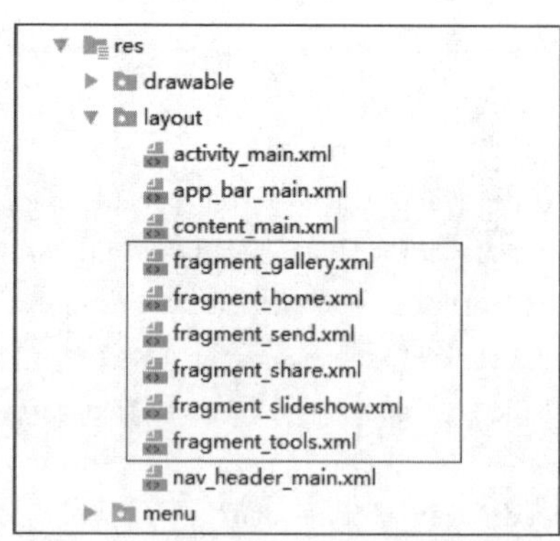

图 9.7　删除默认的 Fragment 界面

2．新建导航菜单对应的 Fragment 界面

接下来，需要建立新的 Fragment 界面，新的 Fragment 界面对应的是主页、最新上映、即将上映、欧美排行、我的收藏、系统设置 6 个界面。新的 Fragment 界面与侧滑菜单是一一对应的，Fragment 界面信息如表 9.1 所示。

表 9.1　Fragment 界面信息

Fragment 名称	描述
MovieListFragment	主页
NewMoviesFragment	最新上映
ComingMoviesFragment	即将上映
Top25Fragment	欧美排行
CollectFragment	我的收藏
SettingsFragment	系统设置

请根据表 9.1 创建对应的 Fragment 界面，如图 9.8 所示。

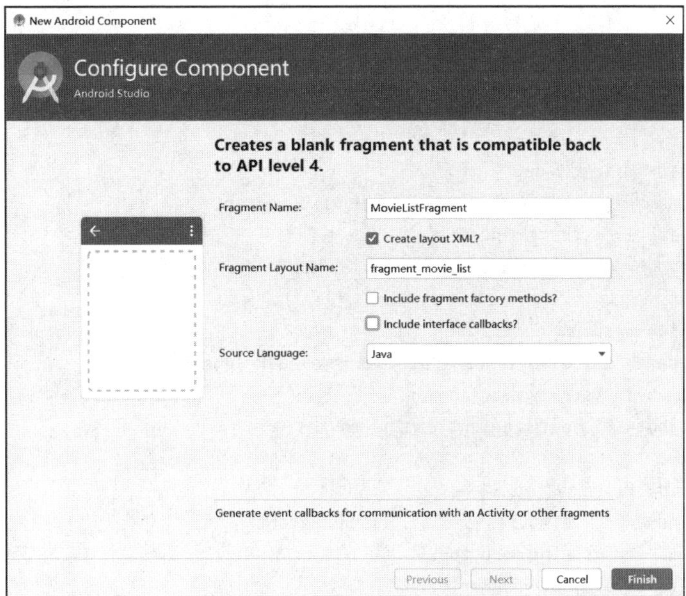

图 9.8　新建的 Fragment 界面

创建 Fragment 界面后的工程如图 9.9 所示。

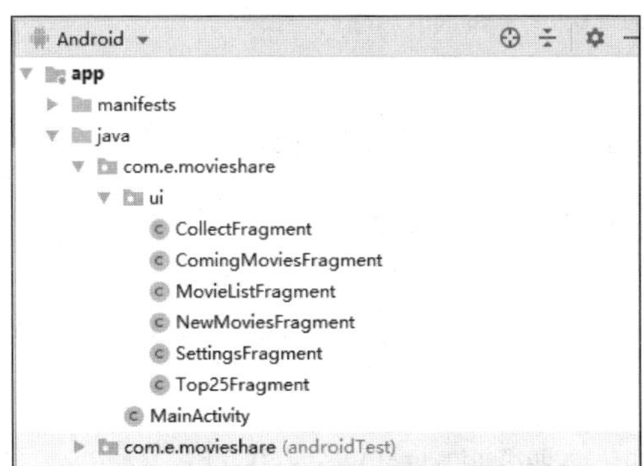

图 9.9　创建 Fragment 界面后的工程

3. 配置菜单切换

打开工程，在 res/navigation/mobile_navigation.xml 文件中，配置前文新建的 6 个 Fragment 界面，用于与侧滑菜单进行映射，实现单击命令切换至对应的 Fragment 界面。此处需要注意每个 Fragment 的 ID 要与菜单配置文件 activity_main_drawer.xml 中的 ID 一致，参考代码如下：

```
<?xml version="1.0" encoding="utf-8"?>
<navigation xmlns:android="http://******.com/apk/res/android"
    xmlns:app="http://******.com/apk/res-auto"
    xmlns:tools="http://******.com/tools"
    android:id="@+id/mobile_navigation"
    app:startDestination="@+id/nav_home">
    <fragment
        android:id="@+id/nav_home"
        android:name="com.e.movieshare.ui.MovieListFragment"
        android:label="@string/menu_home"
        tools:layout="@layout/fragment_movie_list" />
    <fragment
        android:id="@+id/nav_new"
        android:name="com.e.movieshare.ui.NewMoviesFragment"
        android:label="@string/menu_new"
        tools:layout="@layout/fragment_new_movies" />
    <fragment
        android:id="@+id/nav_coming"
        android:name="com.e.movieshare.ui.ComingMoviesFragment"
        android:label="@string/menu_coming"
        tools:layout="@layout/fragment_coming_movies" />
    <fragment
        android:id="@+id/nav_top25"
        android:name="com.e.movieshare.ui.Top25Fragment"
        android:label="@string/menu_top25"
        tools:layout="@layout/fragment_top25" />
    <fragment
        android:id="@+id/nav_collect"
        android:name="com.e.movieshare.ui.CollectFragment"
        android:label="@string/menu_collect"
        tools:layout="@layout/fragment_collect" />
    <fragment
        android:id="@+id/nav_setting"
        android:name="com.e.movieshare.ui.SettingsFragment"
        android:label="@string/menu_settings"
        tools:layout="@layout/fragment_settings" />
</navigation>
```

配置好 Fragment 界面后，还需要在 MainActivity 中实现菜单切换的代码。打开 MainActivity 类，在 onCreate()方法中，找到如下代码：

```
mappBarConfiguration = new appBarConfiguration.Builder(
        R.id.nav_home, R.id.nav_gallery, R.id.nav_slideshow,
        R.id.nav_tools, R.id.nav_share, R.id.nav_send)
```

```
        .setDrawerLayout(drawer)
        .build();
```

将上述代码修改为如下代码：

```
mappBarConfiguration = new appBarConfiguration.Builder(
        R.id.nav_home, R.id.nav_new, R.id.nav_coming,
        R.id.nav_top25, R.id.nav_collect, R.id.nav_setting)
        .setDrawerLayout(drawer)
        .build();
```

在这里主要是将导航菜单的 ID 添加到 appBarConfiguration 类中，实现菜单切换功能。完成上述操作后，菜单切换功能就完成了，菜单切换运行效果如图 9.10 所示。

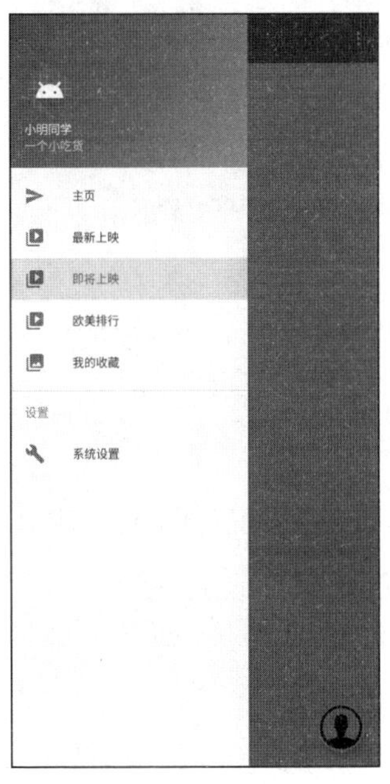

图 9.10　菜单切换运行效果

9.4.4　悬浮按钮和底部消息

"影视分享" App 底部有一个悬浮按钮，主要用于完成第三方登录的操作。我们需要设置悬浮按钮的图片及单击后的提示信息。找到本章素材，将如图 9.11 所示的资源图片复制到工程的 mipmap 资源文件夹，复制后的文件夹如图 9.12 所示。

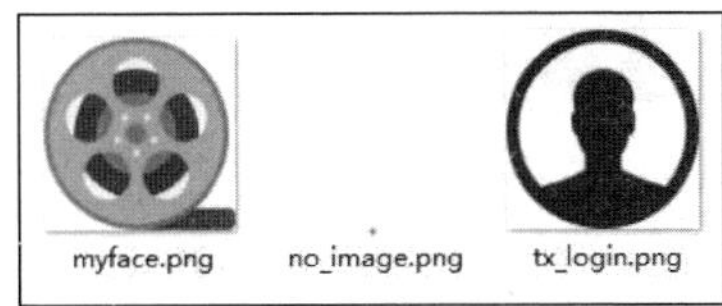

图 9.11　资源图片

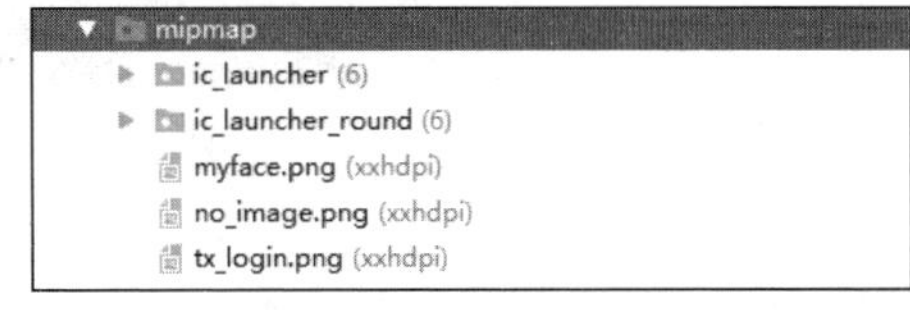

图 9.12　复制后的文件夹

打开 app_bar_main.xml 布局文件，配置悬浮按钮的图片，设置属性 app:srcCompat 指向悬浮按钮的图片，参考代码如下：

```
<com.google.android.material.floatingactionbutton.FloatingActionButton
    android:id="@+id/fab"
    android:layout_width="wrap_content"
    android:layout_height="wrap_content"
    android:layout_gravity="bottom|end"
    android:layout_margin="@dimen/fab_margin"
    android:scaleType="center"
    app:backgroundTint="@color/design_default_color_on_primary"
    app:borderWidth="0dp"
    app:fabSize="normal"
    app:maxImageSize="50dp"
    app:srcCompat="@mipmap/tx_login" />
```

接下来打开 MainActivity，找到悬浮按钮的单击监听代码，代码如下：

```
FloatingActionButton fab = findViewById(R.id.fab);
fab.setOnClickListener(new View.OnClickListener() {
    @Override
    public void onClick(View view) {
        Snackbar.make(view, "Replace with your own action", Snackbar.LENGTH_LONG)
                .setAction("Action", null).show();
    }
});
```

修改上述代码并单击悬浮按钮后，在界面底部显示相应提示信息，修改后的代码如下：

```
FloatingActionButton fab = findViewById(R.id.fab);
fab.setOnClickListener(new View.OnClickListener() {
    @Override
    public void onClick(View view) {
        Snackbar.make(view, "QQ 登录成功", Snackbar.LENGTH_LONG)
                .setAction("Action", null).show();
    }
});
```

经过上述步骤，就完成了悬浮按钮的图片及提示信息的开发，悬浮按钮运行效果如图 9.13 所示。

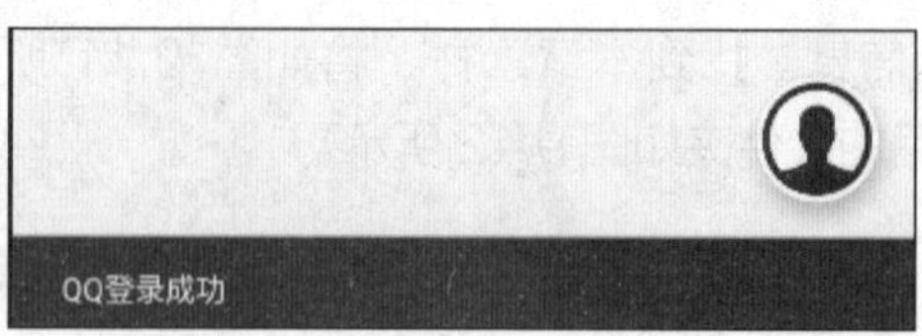

图 9.13　悬浮按钮运行效果

9.5　搭建项目图片与数据访问框架

“影视分享”App 通过 Android 网络编程获取数据，所以我们需要配置服务器及 Android 的网络编程框架。

9.5.1 图片及数据访问框架配置

1. 服务器配置

“影视分享”App 的数据来自服务器。本章素材中已提供服务器的相关文件，只需要解压缩运行即可。

使用一个 tomcat 服务器，其中已经有一个 Web 应用，我们通过访问它提供的 API 获得数据。在启动服务器前，请保证计算机已配置 Java JDK。服务器启动可参考如下步骤。

步骤 1：将 MyFilmService.zip 文件进行解压缩，注意解压路径中不能含有中文，解压后的服务器目录如图 9.14 所示。

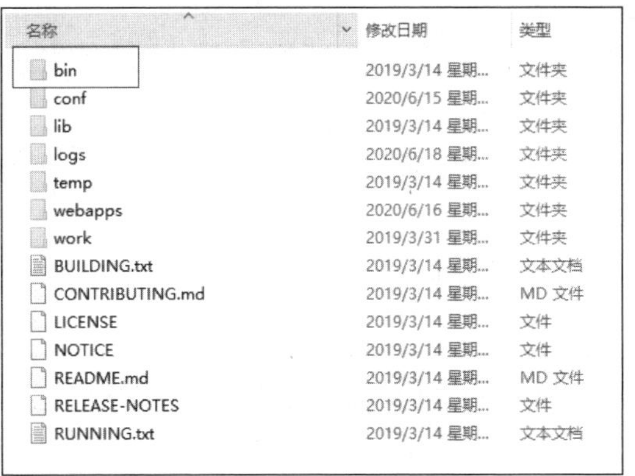

名称	修改日期	类型
bin	2019/3/14 星期...	文件夹
conf	2020/6/15 星期...	文件夹
lib	2019/3/14 星期...	文件夹
logs	2020/6/18 星期...	文件夹
temp	2019/3/14 星期...	文件夹
webapps	2020/6/16 星期...	文件夹
work	2019/3/31 星期...	文件夹
BUILDING.txt	2019/3/14 星期...	文本文档
CONTRIBUTING.md	2019/3/14 星期...	MD 文件
LICENSE	2019/3/14 星期...	文件
NOTICE	2019/3/14 星期...	文件
README.md	2019/3/14 星期...	MD 文件
RELEASE-NOTES	2019/3/14 星期...	文件
RUNNING.txt	2019/3/14 星期...	文本文档

图 9.14　解压后的服务器目录

步骤 2：进入 bin 目录，找到 startup.bat 文件，双击启动 tomcat 服务器。服务器运行成功界面如图 9.15 所示。

```
选择Tomcat
ervletRequest, java.lang.String) throws java.lang.Exception
22-Jun-2020 11:21:38.043 淇℃伅 [localhost-startStop-1] org.springframework.we
b.servlet.mvc.method.annotation.RequestMappingHandlerAdapter.initControllerAdv
iceCache Looking for @ControllerAdvice: WebApplicationContext for namespace 's
pringmvc-servlet': startup date [Mon Jun 22 11:21:37 CST 2020]; root of contex
t hierarchy
22-Jun-2020 11:21:38.127 淇℃伅 [localhost-startStop-1] org.springframework.we
b.servlet.mvc.method.annotation.RequestMappingHandlerAdapter.initControllerAdv
iceCache Looking for @ControllerAdvice: WebApplicationContext for namespace 's
pringmvc-servlet': startup date [Mon Jun 22 11:21:37 CST 2020]; root of contex
t hierarchy
22-Jun-2020 11:21:38.249 淇℃伅 [localhost-startStop-1] org.springframework.we
b.servlet.DispatcherServlet.initServletBean FrameworkServlet 'springmvc': init
ialization completed in 940 ms
22-Jun-2020 11:21:38.251 淇℃伅 [localhost-startStop-1] org.apache.catalina.st
artup.HostConfig.deployDirectory Deployment of web application directory [D:\a
pache-tomcat-8.5.39\webapps\testfile] has finished in [2,223] ms
22-Jun-2020 11:21:38.251 淇℃伅 [localhost-startStop-1] org.apache.catalina.st
artup.HostConfig.deployDirectory Deploying web application directory [D:\apach
e-tomcat-8.5.39\webapps\Uploadfile]
22-Jun-2020 11:21:38.295 淇℃伅 [localhost-startStop-1] org.apache.catalina.st
artup.HostConfig.deployDirectory Deployment of web application directory [D:\a
pache-tomcat-8.5.39\webapps\Uploadfile] has finished in [44] ms
22-Jun-2020 11:21:38.299 淇℃伅 [main] org.apache.coyote.AbstractProtocol.star
t Starting ProtocolHandler ["http-nio-8084"]
22-Jun-2020 11:21:38.307 淇℃伅 [main] org.apache.coyote.AbstractProtocol.star
t Starting ProtocolHandler ["ajp-nio-8009"]
22-Jun-2020 11:21:38.311 淇℃伅 [main] org.apache.catalina.startup.Catalina.st
art Server startup in 7102 ms
```

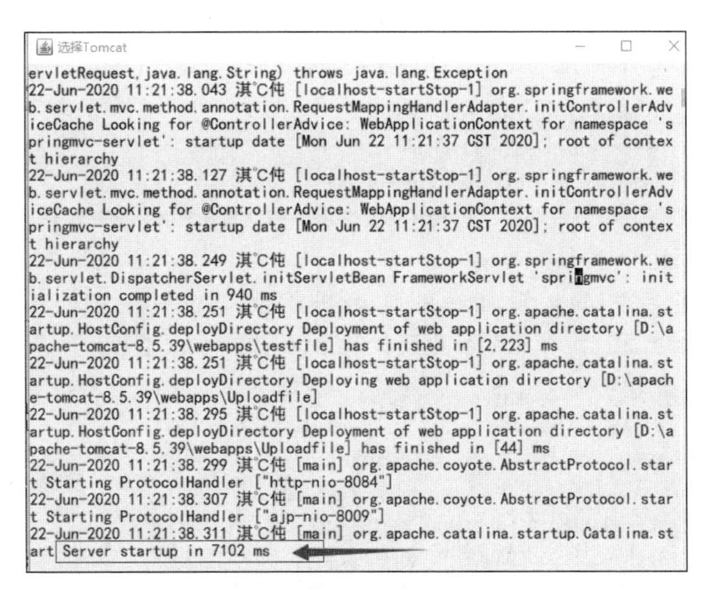

图 9.15　服务器运行成功界面

当启动界面出现箭头提示信息并且没有报告异常信息时，表明 tomcat 服务器启动成功。这时我们可以通过 IP 地址来访问服务器（访问 API 请使用服务器所在计算机的 IP 地址）。

注意：启动服务器前，请确认安装了 Java JDK。

表 9.2 的内容为服务器部分 API 说明，我们在后面的开发中需要用到。

表 9.2　服务器部分 API 说明

<table>
<tr><th>API 名称</th><th>URL</th><th>说明</th></tr>
<tr><td>主页接口</td><td>http://IP:8084/MovieAPI/movie/in_theaters?start=0&count=5</td><td rowspan="4">start 为从第几条开始读取；
count 为一共读取多少条；
start=-1&count=-1 为读取全部数据；
start=5&count=3 为读取第 5 条到第 7 条数据</td></tr>
<tr><td>最新上映接口</td><td>http://IP:8084/MovieAPI/movie/new_movies?start=0&count=5</td></tr>
<tr><td>即将上映接口</td><td>http://IP:8084/MovieAPI/movie/coming_soon?start=0&count=5</td></tr>
<tr><td>欧美排行接口</td><td>http://IP:8084/MovieAPI/movie/us_box?start=0&count=5</td></tr>
<tr><td>电影详情接口</td><td>https://IP:8084/MovieAPI/movie/subject/{id}</td><td>{id}为传入电影编号，
编号来自电影的 id 属性</td></tr>
</table>

上述 API 中的 start 为获取数据的位置，count 为每次获取数据的条数。

在后文开发过程中，如使用到 API，将假定你的 IP 地址为 192.168.0.102，端口号为 8084。

2. App 端配置

“影视分享”App 通过网络进行数据及图片加载操作，所以需要在 Android 工程中配置第三方框架来实现。接下来我们将配置 Volley、Gson、Okhttp、Imageloader 等第三方框架。第三方框架配置参考步骤如下。

（1）添加第三方框架

打开工程的 build.gradle 配置文件，加入框架配置信息，代码如下：

```
implementation 'com.google.code.gson:gson:2.8.6'
implementation 'com.mcxiaoke.volley:library:1.0.19'
implementation 'com.squareup.okhttp:okhttp-urlconnection:2.5.0'
implementation 'com.nostra13.universalimageloader:universal-image-loader:1.9.5'
```

（2）配置 Application 类

在工程里新建一个名为 Myapplication 的类（维护全局状态的基类，它对应的变量是全局的）。在这个类中，初始化 Volley 和 Imageloader 框架。详细代码请参考案例源代码，下面为部分关键代码：

```
//将 Volley 请求加入请求队列，使用 OkHttp 替代 Volley 底层链接
public static void addRequest(Request request, Object tag) {
    request.setTag(tag);
    request.setRetryPolicy(new DefaultRetryPolicy(10000,
            DefaultRetryPolicy.DEFAULT_MAX_RETRIES,
            DefaultRetryPolicy.DEFAULT_BACKOFF_MULT));
    mQueue.add(request);
}
```

```
//初始化 ImageLoaderConfiguration 配置对象
ImageLoaderConfiguration config = new ImageLoaderConfiguration.
        Builder(context).
        memoryCacheExtraOptions(480, 800). //保存的每个缓存文件的最大长、宽
        denyCacheImageMultipleSizesInMemory().
        threadPriority(Thread.NORM_PRIORITY - 2).
        diskCacheFileNameGenerator(new Md5FileNameGenerator()).
        tasksProcessingOrder(QueueProcessingType.FIFO).
        build().
      ImageLoader.getInstance().init(config).
      mLoaderOptions = new DisplayImageOptions.Builder().
        showImageOnLoading(R.mipmap.no_image).//正加载，显示 no_image
        showImageOnFail(R.mipmap.no_image).//加载失败
        showImageForEmptyUri(R.mipmap.no_image).//加载的 URI 为空
        imageScaleType(ImageScaleType.EXACTLY_STRETCHED).
        //displayer(new RoundedBitmapDisplayer(360)).//是否设置为圆角
        cacheInMemory(true).//是否进行缓冲
        cacheOnDisk(true).
        considerExifParams(true).
        build().
```

（3）配置清单文件

打开清单文件 AndroidManifest.xml，配置 application 节点，并添加网络访问权限，代码如下：

```
<?xml version="1.0" encoding="utf-8"?>
<manifest xmlns:android="http://*****.com/apk/res/android"
    package="com.e.movieshare">
    <uses-permission android:name="android.permission.INTERNET" />
    <application
        android:name=".Myapplication"
        android:allowBackup="true"
        android:usescleartextTraffic="true"
        android:icon="@mipmap/ic_launcher"
        android:label="@string/app_name"
        android:roundIcon="@mipmap/ic_launcher_round"
        android:supportsRtl="true"
        android:theme="@style/appTheme">
        <uses-library android:name="org.apache.http.legacy"
                android:required="false" />
        <activity
            android:name=".MainActivity"
            android:label="@string/app_name"
            android:theme="@style/appTheme.NoActionBar">
            <intent-filter>
                <action android:name="android.intent.action.MAIN" />
                <category android:name="android.intent.category.LAUNCHER" />
            </intent-filter>
        </activity>
    </application>
</manifest>
```

到此为止，项目的图片及数据访问框架就配置完成了。

9.5.2 JavaBean 设计

扫码观看
微课视频

“影视分享” App 通过网络读取电影数据后，需要存储在 JavaBean 中，所以我们需要设计存储数据的 JavaBean（JavaBean 可从本章素材里获取）。我们需要在工程中建立 6 个 JavaBean 类，如表 9.3 所示。

表 9.3　JavaBean 名称及描述

JavaBean 名称	描述
Movie	访问接口时，接收的返回数据对象
SubjectBean	显示电影列表时，存储的电影对象
SimpleSubjectBean	访问电影详情接口，返回的电影对象
RatingEntity	评价对象
CelebrityEntity	主演或导演对象
ImagesEntity	主演或导演的图片对象

SubjectBean.java 代码如下：

```
//电影列表中的电影详情
public class SubjectBean {

    private RatingEntity rating;//评分
    private int reviews_count;//影评数量
    private int wish_count;//想看人数
    private int collect_count;//看过人数
    private String douban_site;//豆瓣小站
    private String year;//年代
    private ImagesEntity images;//电影海报图，分别提供大、中、小 3 种尺寸
    private String alt;//条目页 URL
    private String id;//条目 ID
    private String mobile_url;//移动版条目页 URL
    private String title;//中文名
    private Object do_count;//在看人数
    private Object seasons_count;//总季数（tv only）
    private String schedule_url;//影讯页 URL（movie only）
    private Object episodes_count;//当前季的集数（tv only）
    private Object current_season;//当前季数（tv only）
    private String original_title;//原名
    private String summary;//简介
    private String subtype;//条目分类，movie 或者 tv
    private int comments_count;//短评数量
    private int ratings_count;//评分人数
    private List<String> genres;//影片类型，最多提供 3 个
    private List<String> countries;//制片国家/地区
    //主演，最多可获得 4 个
    private List<CelebrityEntity> casts;
```

```
private List<CelebrityEntity> directors;//导演，数据结构为影人的简化描述
private List<String> aka;//又名
//set()、get()方法
            ......
   }
```

SimpleSubjectBean.java 代码如下：

```
//电影详情
public class SimpleSubjectBean {
    private RatingEntity rating;//评分
    private int collect_count;//收藏数量
    private String title;//中文名
    private String original_title;//原名
    private String subtype;//条目分类，movie 或者 tv
    private String year;//年代
    private ImagesEntity images;//电影海报图，分别提供大、中、小 3 种尺寸
    private String alt;//条目页 URL
    private String id;//条目 ID
    private List<String> genres;//影片类型，最多提供 3 个
    private List<CelebrityEntity> casts;//主演，最多可获得 4 个
    private List<CelebrityEntity> directors;//导演，数据结构为影人的简单描述
  //set()、get()方法
......
   }
```

上面给出了两个 JavaBean 类，其他 JavaBean 类请参考本案例代码。

9.5.3 数据访问框架测试

扫码观看
微课视频

"影视分享" App 的数据访问框架搭建完成后，需要测试项目是否能够正常访问服务器的数据，是否能通过 Gson 框架将返回的 Json 数据生成对应的电影对象，具体步骤如下。

1. 定义一个常量类

我们在项目中定义一个常量类 Constant，用于保存服务器的 API，代码如下：

```
public class Constant {
    //服务器地址（IP 地址请替换为你计算机中的 IP 地址）
    public static final String API = "http://192.168.0.102:8084";
    //电影列表（主页）
    public static final String IN_THEATERS = "/MovieAPI/movie/in_theaters";
    //电影详情
    public static final String SUBJECT = "/MovieAPI/movie/subject/";
    //即将上映
    public static final String COMING_SOON = "/MovieAPI/movie/coming_soon";
    //欧美排行榜（Top25）
    public static final String US_BOX = "/MovieAPI/movie/us_box";
    //最新上映
    public static final String NEW_MOVIES = "/MovieAPI/movie/new_movies";

    public static final Type subType = new TypeToken<SubjectBean>() {
```

```
    }.getType();
    public static final Type simpleSubTypeList =
                new TypeToken<List<SimpleSubjectBean>>() {
    }.getType();
}
```

2. 编写代码并测试

打开 MovieListFragment，在里面编写访问网络数据的方法并测试效果，代码如下：

```
    //网络加载数据
private void loadMovies_Net(){
    //API
    String mRequestUrl = Constant.API + Constant.IN_THEATERS + "?start=0&count=5";
    Log.d("mRequestUrl", mRequestUrl);
    //创建 JsonObjectRequest
    JsonObjectRequest request = new JsonObjectRequest(mRequestUrl,
            new Response.Listener<JSONObject>() {
       @Override
       public void onResponse(JSONObject response) {
        try {
           int mTotalItem = response.getInt("total");//获取电影总数
           int mCountItem = response.getInt("count");//获取当前返回电影的部数
           //获取电影列表的 Json 字符串
           String moviesString = response.getString("subjects");
           //使用 Gson 框架获取电影列表
           Gson gson = new Gson();
           List<SimpleSubjectBean> movieList_net = gson.fromJson(moviesString,
           new TypeToken<List<SimpleSubjectBean>>() {}.getType());

           Log.d("MovieListFragment","电影部数："+movieList_net.size());
             } catch (JSONException e) {
                 e.printStackTrace();
             }
               }
            },
            new Response.ErrorListener() {
                @Override
                public void onErrorResponse(VolleyError error) {
                    Log.d("MovieListFragment",error.toString());
                    Toast.makeText(MovieListFragment.this.getActivity(),
                            error.toString(), Toast.LENGTH_SHORT).show();
                }
            });
    Myapplication.addRequest(request, "MovieListFragment");
}
```

在 MovieListFragment 中调用加载电影的方法并运行 App，我们将在“Logcat 窗口”看到图 9.16 所示的数据访问框架测试结果。

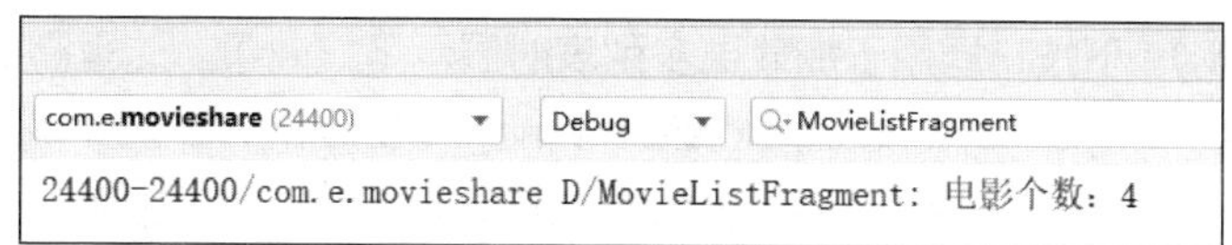

图 9.16 数据访问框架测试结果

到此为止，说明 App 的数据访问框架是正常的。

9.6 电影列表模块功能开发

"影视分享" App 的电影列表模块主要包含主页、最新上映、即将上映、欧美排行这 4 个部分，它们都是以列表的方式展示电影数据的。

扫码观看
微课视频

9.6.1 需求描述

当用户启动 App 时，默认显示主页，在主页中以列表的方式展示电影数据，同时列表支持下拉加载更多和上拉刷新的功能。用户在侧滑菜单中选择其他列表菜单，切换至对应的电影列表。在本小节中，我们主要对"影视分享" App 的主页进行开发，其他列表与主页开发过程类似，可以参考本小节完成。电影列表模块运行效果如图 9.17 所示。

图 9.17 电影列表模块运行效果

9.6.2 UI 布局设计

主页的 UI 分为 fragment_movie_list.xml（主页布局）、item_movielist_layout.xml（列表项布局）、foot_load_tips.xml（下拉布局）这 3 个界面相关的文件。主页布局包含一个 SwipeRefresh Layout 控件（刷新组件），SwipeRefreshLayout 控件包含 RecyclerView，可用于进行电影列表的展示。列表项布局用于展示每个电影的数据

（图片、名称、导演等）。下拉布局用于加载更多列表时展示下拉效果。这里需要用到星级评价的资源文件（ic_star_blue_16dp.xml、ic_star_border_ blue_16dp.xml、ic_star_half_blue_16dp.xml、rank_bar.xml），可从素材中复制到工程的 Drawable 资源文件中。UI 布局设计如图 9.18 所示。

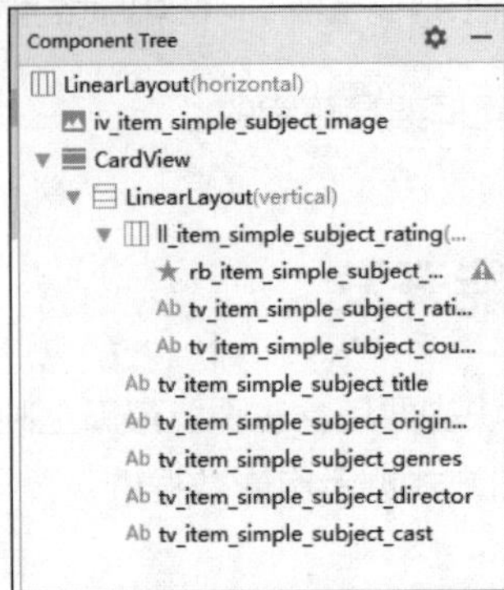

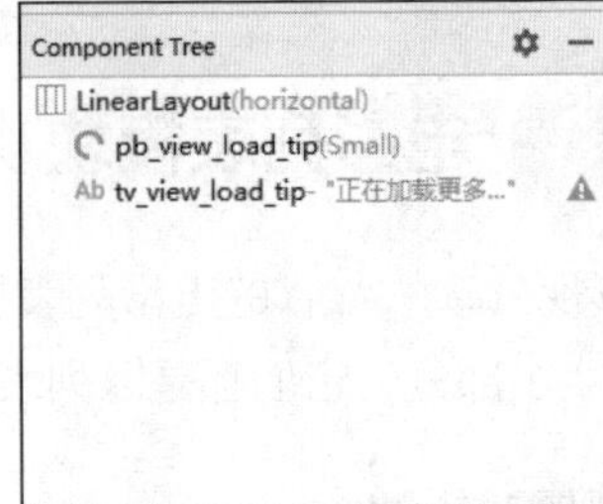

图 9.18　UI 布局设计

fragment_movie_list.xml 的代码如下：

```
<?xml version="1.0" encoding="utf-8"?>
<LinearLayout xmlns:android="http://*****.com/apk/res/android"
xmlns:tools="http://*****.com/tools"
android:layout_width="match_parent"
android:layout_height="match_parent"
android:orientation="vertical"
tools:context=".ui.MovieListFragment">
<androidx.swiperefreshlayout.widget.SwipeRefreshLayout
    android:id="@+id/swipeRf1"
    android:layout_width="match_parent"
    android:layout_height="wrap_content">
    <androidx.recyclerview.widget.RecyclerView
        android:id="@+id/myRecyclerView1"
        android:layout_width="match_parent"
        android:layout_height="wrap_content" />
</androidx.swiperefreshlayout.widget.SwipeRefreshLayout>
</LinearLayout>
```

item_movielist_layout.xml 的代码如下：

```
<?xml version="1.0" encoding="utf-8"?>
<LinearLayout xmlns:android="http://******.com/apk/res/android"
    xmlns:tools="http://******.com/tools"
    xmlns:app="http:// ******.com/apk/res-auto"
    android:layout_width="match_parent"
    android:layout_height="wrap_content"
    android:layout_margin="2dp"
    android:background="@color/icons"
    android:orientation="horizontal"
    android:padding="8dp">
    <ImageView
```

```
        android:id="@+id/iv_item_simple_subject_image"
        android:layout_width="100dp"
        android:layout_height="142dp"
        android:layout_gravity="center_vertical"
        android:scaleType="centerCrop"
        tools:ignore="ContentDescription" />
    <androidx.cardview.widget.CardView
        android:layout_width="match_parent"
        android:layout_height="wrap_content"
        android:layout_margin="5dp"
        app:cardBackgroundColor="@color/primary_light"
        app:cardCornerRadius="10dp"
        >
        <LinearLayout
            android:layout_width="match_parent"
            android:layout_height="wrap_content"
            android:layout_marginLeft="4dp"
            android:layout_marginRight="4dp"
            android:orientation="vertical"
            android:padding="8dp">
            <LinearLayout
                android:id="@+id/ll_item_simple_subject_rating"
                android:layout_width="match_parent"
                android:layout_height="wrap_content"
                android:gravity="center_vertical"
                android:orientation="horizontal">
                <RatingBar android:id="@+id/rb_item_simple_subject_rating"
                    style="?android:attr/ratingBarStyleSmall"
                    android:numStars="5"
                    android:rating="2.25"
                    android:layout_marginLeft="5dip"
                    android:layout_width="wrap_content"
                    android:layout_height="wrap_content"
                    android:layout_gravity="center_vertical" />
                <TextView
                    android:id="@+id/tv_item_simple_subject_rating"
                    android:layout_width="wrap_content"
                    android:layout_height="wrap_content"
                    android:layout_marginStart="4dp"
                    android:textColor="@color/colorPrimary" />
                <TextView
                    android:id="@+id/tv_item_simple_subject_count"
                    android:layout_width="wrap_content"
                    android:layout_height="wrap_content"
                    android:layout_marginStart="4dp"
                    android:textColor="@color/colorAccent"
                    android:textSize="12sp" />
            </LinearLayout>
            <TextView
                android:id="@+id/tv_item_simple_subject_title"
                android:layout_width="wrap_content"
```

```
                android:layout_height="wrap_content"
                android:layout_marginTop="4dp"
                android:singleLine="true"
                android:textColor="@color/colorPrimaryDark"
                android:textSize="18sp" />
            <TextView
                android:id="@+id/tv_item_simple_subject_original_title"
                android:layout_width="wrap_content"
                android:layout_height="wrap_content"
                android:singleLine="true"
                android:textColor="@color/colorPrimaryDark"
                android:textSize="12sp" />
            <TextView
                android:id="@+id/tv_item_simple_subject_genres"
                android:layout_width="wrap_content"
                android:layout_height="wrap_content"
                android:layout_marginTop="4dp"
                android:textColor="@color/colorPrimaryDark"
                android:textSize="12sp" />
            <TextView
                android:id="@+id/tv_item_simple_subject_director"
                android:layout_width="match_parent"
                android:layout_height="wrap_content"
                android:layout_marginTop="4dp"
                android:gravity="center_vertical"
                android:singleLine="true"
                android:textColor="@color/colorPrimaryDark"
                android:textSize="12sp" />
            <TextView
                android:id="@+id/tv_item_simple_subject_cast"
                android:layout_width="match_parent"
                android:layout_height="wrap_content"
                android:gravity="center_vertical"
                android:singleLine="true"
                android:textColor="@color/colorPrimaryDark"
                android:textSize="12sp" />
        </LinearLayout>
    </androidx.cardview.widget.CardView>
</LinearLayout>
```

foot_load_tips.xml 的代码如下：

```
<?xml version="1.0" encoding="utf-8"?>
<LinearLayout xmlns:android="http:// ******.com/apk/res/android"
    android:layout_width="match_parent"
    android:layout_height="40dp"
    android:gravity="center"
    android:orientation="horizontal"
    android:padding="8dp">
    <ProgressBar
        android:id="@+id/pb_view_load_tip"
        style="?android:attr/progressBarStyleSmall"
```

```
        android:layout_width="wrap_content"
        android:layout_height="wrap_content" />
    <TextView
        android:id="@+id/tv_view_load_tip"
        android:layout_marginStart="8dp"
        android:layout_width="wrap_content"
        android:layout_height="wrap_content"
        android:text="正在加载更多..."
        android:textSize="14sp" />
</LinearLayout>
```

9.6.3 业务功能实现

扫码观看
微课视频

"影视分享" App 启动电影主页时，通过 Volley 获取电影数据，然后在主页中显示电影列表信息。要实现该功能，需要建立一个 ItemMovieListAdapter 的适配器，用于展示数据，并在 MovieListFragment 中使用该适配器，进行数据适配和展示。

ItemMovieListAdapter 中的关键代码如下：

```
//加载更多数据，刷新数据时调用
public void loadData(List<SimpleSubjectBean> moreList){
    if (this.upDown==0){
        moreList.addAll(this.movieList);//包含之前的数据
        this.movieList = moreList;
    }else {
        this.movieList.addAll(moreList);//加入新数据
    }
    this.notifyDataSetChanged();//通知数据更新
}
@Override
public RecyclerView.ViewHolder onCreateViewHolder(ViewGroup parent, int viewType) {
    if(viewType==0) {
        View v = layoutInflater
            .inflate(R.layout.item_movielist_layout, parent, false);
        return new ItemViewHolder(v);
    }else {
        View v = layoutInflater.inflate(R.layout.foot_load_tips, parent, false);
        fvh = new FootViewHolder(v);
        return fvh;
    }
}
@Override
public void onBindViewHolder(final RecyclerView.ViewHolder holder, final int position) {
    if(getItemViewType(position)==0) {
        ((ItemViewHolder) holder).update();
        //设置单击回调
        if (mOnItemClickListener !=null){
            holder.itemView.setOnClickListener(new View.OnClickListener() {
                @Override
                public void onClick(View v) {
```

```
                    mOnItemClickListener.onItemClick( holder.itemView,position);
                }
            });
        }
    }else {
        ((FootViewHolder) holder).update();
    }
}
@Override
public int getItemViewType(int position) {
    if(position<movieList.size()){
        return 0;
    }else{
        return 1;
    }
}
//电影列表项的 ViewHolder
class ItemViewHolder extends RecyclerView.ViewHolder {
        private ImageView ivItemSimpleSubjectImage;//电影图片
        private LinearLayout llItemSimpleSubjectRating;
        private RatingBar rbItemSimpleSubjectRating;//星级评价
        private TextView tvItemSimpleSubjectRating;//评价的分数
        private TextView tvItemSimpleSubjectCount;//评价人数
        private TextView tvItemSimpleSubjectTitle;//电影名
        private TextView tvItemSimpleSubjectOriginalTitle;//原电影名
        private TextView tvItemSimpleSubjectGenres;//影片类型
        private TextView tvItemSimpleSubjectDirector;//导演
        private TextView tvItemSimpleSubjectCast;//主演

        public ItemViewHolder(View itemView) {
            super(itemView);
            ivItemSimpleSubjectImage = (ImageView) itemView
               .findViewById(R.id.iv_item_simple_subject_image);
            llItemSimpleSubjectRating = (LinearLayout) itemView
               .findViewById(R.id.ll_item_simple_subject_rating);
            rbItemSimpleSubjectRating = (RatingBar) itemView
               .findViewById(R.id.rb_item_simple_subject_rating);
            tvItemSimpleSubjectRating = (TextView) itemView
               .findViewById(R.id.tv_item_simple_subject_rating);
            tvItemSimpleSubjectCount = (TextView) itemView
               .findViewById(R.id.tv_item_simple_subject_count);
            tvItemSimpleSubjectTitle = (TextView) itemView
               .findViewById(R.id.tv_item_simple_subject_title);
            tvItemSimpleSubjectOriginalTitle = (TextView) itemView
               .findViewById(R.id.tv_item_simple_subject_original_title);
            tvItemSimpleSubjectGenres = (TextView) itemView
               .findViewById(R.id.tv_item_simple_subject_genres);
            tvItemSimpleSubjectDirector = (TextView) itemView
               .findViewById(R.id.tv_item_simple_subject_director);
            tvItemSimpleSubjectCast = (TextView) itemView
               .findViewById(R.id.tv_item_simple_subject_cast);
```

```
        }
        public void update() {
            //以下为数据填充代码
            int position = this.getLayoutPosition();
            SimpleSubjectBean subject = movieList.get(position);
            tvItemSimpleSubjectTitle.setText(subject.getTitle());
            float rate = (float) subject.getRating().getAverage();
            rbItemSimpleSubjectRating.setRating(rate / 2);
            tvItemSimpleSubjectRating.setText(String.format("%s", rate));
            tvItemSimpleSubjectCount
               .setText(context.getString(R.string.collect));
            tvItemSimpleSubjectCount
               .append(String.format("%d", subject.getCollect_count()));
            tvItemSimpleSubjectCount
               .append(context.getString(R.string.count));
            tvItemSimpleSubjectOriginalTitle
               .setText(subject.getOriginal_title());
            tvItemSimpleSubjectGenres
               .setText(StringUtil.getListString(subject.getGenres(), ','));
            tvItemSimpleSubjectDirector.setText(StringUtil.getSpannableString(
                    context.getString(R.string.directors), Color.GRAY));
            tvItemSimpleSubjectDirector
               .append(CelebrityUtil.list2String(subject.getDirectors(), '/'));
            tvItemSimpleSubjectCast.setText(StringUtil.getSpannableString(
                    context.getString(R.string.casts), Color.GRAY));
            tvItemSimpleSubjectCast
               .append(CelebrityUtil.list2String(subject.getCasts(), '/'));
            String image_url = subject.getImages().getLarge();
            //调用 ImageLoader 框架加载电影图片
            ImageLoader.getInstance()
.displayImage(image_url,ivItemSimpleSubjectImage,
Myapplication.getLoaderOptions());
        }
    }
}
```

MovieListFragment 的业务代码如下：

```
public class MovieListFragment extends Fragment {
    private SwipeRefreshLayout swipeRf;//刷新框架
    private RecyclerView myRecyclerView;
    private List<SimpleSubjectBean> movieList =
            new ArrayList<SimpleSubjectBean>();//电影列表
    private ItemMovieListAdapter itemMovieListAdapter;//适配器

    private int start = 0;//默认从 0 开始获取数据
    private int count = 5;//每次显示的记录条数
    private Movie movie;//电影对象
    public MovieListFragment() {
        // Required empty public constructor
    }
    @Override
```

```
    public View onCreateView(LayoutInflater inflater, ViewGroup container,
                             Bundle savedInstanceState) {
        return inflater.inflate(R.layout.fragment_movie_list, container, false);
    }
    @Override
    public void onViewCreated(View view, @Nullable Bundle savedInstanceState) {
        super.onViewCreated(view, savedInstanceState);
        //初始化
        swipeRf = (SwipeRefreshLayout) view.findViewById(R.id.swipeRf1);
        myRecyclerView = (RecyclerView) view.findViewById(R.id.myRecyclerView1);
        //创建适配器
        itemMovieListAdapter= new ItemMovieListAdapter
            (movieList,MovieListFragment.this.getActivity());
        LinearLayoutManager llm = new LinearLayoutManager
            (MovieListFragment.this.getActivity());
        llm.setOrientation(RecyclerView.VERTICAL);
        myRecyclerView.setLayoutManager(llm);
        myRecyclerView.setAdapter(itemMovieListAdapter);
        //设置刷新监听
        swipeRf.setOnRefreshListener
             (new SwipeRefreshLayout.OnRefreshListener(){
            @Override
            public void onRefresh() {
                itemMovieListAdapter.upDown=0;
                loadMovies_Net();//加载电影
            }
        });
        myRecyclerView
            .addOnScrollListener(new RecyclerView.OnScrollListener(){
            int lastVisibleItem;
            @Override
   public void onScrollStateChanged(RecyclerView recyclerView, int newState) {
                super.onScrollStateChanged(recyclerView, newState);
                if((newState==recyclerView.SCROLL_STATE_IDLE)
                        &&(lastVisibleItem+2>itemMovieListAdapter.getItemCount())
                        &&(itemMovieListAdapter.getItemCount()-1<movie.getTotal())){
                    itemMovieListAdapter.upDown=1;
                    loadMovies_Net();//加载电影
                }
            }
            @Override
            public void onScrolled(RecyclerView recyclerView, int dx, int dy) {
                super.onScrolled(recyclerView, dx, dy);
                LinearLayoutManager lm =
                   (LinearLayoutManager) recyclerView.getLayoutManager();
                lastVisibleItem = lm.findLastVisibleItemPosition();
            }
        } );

        //设置单击回调
   itemMovieListAdapter.setmOnItemClickListener(new MyOnItemClickListener() {
            @Override
            public void onItemClick(View view, int position) {
```

```
            SimpleSubjectBean subjects = movieList.get(position);
            //打开电影详细信息
            Intent intent =
              new Intent(MovieListFragment.this.getActivity(),
              MovieActivity.class);
            intent.putExtra("subject_id",subjects.getId());
            intent.putExtra("image_url", subjects.getImages().getLarge());
            startActivity(intent);//打开新的 activity
        }
    });
    loadMovies_Net();//加载电影
}

//网络加载数据
private void loadMovies_Net(){
    //电影列表 API
    String mRequestUrl = Constant.API
            + Constant.IN_THEATERS + "?start="+start+"&count="+count;
    //创建 Volley 请求对象
    JsonObjectRequest request = new JsonObjectRequest(mRequestUrl,
            new Response.Listener<JSONObject>() {
                @Override
                public void onResponse(JSONObject response) {
                    try {
                        int mTotalItem = response.getInt("total");
                        int mCountItem = response.getInt("count");
                        //获取电影列表字符串
                        String moviesString = response.getString("subjects");
                        Gson gson = new Gson();
                        //使用 Gson 框架转换电影列表
                        List<SimpleSubjectBean> movieList_net =
                        gson.fromJson(moviesString,
                        new TypeToken<List<SimpleSubjectBean>>() {}.getType());
                        //构建返回的电影列表对象
                        Movie movie_net = new Movie();
                        movie_net.setStart(start);
                        movie_net.setCount(mCountItem);
                        movie_net.setTotal(mTotalItem);
                        movie_net.setSubjects(movieList_net);
                        //封装消息，传递给主线程
                        Message message = Message.obtain();
                        message.obj = movie_net;
                        message.what = 100;//标识线程
                        handler.sendMessage(message);//发送消息给主线程

                    } catch (JSONException e) {
                        e.printStackTrace();
                    }
                }
            },
            new Response.ErrorListener() {
                @Override
                public void onErrorResponse(VolleyError error) {
```

```
                    Log.d("MovieListFragment",error.toString());
                    Toast.makeText(MovieListFragment.this.getActivity(),
                    error.toString(), Toast.LENGTH_SHORT).show();
                }
            });
        Myapplication.addRequest(request, "MovieListFragment");
    }
    //建立一个 Handler 对象，用于主线程和子线程之间进行的通信
    private Handler handler = new Handler(){
        @Override
        public void handleMessage(Message message) {
            super.handleMessage(message);
            //msg.what 用于判断从哪个线程传递过来的消息
            if(message.what==100){
                movie = (Movie)message.obj;
                itemMovieListAdapter.upDown=1;
                start = movie.getStart()+movie.getCount();
                itemMovieListAdapter.loadData(movie.getSubjects());
            }
        }
    };
}
```

9.6.4　运行效果

项目开发完成后，我们可以在模拟器或手机中运行主页，查看运行效果。主页运行效果如图 9.19 所示。

图 9.19　主页运行效果

最新上映、即将上映、欧美排行等与主页类似，请参考主页的代码实现，这里不进行详述。

9.7 电影详情模块开发

开发完成电影列表模块后，我们接下来进行电影详情模块的开发。

9.7.1 需求描述

当用户在电影列表中单击某个电影时，将会打开一个新的界面来展示所选中的电影的信息，电影详情运行效果如图 9.20 所示。

图 9.20　电影详情运行效果

9.7.2 UI 布局设计

在项目中，新建一个名为 MovieActivity 的 Activity 类用于展示电影详情。它的 UI 除了包含电影的信息外，还包含分享和收藏两个按钮。电影详情 UI 布局包含 activity_movie.xml（电影详情布局）和 item_simple_cast_layout.xml（演员列表项布局）。在 activity_movie.xml 中使用 GridView 控件来展示演员列表。电影详情 UI 布局设计如图 9.21 所示。

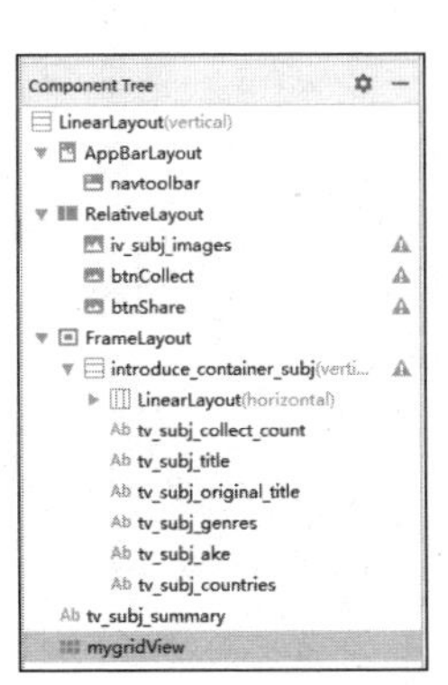

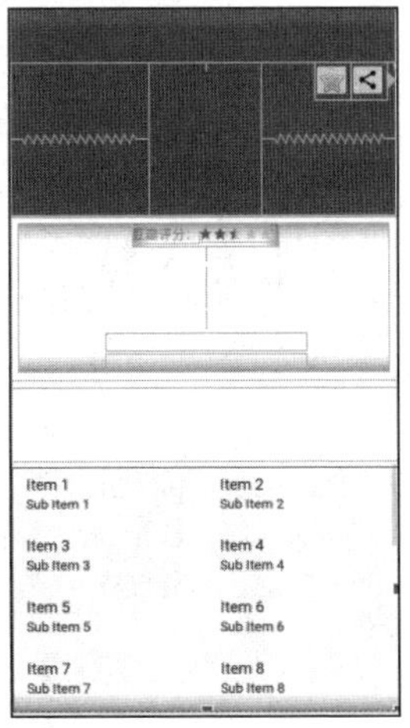

图 9.21　电影详情 UI 布局设计

activity_movie.xml 的代码如下：

```
<?xml version="1.0" encoding="utf-8"?>
<LinearLayout xmlns:android="http://*****.com/apk/res/android"
    xmlns:app="http://*****.com/apk/res-auto"
    android:layout_width="match_parent"
    android:layout_height="match_parent"
    android:orientation="vertical">
    <com.google.android.material.appbar.appBarLayout
        android:layout_width="match_parent"
        android:layout_height="wrap_content"
        android:theme="@style/appTheme.appBarOverlay">
        <androidx.appcompat.widget.Toolbar
            android:id="@+id/navtoolbar"
            android:layout_width="match_parent"
            android:layout_height="?attr/actionBarSize"
            android:background="?attr/colorPrimary"
            app:popupTheme="@style/appTheme.PopupOverlay" />
    </com.google.android.material.appbar.appBarLayout>
    <RelativeLayout
        android:layout_width="match_parent"
        android:layout_height="160dp"
        android:background="?attr/colorPrimary">
        <ImageView
            android:id="@+id/iv_subj_images"
            android:layout_width="120dp"
            android:layout_height="160dp"
            android:layout_centerInParent="true"
            android:layout_gravity="center_vertical" />
        <ImageButton
            android:id="@+id/btnCollect"
            android:layout_width="40dp"
            android:layout_height="40dp"
            android:layout_toLeftOf="@id/btnShare"
            app:srcCompat="@android:drawable/btn_star_big_on" />
        <ImageButton
            android:id="@+id/btnShare"
            android:layout_width="40dp"
            android:layout_height="40dp"
            android:layout_alignParentRight="true"
            android:layout_marginRight="10dp"
            app:srcCompat="@drawable/ic_menu_share" />
    </RelativeLayout>
    <FrameLayout
        android:layout_width="match_parent"
        android:layout_height="wrap_content"
        android:background="@color/white"
        android:padding="8dp">
        <LinearLayout
            android:id="@+id/introduce_container_subj"
            android:layout_width="match_parent"
```

```
        android:layout_height="wrap_content"
        android:gravity="center_horizontal"
        android:orientation="vertical">
        <LinearLayout
            android:layout_width="wrap_content"
            android:layout_height="24dp"
            android:gravity="center_vertical"
            android:orientation="horizontal">
            <TextView
                android:layout_width="wrap_content"
                android:layout_height="wrap_content"
                android:text="@string/douban_rating" />
            <RatingBar
                android:id="@+id/rb_subj_rating"
                style="?android:attr/ratingBarStyleSmall"
                android:rating="2.25"
                android:layout_width="wrap_content"
                android:layout_height="wrap_content"
                android:numStars="5" />
            <TextView
                android:id="@+id/tv_subj_rating"
                android:layout_width="wrap_content"
                android:layout_height="wrap_content"
                android:layout_marginStart="4dp"
                android:textColor="@color/red"
                android:textStyle="italic|bold" />
        </LinearLayout>
        <TextView
            android:id="@+id/tv_subj_collect_count"
            android:layout_width="wrap_content"
            android:layout_height="wrap_content"
            android:textColor="@color/gray"
            android:textSize="12sp" />
        <TextView
            android:id="@+id/tv_subj_title"
            android:layout_width="wrap_content"
            android:layout_height="wrap_content"
            android:layout_marginTop="4dp"
            android:gravity="center"
            android:textColor="@color/black"
            android:textSize="18sp" />
        <TextView
            android:id="@+id/tv_subj_original_title"
            android:layout_width="wrap_content"
            android:layout_height="wrap_content"
            android:layout_marginTop="2dp"
            android:textColor="@color/black"
            android:textSize="14sp" />
        <TextView
            android:id="@+id/tv_subj_genres"
```

```
                android:layout_width="wrap_content"
                android:layout_height="wrap_content"
                android:layout_marginTop="2dp"
                android:textColor="@color/gray" />
            <TextView
                android:id="@+id/tv_subj_ake"
                android:layout_width="212dp"
                android:layout_height="wrap_content"
                android:layout_marginTop="4dp"
                android:gravity="center"
                android:textColor="@color/blue" />
            <TextView
                android:id="@+id/tv_subj_countries"
                android:layout_width="212dp"
                android:layout_height="wrap_content"
                android:layout_marginTop="2dp"
                android:gravity="center"
                android:textColor="@color/blue" />
        </LinearLayout>
    </FrameLayout>
    <TextView
        android:id="@+id/tv_subj_summary"
        android:layout_width="match_parent"
        android:layout_height="wrap_content"
        android:layout_marginBottom="6dp"
        android:layout_marginTop="8dp"
        android:background="@color/white"
        android:lines="3"
        android:padding="12dp"
        android:textColor="@color/black"
        android:textSize="14sp" />
    <GridView
        android:id="@+id/mygridView"
        android:numColumns="2"
        android:layout_width="match_parent"
        android:layout_height="wrap_content">
    </GridView>
</LinearLayout>
```

item_simple_cast_layout.xml 的代码如下:

```
<?xml version="1.0" encoding="utf-8"?>
<LinearLayout xmlns:android="http://*****.com/apk/res/android"
    xmlns:tools="http://*****.com/tools"
    android:layout_width="0dp"
    android:layout_height="wrap_content"
    android:layout_marginBottom="2dp"
    android:layout_marginTop="2dp"
    android:layout_weight="1"
    android:background="@color/white"
    android:orientation="horizontal"
```

```
    android:padding="8dp">
    <ImageView
        android:id="@+id/iv_item_simple_cast_image"
        android:layout_width="80dp"
        android:layout_height="98dp"
        android:scaleType="centerCrop"
        tools:ignore="ContentDescription" />
    <TextView
        android:id="@+id/tv_item_simple_cast_text"
        android:layout_width="match_parent"
        android:layout_height="wrap_content"
        android:layout_gravity="center"
        android:layout_margin="8dp"
        android:gravity="center"
        android:textColor="@color/gray"
        android:textSize="16sp"
        android:textStyle="italic" />
</LinearLayout>
```

9.7.3 业务功能实现

扫码观看
微课视频

用户在电影列表界面（主页、最新上映、即将上映、欧美排行等）中单击某个电影，打开一个页面显示电影详情。我们需要在 MovieListFragment 中添加单击监听，来打开电影详情。在 MovieActivity 中调用服务器的电影详情 API，加载电影详情数据，并在界面中显示。以下为部分关键代码。

MovieListFragment 的单击监听代码如下：

```
//设置单击回调
itemMovieListAdapter.setmOnItemClickListener(new MyOnItemClickListener() {
    @Override
    public void onItemClick(View view, int position) {
        SimpleSubjectBean subjects = movieList.get(position);
        //打开电影详情
        Intent intent = new
            Intent(MovieListFragment.this.getActivity(), MovieActivity.class);
        intent.putExtra("subject_id",subjects.getId());
        intent.putExtra("image_url", subjects.getImages().getLarge());
        startActivity(intent);//打开新的 Activity
    }
});
```

MovieActivity 中的关键代码如下：

```
//加载电影详情数据
private void loadMovie_net() {
    String mRequestUrl = Constant.API + Constant.SUBJECT + mId;
    Log.d("mRequestUrl", mRequestUrl);
    StringRequest request = new StringRequest(mRequestUrl,
            new Response.Listener<String>() {
                @Override
```

```
                public void onResponse(String response) {
                    mContent = response;
                    Gson gson = new Gson();
                    mSubject = gson.fromJson(mContent,SubjectBean.class);
                    initAfterGetData();
                }
            },
            new Response.ErrorListener() {
                @Override
                public void onErrorResponse(VolleyError error) {
                    Toast.makeText(MovieActivity.this, error.toString(),
                            Toast.LENGTH_SHORT).show();
                }
            });
    Myapplication.addRequest(request, "MovieActivity");
}
/**
 * 得到网络返回数据初始化界面
 */
private void initAfterGetData() {
    if (mSubject == null) return;

    ImageLoader.getInstance().displayImage(imageUri,
            ivSubjImages, Myapplication.getLoaderOptions());
    if (mSubject.getRating() != null) {
        float rate = (float) (mSubject.getRating().getAverage() / 2);
        rbSubjRating.setRating(rate);
        tvSubjRating.setText(String.format("%s", rate * 2));
    }
    tvSubjCollectCount.setText(getString(R.string.collect));
    tvSubjCollectCount.append(String.format("%s", mSubject.getCollect_count()));
    tvSubjCollectCount.append(getString(R.string.count));
    tvSubjTitle.setText(String.format("%s   ", mSubject.getTitle()));
    tvSubjTitle.append(StringUtil.getSpannableString1(
            String.format("  %s  ", mSubject.getYear()),
            new ForegroundColorSpan(Color.WHITE),
            new BackgroundColorSpan(Color.parseColor("#5ea4ff")),
            new RelativeSizeSpan(0.88f)));

    if (!mSubject.getOriginal_title().equals(mSubject.getTitle())) {
        tvSubjOriginalTitle.setText(mSubject.getOriginal_title());
        tvSubjOriginalTitle.setVisibility(View.VISIBLE);
    } else {
        tvSubjOriginalTitle.setVisibility(View.GONE);
    }
    tvSubjGenres.setText(StringUtil.getListString(mSubject.getGenres(), ','));
    tvSubjAke.setText(StringUtil.getSpannableString(
            getString(R.string.ake), Color.GRAY));
    tvSubjAke.append(StringUtil.getListString(mSubject.getAka(), '/'));
    tvSubjCountries.setText(StringUtil.getSpannableString(
```

```
            getString(R.string.countries), Color.GRAY));
    tvSubjCountries.append(StringUtil.getListString(mSubject.getCountries(), '/'));
    tvSubjSummary.setText(StringUtil.getSpannableString(
            getString(R.string.summary), Color.parseColor("#5ea4ff")));
    tvSubjSummary.append(mSubject.getSummary());
    tvSubjSummary.setEllipsize(TextUtils.TruncateAt.END);
    //获得导演、演员数据列表
    mygridView.setAdapter(new ItemSimpleCastLayoutAdapter(this,mSubject.getCasts()));
    //显示 View 并配上动画
    introduceContainerSubj.setAlpha(0f);
    introduceContainerSubj.setVisibility(View.VISIBLE);
    introduceContainerSubj.animate().alpha(1f).setDuration(800);
}
```

9.7.4 运行效果

项目开发完成后，我们可以在模拟器或手机中运行电影详情，查看运行效果。电影详情运行效果如图 9.22 所示。

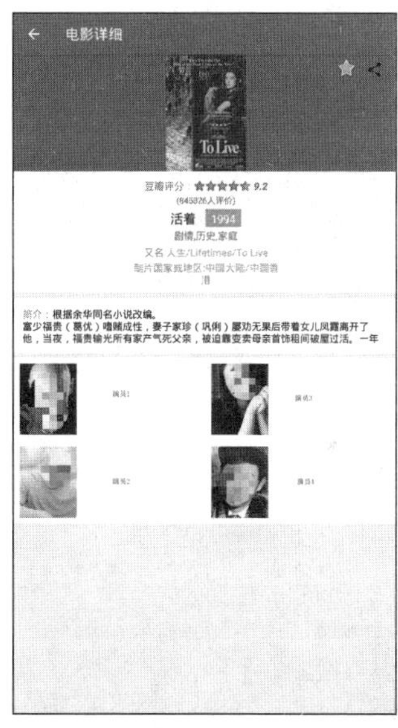

图 9.22 电影详情运行效果

9.8 收藏模块开发

项目的收藏模块包含两个二级功能，一个是将电影添加到收藏，另一个是显示已收藏中的电影列表。

扫码观看
微课视频

9.8.1 添加收藏功能开发

1. 需求描述

用户打开电影详情后，单击详情界面中的星形收藏图标，即可收藏该电影，如图 9.23 所示。

图 9.23　电影详情中的收藏功能

2. 业务功能实现

在电影详情界面需要为星形收藏图标添加单击监听。用户单击星形收藏图标后，将电影的编号存储至 SharedPreferences 对象中，每个电影编号以“,”分隔，例如编号 1,编号 2,编号 3……我们需要建一个 DataUtil 来专门收藏电影信息。

DataUtil 中的收藏功能代码如下：

```
//收藏电影
public static boolean collectMovie(Context context,String mId) {

    //获取已收藏的电影编号
    List<String> mIdlist = getCollectMovies(context);
    mIdlist.add(mId);
    //去重
    Set set = new HashSet();
    List<String> newmIdlist = new  ArrayList<String>();
    set.addAll(mIdlist);
    newmIdlist.addAll(set);
    SharedPreferences.Editor editor = context
          .getSharedPreferences("mdata",context.MODE_PRIVATE).edit();
    String strmIds = listToString(newmIdlist);
    editor.putString("mIds",strmIds);
    editor.commit();

    return true;
}
```

MovieActivity 中的单击监听代码如下：

```
public void onClick(View v) {
    if (v.getId()==R.id.btnCollect){

        boolean flag = DataUtil.collectMovie(MovieActivity.this,mId);
        Toast.makeText(this,"收藏成功",Toast.LENGTH_LONG).show();
```

```
        }
    }
```

3. 运行效果

项目开发完成后，我们可以在模拟器或手机中运行电影收藏功能，查看运行效果。电影收藏功能运行效果如图 9.24 所示。

图 9.24　电影收藏功能运行效果

9.8.2　收藏列表功能开发

1. 需求描述

用户打开"影视分享"App 后，单击导航菜单中的"我的收藏"，即可打开我的收藏界面。该界面以列表的方式展示收藏的电影数据，同时支持移除已收藏的电影的功能，我的收藏列表如图 9.25 所示。

图 9.25　我的收藏列表

2. UI 布局设计

收藏列表的 UI 分为 fragment_collect.xml（主页布局）、item_collect_layout.xml（列表项布局）。主页布局包含一个 ListView，可用于进行收藏列表的展示。列表项布局用于展示每个电影的数据（图片、名称、导演等）。主页及列表 UI 布局设计如图 9.26 所示。

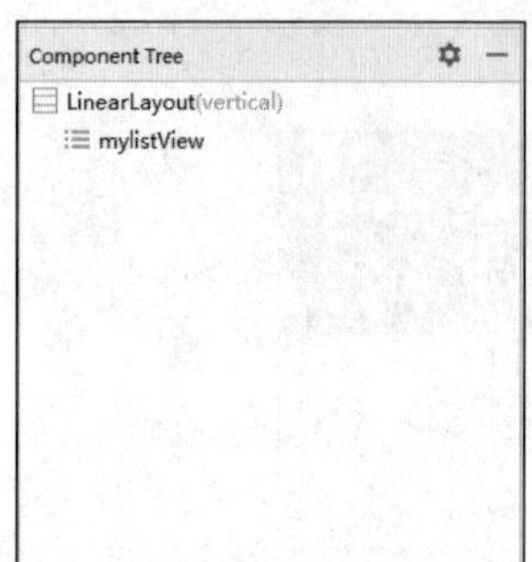

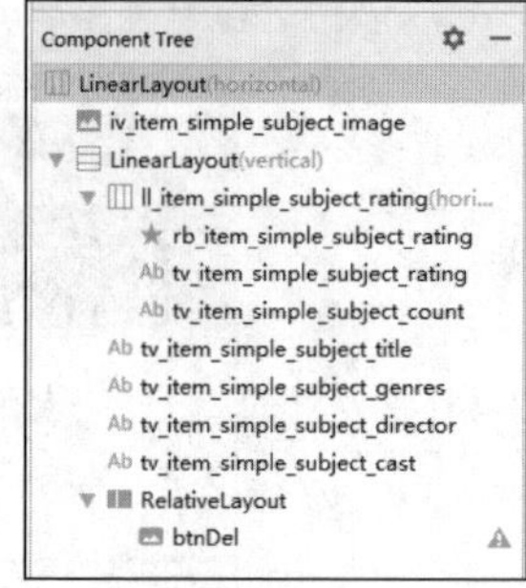

图 9.26　主页及列表 UI 布局设计

fragment_collect.xml 的代码如下：

```
<LinearLayout xmlns:android="http://*****.com/apk/res/android"
    android:layout_width="match_parent"
    android:layout_height="match_parent"
    android:orientation="vertical">
    <ListView
        android:id="@+id/mylistView"
        android:layout_width="match_parent"
        android:layout_height="wrap_content">
    </ListView>
</LinearLayout>
```

item_collect_layout.xml 的代码如下：

```
<?xml version="1.0" encoding="utf-8"?>
<LinearLayout xmlns:android="http://*****.com/apk/res/android"
    xmlns:app="http://*****.com/apk/res-auto"
    xmlns:tools="http://*****.com/tools"
    android:layout_width="match_parent"
    android:layout_height="wrap_content"
    android:layout_margin="2dp"
    android:background="@color/white"
    android:orientation="horizontal"
    android:padding="8dp">
    <ImageView
        android:id="@+id/iv_item_simple_subject_image"
        android:layout_width="100dp"
        android:layout_height="142dp"
        android:layout_gravity="center_vertical"
        android:scaleType="centerCrop"
        tools:ignore="ContentDescription" />
    <LinearLayout
```

```
android:layout_width="match_parent"
android:layout_height="wrap_content"
android:layout_marginLeft="4dp"
android:layout_marginRight="4dp"
android:orientation="vertical"
android:padding="8dp">
<LinearLayout
    android:id="@+id/ll_item_simple_subject_rating"
    android:layout_width="match_parent"
    android:layout_height="wrap_content"
    android:gravity="center_vertical"
    android:orientation="horizontal"
    android:visibility="gone">
    <RatingBar
        android:id="@+id/rb_item_simple_subject_rating"
        style="@style/MyRatingBar"
        android:layout_width="wrap_content"
        android:layout_height="wrap_content"
        android:numStars="5" />
    <TextView
        android:id="@+id/tv_item_simple_subject_rating"
        android:layout_width="wrap_content"
        android:layout_height="wrap_content"
        android:layout_marginStart="4dp"
        android:textColor="@color/red" />
    <TextView
        android:id="@+id/tv_item_simple_subject_count"
        android:layout_width="wrap_content"
        android:layout_height="wrap_content"
        android:layout_marginStart="4dp"
        android:textColor="@color/gray"
        android:textSize="12sp" />
</LinearLayout>
<TextView
    android:id="@+id/tv_item_simple_subject_title"
    android:layout_width="wrap_content"
    android:layout_height="wrap_content"
    android:layout_marginTop="4dp"
    android:singleLine="true"
    android:textColor="@color/black"
    android:textSize="18sp" />
<TextView
    android:id="@+id/tv_item_simple_subject_genres"
    android:layout_width="wrap_content"
    android:layout_height="wrap_content"
    android:layout_marginTop="4dp"
    android:textColor="@color/blue"
    android:textSize="12sp" />
<TextView
    android:id="@+id/tv_item_simple_subject_director"
```

```
            android:layout_width="match_parent"
            android:layout_height="wrap_content"
            android:layout_marginTop="4dp"
            android:gravity="center_vertical"
            android:singleLine="true"
            android:textColor="@color/blue"
            android:textSize="12sp" />
        <TextView
            android:id="@+id/tv_item_simple_subject_cast"
            android:layout_width="match_parent"
            android:layout_height="wrap_content"
            android:gravity="center_vertical"
            android:singleLine="true"
            android:textColor="@color/blue"
            android:textSize="12sp" />
        <RelativeLayout
            android:layout_width="match_parent"
            android:layout_height="match_parent">
            <ImageButton
                android:id="@+id/btnDel"
                android:layout_width="35dp"
                android:layout_height="35dp"
                android:layout_alignParentRight="true"
                android:layout marginRight="15dp"
                app:srcCompat="@android:drawable/ic_delete" />
        </RelativeLayout>
    </LinearLayout>
</LinearLayout>
```

3. 业务功能实现

当用户单击“我的收藏”时，程序将通过 Volley 框架获取电影数据，然后根据收藏的电影编号筛选收藏电影的数据，并显示电影收藏列表信息。此处需要建立一个名为 ItemCollectLayoutAdapter 的适配器，用于展示收藏数据。在我的收藏 CollectFragment 中使用该适配器，进行数据适配及展示。

ItemCollectLayoutAdapter 中的关键代码如下：

```
public View getView(int position, View convertView, ViewGroup parent) {
        if (convertView == null) {
            convertView = layoutInflater
                .inflate(R.layout.item_collect_layout, null);
            convertView.setTag(new ViewHolder(convertView));
        }
        initializeViews((SimpleSubjectBean) getItem(position),
                            (ViewHolder) convertView.getTag());
        return convertView;
    }

private void initializeViews(final SimpleSubjectBean sub, ViewHolder holder) {
        //TODO implement
```

```
holder.llItemSimpleSubjectRating.setVisibility(View.VISIBLE);
float rate = (float) sub.getRating().getAverage();
holder.rbItemSimpleSubjectRating.setRating(rate / 2);
holder.tvItemSimpleSubjectRating.setText(String.format("%s", rate));
holder.tvItemSimpleSubjectCount
        .setText(context.getString(R.string.collect));
holder.tvItemSimpleSubjectCount
        .append(String.format("%d", sub.getCollect_count()));
holder.tvItemSimpleSubjectCount
        .append(context.getString(R.string.count));

String title = sub.getTitle();
String original_title = sub.getOriginal_title();
holder.tvItemSimpleSubjectTitle.setText(title);
Intent intent = new Intent(context, MovieActivity.class);
intent.putExtra("subject_id", sub.getId());
intent.putExtra("image_url", sub.getImages().getLarge());
holder.tvItemSimpleSubjectTitle.setTag(intent);
holder.tvItemSimpleSubjectTitle
        .setOnClickListener(new View.OnClickListener() {
    @Override
    public void onClick(View v) {
        Intent intent = (Intent) v.getTag();
        context.startActivity(intent);
    }
});
holder.ivItemSimpleSubjectImage.setTag(intent);
holder.ivItemSimpleSubjectImage
        .setOnClickListener(new View.OnClickListener() {
    @Override
    public void onClick(View v) {
        Intent intent = (Intent) v.getTag();
        context.startActivity(intent);
    }
});
holder.btnDel.setBackgroundColor(Color.TRANSPARENT);
holder.btnDel.setOnClickListener(new View.OnClickListener() {
    @Override
    public void onClick(View v) {
        //通过对话框完善删除操作
        DialogInterface.OnClickListener okListenner =
                new DialogInterface.OnClickListener() {
            @Override
            public void onClick(DialogInterface dialog, int which) {
                //删除操作
                String mId = sub.getId();
                DataUtil.delCollectMovie(context,mId);

                for (int i=0;i<objects.size();i++){
                    SimpleSubjectBean subjectBean_tmp = objects.get(i);
                    if (mId.equals(subjectBean_tmp.getId())){
```

```
                        objects.remove(i);
                        break;
                    }
                }

                //通知列表数据改变
                notifyDataSetChanged();
                Toast.makeText(context,"删除成功",
                                   Toast.LENGTH_LONG).show();
            }
        };
        //建立对话框
        AlertDialog.Builder builder = new AlertDialog.Builder(context);
        builder.setTitle("您确定要删除吗？");
        builder.setPositiveButton("确定",okListenner);
        builder.setNegativeButton("取消",null);
        builder.show();//对话框弹出
    }
});
holder.tvItemSimpleSubjectGenres
        .setText(StringUtil.getListString(sub.getGenres(), ','));
holder.tvItemSimpleSubjectDirector
        .setText(StringUtil.getSpannableString(
            context.getString(R.string.directors), Color.GRAY));
holder.tvItemSimpleSubjectDirector
    .append(CelebrityUtil.list2String(sub.getDirectors(), '/'));
holder.tvItemSimpleSubjectCast.setText(StringUtil.getSpannableString(
        context.getString(R.string.casts), Color.GRAY));
holder.tvItemSimpleSubjectCast
    .append(CelebrityUtil.list2String(sub.getCasts(), '/'));
holder.imageLoader.displayImage(sub.getImages().getLarge(),
        holder.ivItemSimpleSubjectImage, options, imageLoadingListener);
}
```

CollectFragment 的关键代码如下：

```
//加载收藏电影列表
private void loadCollectMovies_Net(){
    //电影列表 API
    String mRequestUrl = Constant.API
            + Constant.IN_THEATERS + "?start=0&count=20";
    //创建 Volley 框架请求对象
    JsonObjectRequest request = new JsonObjectRequest(mRequestUrl,
            new Response.Listener<JSONObject>() {
                @Override
                public void onResponse(JSONObject response) {
                    try {
                        int mTotalItem = response.getInt("total");
                        int mCountItem = response.getInt("count");
                        //获取电影列表字符串
                        String moviesString = response.getString("subjects");
```

```
                Gson gson = new Gson();
                //使用 Gson 框架转换电影列表
          List<SimpleSubjectBean> movieList_net = gson
              .fromJson(moviesString,
              new TypeToken<List<SimpleSubjectBean>>() {}.getType());

                //封装消息，传递给主线程
                Message message = Message.obtain();
                message.obj = movieList_net;
                message.what = 100;//标识线程
                handler.sendMessage(message);//发送消息给主线程

              } catch (JSONException e) {
                  e.printStackTrace();
              }
          }
        },
        new Response.ErrorListener() {
            @Override
            public void onErrorResponse(VolleyError error) {
                Log.d("MovieListFragment",error.toString());
                Toast.makeText(CollectFragment.this.getActivity(),
                    error.toString(), Toast.LENGTH_SHORT).show();
            }
        });
    Myapplication.addRequest(request, "MovieListFragment");
}
//建立一个 Handler 对象，用于主线程和子线程之间进行通信
private Handler handler = new Handler(){
    @Override
    public void handleMessage(Message message) {
        super.handleMessage(message);
        //msg.what 用于判断从哪个线程传递过来的消息
        if(message.what==100){
            List<SimpleSubjectBean> movieAllList =
                    (List<SimpleSubjectBean> )message.obj;
            //获取收藏的电影
            mSimData = DataUtil
.getAllCollectMovies(CollectFragment.this.getActivity(),movieAllList);

            itemCollectLayoutAdapter =
new ItemCollectLayoutAdapter(CollectFragment.this.getActivity(), mSimData);
            lv1.setAdapter(itemCollectLayoutAdapter);
        }
    }
};
```

4. 运行效果

项目开发完成后，我们可以在模拟器或手机中运行“我的收藏”，查看运行效果。“我的收藏”运行效果如图 9.27 所示。

图 9.27 “我的收藏”运行效果

9.9 电影分享模块开发

分享功能是 App 必备的功能，最常见的就是将信息分享到 QQ、微信、微博等。在本节我们将开发“影视分享”App 的分享功能。

9.9.1 需求描述

“影视分享”App 具有电影分享功能，通过该功能可以将电影分享到当前的主流社交平台，例如 QQ、微信、微博等。我们采用第三方的分享开发包 ShareSDK 来进行开发。此处我们主要以分享到 QQ 为例，其他平台可参考完成。分享功能如图 9.28 所示。

图 9.28 分享功能

9.9.2　ShareSDK 框架集成

1. 申请 Mob Tech 的 appKey 与 appSecret

ShareSDK 是全球流行的应用和手机游戏社交 SDK，目前为止支持几十万名用户。ShareSDK 可以轻松支持世界上 40 多个社交平台的第三方登录、分享和好友管理操作。在网上搜索“MobTech”，查找并进入 Share SDK 页面创建一个应用，获得该应用的 appKey 与 appSecret（这将在集成中使用）。ShareSDK 页面如图 9.29 所示。

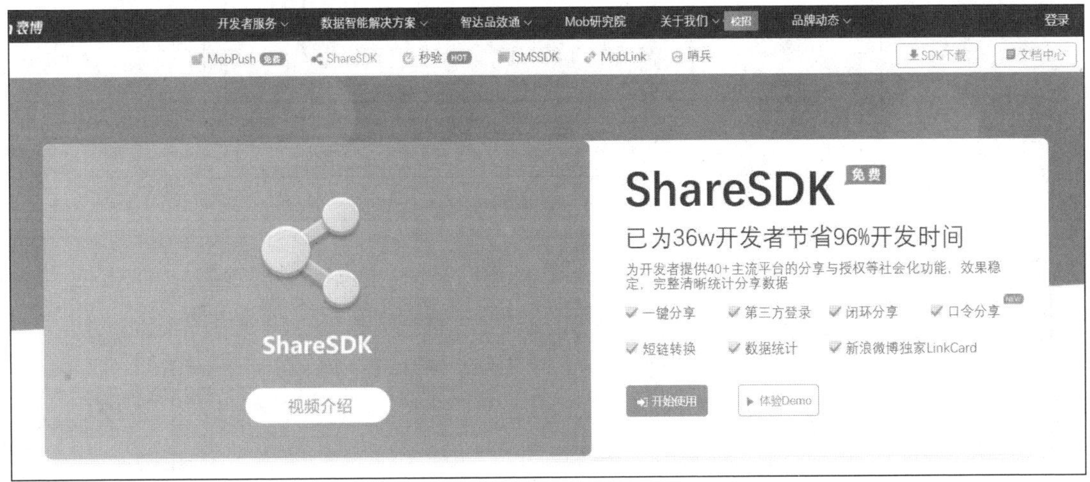

图 9.29　ShareSDK 页面

可根据官网帮助文档，创建“影视分享”App 的应用（需要注册一个开发者账号）。MobTech 的应用管理界面如图 9.30 所示。

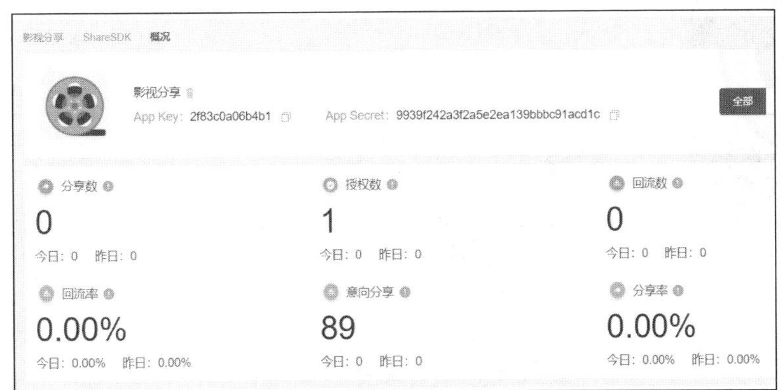

图 9.30　MobTech 的应用管理界面

2. 申请 QQ 开放平台的 appKey 与 appSecret

使用“影视分享”App 时以分享至 QQ 为例，我们需要到腾讯开放平台创建移动应用，获得并生成 appKey 和 appSecret。在其他平台也可参考 ShareSDK 的官方文档。腾讯开放平台如图 9.31 所示。

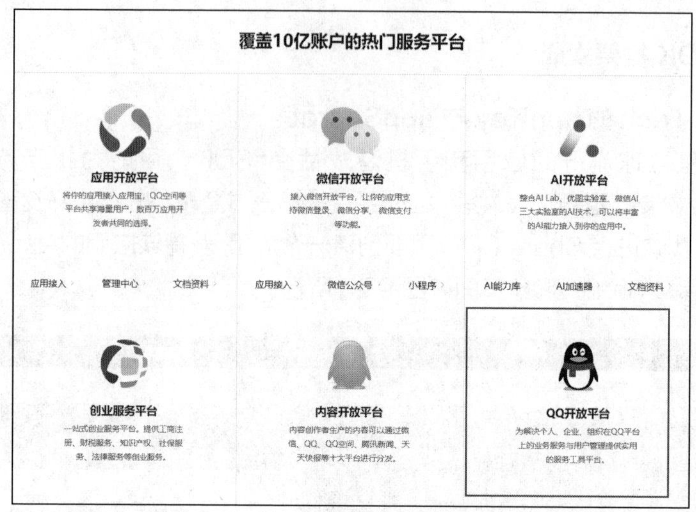

图 9.31　腾讯开放平台

在图 9.32 中，单击“QQ 开放平台”，根据官网帮助文档，创建“影视分享”App 的移动应用（需要注册一个开发账号），创建后的 QQ 开放平台的应用管理界面如图 9.32 所示。

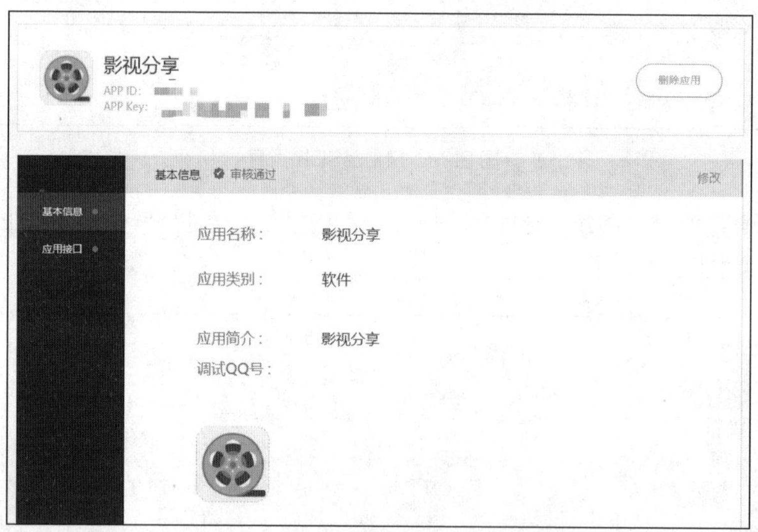

图 9.32　QQ 开放平台的应用管理界面

3. ShareSDK 集成

在 ShareSDK 官网和 QQ 开放平台创建好应用，并获取 appKey 与 appSecret 后，就需要将 ShareSDK 框架集成到我们的应用中。我们可以参考 ShareSDK 官网的帮助文档进行集成。

下面采用 Gradle 集成方式将 ShareSDK 集成到“影视分享”App 中，使用这种方式不需要在 AndroidMainfest.xml 下配置任何权限和 Activity，操作相对简单。

（1）配置 build.gradle 文件

打开项目根目录的 build.gradle，在 dependencies 模块下面添加 classpath ‘com.mob.sdk:MobSDK:2018.0319.1724’，配置信息如图 9.33 所示。

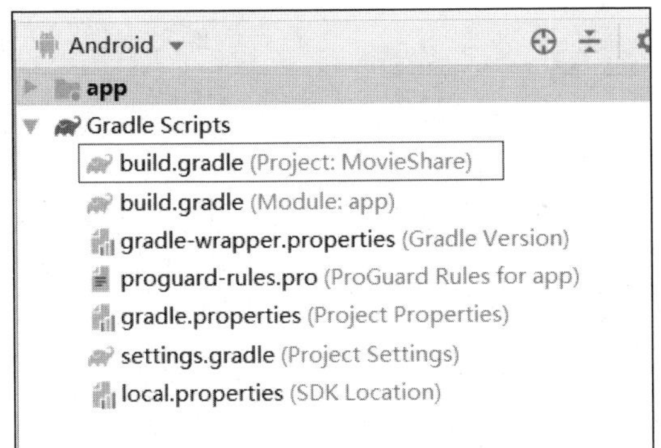

图 9.33　配置信息

配置信息的关键代码如下：

```
buildscript {
repositories {
     jcenter()
}
dependencies {
    ……
    classpath "com.mob.sdk:MobSDK:2018.0319.1724"
}
}
```

（2）添加 ShareSDK 引用

在 module 下面的 build.gradle 文件里面添加 ShareSDK 引用，如图 9.34 所示。

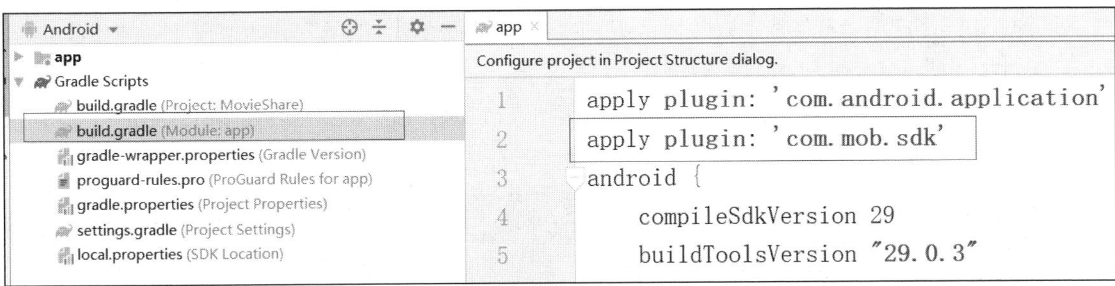

图 9.34　添加 ShareSDK 引用

添加 ShareSDK 引用的代码如下：

```
apply plugin: 'com.mob.sdk'
```

（3）配置 appKey 与 appSecret

在 module 下的 build.gradle 文件里面配置 ShareSDK 的 appKey 与 appSecret，这里我们以配置 QQ 开放平台的 appKey 与 appSecret 为例，其他的沿用默认配置，代码如下：

```
MobSDK {
appKey "d580ad56b4b5"
appSecret "7fcae59a62342e7e2759e9e397c82bdd"
```

```
ShareSDK {
    //平台配置信息
    devInfo {
        SinaWeibo {
            appKey "568898243"
            appSecret "38a4f8204cc784f81f9f0daaf31e02e3"
            callbackUri "http://www.*****.cn"
            shareByappClient false
        }
        Wechat {
            appId "wx4868b35061f87885"
            appSecret "64020361b8ec4c99936c0e3999a9f249"
        }
        QQ {
            appId "100371282"
            appKey "aed9b0303e3ed1e27bae87c33761161d"
            shareByappClient true
        }
        Facebook {
            appKey "1412473428822331"
            appSecret "a42f4f3f867dc947b9ed6020c2e93558"
            callbackUri "https://***.com"
        }
    }
}
}
```

其中的 devInfo 为来自社交平台的应用信息，例如 QQ 开放平台的 appKey 与 appSecret。

注意：如果用户没有在 AndroidManifest 中设置 appliaction 的类名，MobSDK 会相应地设置为 com.mob.Mobapplication。但如果用户设置了，可在自己的 application 类中调用 MobSDK.init(this)，并且在 Manifest 清单文件中配置 tools:replace="android:name"。配置代码如下：

```
<application
    android:name = ".Myapplication"
    tools:replace="android:name">
```

9.9.3 分享功能开发

将 ShareSDK 集成到"影视分享"App 后，接着我们来开发电影分享功能。具体步骤如下。

扫码观看
微课视频

1. 初始化 MobSDK

如果用户没有在 AndroidManifest 中设置 appliaction 的类名，MobSDK 会相应地设置为 com.mob.Mobapplication，但如果用户设置了，可在自己的 application 类中调用代码初始化 ShareSDK。代码如下：

```
MobSDK.init(this);
```

2. 实习分享功能

ShareSDK 已经为我们封装好了分享功能，我们在自己的 App 开发中，只需要使用简单的代码即可实现分享功能。在电影详情界面，为分享按钮添加单击监听。用户单击分享按钮后，调用 ShareSDK 的一键分享代码，实现分享功能。

MovieActivity 中的关键分享代码如下：

```
public void onClick(View v) {
        if (v.getId()==R.id.btnCollect){
            boolean flag = DataUtil.collectMovie(MovieActivity.this,mId);
            Toast.makeText(this,"收藏成功",Toast.LENGTH_LONG).show();

        }else if (v.getId()==R.id.btnShare){
            showShare();
            Toast.makeText(this,"分享成功",Toast.LENGTH_LONG).show();
        }
    }
/**
 * onekeyshare 分享调用九宫格方法
 */
private void showShare() {
    OnekeyShare oks = new OnekeyShare();
    //关闭 sso 授权
    oks.disableSSOWhenAuthorize();
    // title 标题，印象笔记、邮箱、信息、微信、人人网和 QQ 空间都可使用
    oks.setTitle(mSubject.getTitle());
    // titleUrl 是标题的网络链接，仅在人人网和 QQ 空间使用
    oks.setTitleUrl(mSubject.getImages().getMedium());
    // text 是分享文本，所有平台都需要这个字段
    oks.setText(mSubject.getSummary());
    //分享网络图片
    oks.setImageUrl(mSubject.getImages().getMedium());
    // url 仅在微信（包括好友和朋友圈）中使用
    oks.setUrl(mSubject.getImages().getMedium());
    // comment 是我对这条分享的评论，仅在人人网和 QQ 空间使用
    oks.setComment(mSubject.getTitle());
    // site 是分享此内容的网站名称，仅在 QQ 空间使用
    oks.setSite(getString(R.string.app_name));
    // siteUrl 是分享此内容的网站地址，仅在 QQ 空间使用
    oks.setSiteUrl(mSubject.getImages().getMedium());

    // 启动分享 GUI
    oks.show(this);
}
```

9.9.4 运行效果

扫码观看
微课视频

项目开发完成后，我们可以在模拟器或手机中运行此程序，查看运行效果。分享功能运行效果如图 9.35 所示。

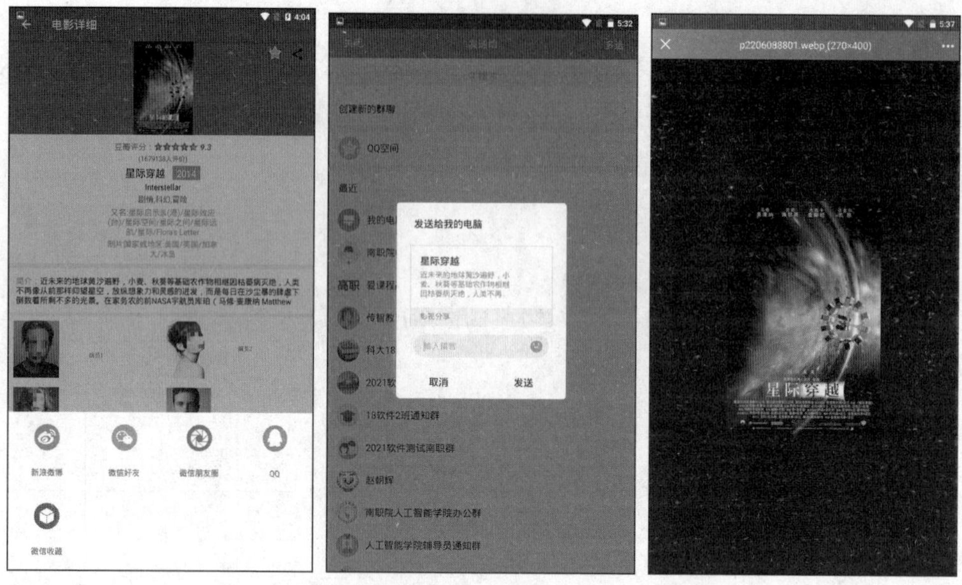

图 9.35　分享功能运行效果

9.10　第三方登录模块开发

第三方登录是目前 App 的必备功能之一，通过 QQ、微信、微博等平台的授权验证后，可快速实现与本 App 的用户系统的对接，直接免去用户烦琐的注册步骤，提高用户的体验感。

9.10.1　需求描述

现在，我们使用 ShareSDK 实现第三方登录功能，通过 QQ 平台进行授权登录，并显示 QQ 账号登录后的信息。第三方登录功能如图 9.36 所示。

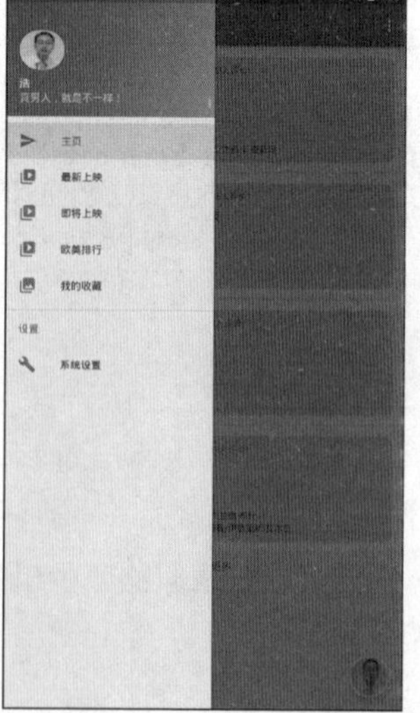

扫码观看
微课视频

图 9.36　第三方登录功能

9.10.2 UI 布局设计

在开发第三方登录功能时，我们需要用到两个布局文件：nav_header_main.xml（用户信息布局）、app_bar_main.xml（内容布局）。nav_header_main.xml 用于显示第三方登录后的用户信息；app_bar_main.xml 提供一个悬浮按钮，该按钮作为第三方登录的功能实现。这两个布局文件已经位于工程中，可以直接打开，第三方登录 UI 布局设计如图 9.37 所示。

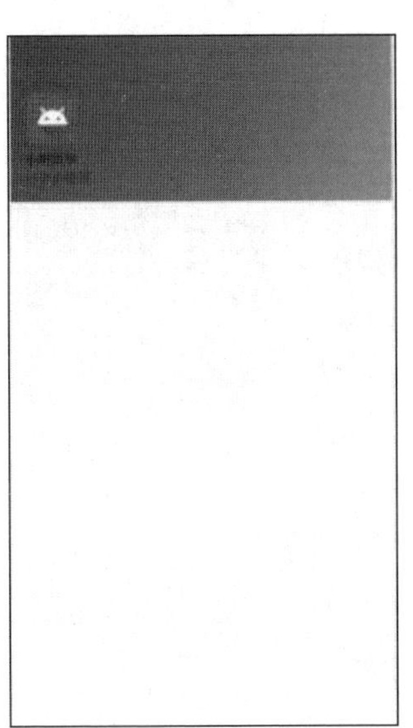

图 9.37　第三方登录 UI 布局设计

nav_header_main.xml 源代码如下：

```
<?xml version="1.0" encoding="utf-8"?>
<LinearLayout xmlns:android="http://*****.com/apk/res/android"
    xmlns:app="http://*****.com/apk/res-auto"
    android:layout_width="match_parent"
    android:layout_height="@dimen/nav_header_height"
    android:background="@drawable/side_nav_bar"
    android:gravity="bottom"
    android:orientation="vertical"
    android:paddingLeft="@dimen/activity_horizontal_margin"
    android:paddingTop="@dimen/activity_vertical_margin"
    android:paddingRight="@dimen/activity_horizontal_margin"
    android:paddingBottom="@dimen/activity_vertical_margin"
    android:theme="@style/ThemeOverlay.appCompat.Dark">
    <ImageView
        android:id="@+id/myImage"
        android:layout_width="60dp"
        android:layout_height="60dp"
        android:contentDescription="@string/nav_header_desc"
        android:paddingTop="@dimen/nav_header_vertical_spacing"
        app:srcCompat="@mipmap/ic_launcher_round" />
    <TextView
        android:id="@+id/myName"
```

```
        android:layout_width="match_parent"
        android:layout_height="wrap_content"
        android:paddingTop="@dimen/nav_header_vertical_spacing"
        android:text="@string/header_titile"
        android:textappearance="@style/Textappearance.appCompat.Body1" />
    <TextView
        android:id="@+id/myGender"
        android:layout_width="wrap_content"
        android:layout_height="wrap_content"
        android:text="@string/header_subtitile" />
</LinearLayout>
```

app_bar_main.xml 的代码如下：

```
<?xml version="1.0" encoding="utf-8"?>
<androidx.coordinatorlayout.widget.CoordinatorLayout
xmlns:android="http://*****.com/apk/ res/android"
    xmlns:app="http://*****.com/apk/res-auto"
    xmlns:tools="http://*****.com/tools"
    android:layout_width="match_parent"
    android:layout_height="match_parent"
    tools:context=".MainActivity">
    <com.google.android.material.appbar.appBarLayout
        android:layout_width="match_parent"
        android:layout_height="wrap_content"
        android:theme="@style/appTheme.appBarOverlay">
        <androidx.appcompat.widget.Toolbar
            android:id="@+id/toolbar"
            android:layout_width="match_parent"
            android:layout_height="?attr/actionBarSize"
            android:background="?attr/colorPrimary"
            app:popupTheme="@style/appTheme.PopupOverlay" />
    </com.google.android.material.appbar.appBarLayout>
    <include layout="@layout/content_main" />
    <com.google.android.material.floatingactionbutton.FloatingActionButton
        android:id="@+id/fab"
        android:layout_width="wrap_content"
        android:layout_height="wrap_content"
        android:layout_gravity="bottom|end"
        android:layout_margin="@dimen/fab_margin"
        android:scaleType="center"
        app:backgroundTint="@color/design_default_color_on_primary"
        app:borderWidth="0dp"
        app:fabSize="normal"
        app:maxImageSize="50dp"
        app:srcCompat="@mipmap/tx_login" />
</androidx.coordinatorlayout.widget.CoordinatorLayout>
```

9.10.3 第三方登录功能开发

扫码观看
微课视频

在主界面 MainActivity 中找到悬浮按钮的单击事件，编写 QQ 授权登录的代码。用户在主页单击悬浮头像，App 将调用 QQ 平台进行授权登录。登录完成后，替换主页的悬浮头像，同时在侧滑菜单顶部显示登录后的用户信息。

授权登录关键代码如下：

```
//第三方授权登录
   private void authorize(){

       Platform plat = ShareSDK.getPlatform(QQ.NAME);
       ShareSDK.setActivity(this);//抖音登录适配 Android9.0
       //回调信息，可以在这里获取基本的授权返回信息，但要注意如果是进行提示和UI操作，则要传到主线程 handler 执行
       plat.setPlatformActionListener(new PlatformActionListener() {
           @Override
           public void onError(Platform arg0, int arg1, Throwable arg2) {
               // TODO Auto-generated method stub
               arg2.printStackTrace();
           }
           @Override
public void onComplete(Platform platform, int action, HashMap<String, Object> res) {
               //用户资源都保存到 res
               //通过输出 res 数据看看有哪些数据是你想要的
               if (action == Platform.ACTION_USER_INFOR) {
                   PlatformDb platDB = platform.getDb();//获取数平台数据 DB
                   //封装消息，传递给主线程
                   Message message = Message.obtain();
                   message.obj = platform;
                   message.what = 100;//标识线程
                   handler.sendMessage(message);//发送消息给主线程
               }
           }
           @Override
           public void onCancel(Platform arg0, int arg1) {
               // TODO Auto-generated method stub
           }
       });
       plat.showUser(null);

   }
```

登录后获取并显示用户数据关键代码如下：

```
//建立一个 Handler 对象，用于主线程和子线程之间进行通信
private Handler handler = new Handler(){
    @Override
    public void handleMessage(Message message) {
        super.handleMessage(message);
        //获取子线程传递过来的消息，取出进度更新音乐播放进度
        //msg.what 用于判断从哪个线程传递过来的消息
        if(message.what==100){
            //获取用户资料
            Platform platform = (Platform) message.obj;
            String userId = platform.getDb().getUserId();//获取用户账号
```

```
            String userName = platform.getDb().getUserName();//获取用户名字
            String userIcon = platform.getDb().getUserIcon();//获取用户头像
    //获取用户性别，m = 男，f = 女，如果微信没有设置性别，默认返回 null
            String userGender = platform.getDb().getUserGender();
    Toast.makeText(MainActivity.this, "欢迎您，" + userName + " 我们又见面啦！" + userGender,
Toast.LENGTH_SHORT).show();
            //下面就可以利用获取的用户信息登录自己的服务器或者做自己想做的事啦
            ImageLoader.getInstance().displayImage(userIcon,
                    fab,Myapplication.getmFlatOptions() );
            ImageLoader.getInstance().displayImage(userIcon,
                    myImage,Myapplication.getmFlatOptions() );
            myName.setText(userName);
            if (userGender.equals("m")){
                myGender.setText("你是男孩子，要坚强！");
            }else {
                myGender.setText("你是女孩子，要好好爱护自己！");
            }
        }
    }
};
```

第三方登录的监听代码如下：

```
fab = findViewById(R.id.fab);
fab.setBackgroundColor(Color.TRANSPARENT);
fab.setOnClickListener(new View.OnClickListener() {
    @Override
    public void onClick(View view) {
        authorize();//第三方登录
    }
});
```

9.10.4 运行效果

项目开发完成后，我们可以在模拟器或手机中运行此程序，查看运行效果。第三方登录运行效果如图 9.38 所示。

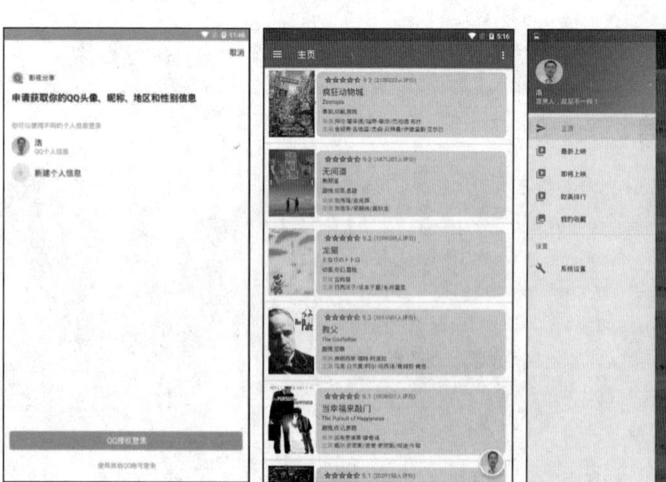

图 9.38 第三方登录运行效果

扫码观看
微课视频

9.11 课程小结

本章主要介绍"影视分享"App 的开发，涉及了 5 个功能模块，它们分别是电影列表、电影详情、电影收藏、电影分享和第三方登录。项目使用了前面 8 章的知识点，并在这些知识点上进行了扩展。

9.12 自我测评

一、选择题

1. 在下列选项中，用来给 ListView 填充数据的方法是（　　）。
   A. setAdapter()　　　　B. setDefaultAdapter()
   C. setBaseAdapter()　　D. setView()
2. Volley 框架的请求队列对象是（　　）。
   A. ResponseQueue　　B. RequestQueue
   C. JsonObjectRequest　　D. JsonObject
3. 在下列选项中，用来通知 ListView 数据更新的方法是（　　）。
   A. getAutofillOptions()
   B. notifyDataSetChanged()
   C. getViewTypeCount()
   D. notifyDataSetInvalidated()
4. 在下列选项中，返回 Json 数据的网络请求方法是（　　）。
   A. StringRequest
   B. JsonObjectRequest()
   C. ImageRequest()
   D. JsonArrayRequest()
5. 对 Fragment 的控制操作，一般是由（　　）来完成的。
   A. FragmentManager
   B. FragmentTransaction
   C. FragmentActivity
   D. LayoutInFlater

二、判断题

1. 与 ListView 不同的是，RecyclerView 加载数据时不需要适配器。（　　）
2. 使用 Gson 框架解析数据时，创建实体类的成员名称必须与 Json 数据中的 key 值一致。（　　）
3. 通过 FragmentManager 的 beginTransaction()可以开启 FragmentTransaction。（　　）
4. Gson 框架是一个 Json 解析框架。（　　）
5. 使用第三方登录功能时，需要进行授权才能进行登录。（　　）

9.13 课堂笔记（见工作手册）

9.14 实训记录（见工作手册）

9.15 课程评价（见工作手册）

9.16 扩展知识

1. 软件开发流程简述

软件开发流程即软件设计思路和方法的一般过程，包括需求分析，软件的总体结构设计和模块设计，以及编码和调试、软件的交付与运维等一系列环节，以满足客户的需求并且解决客户的问题等。

2. 软件开发流程

（1）需求分析

首先，系统分析员初步了解用户需求，用相关的工具软件列出要开发的系统大功能模块，以及每个大功能模块有哪些小功能模块。对于有些需求比较明确的界面，在这一步可以初步定义少量的界面。

其次，系统分析员深入了解和分析用户需求，根据自己的经验和用户需求用 Word 或相关工具做出一份系统的功能需求文档。系统分析员要在文档中清楚地列出系统大致的大功能模块，以及大功能模块包含哪些小功能模块，并且列出相关的界面和界面功能。

最后，系统分析员需再次确认用户需求。

（2）概要设计

首先，开发者需要对软件系统进行概要设计（系统设计）。做概要设计时，开发者需要对软件系统的设计进行考虑，包括考虑系统的基本处理流程、组织结构、模块划分、功能分配、接口设计、运行设计、数据结构设计和出错处理设计等，为软件的详细设计提供基础。

（3）详细设计

在概要设计的基础上，开发者需要进行软件系统的详细设计。在详细设计中，描述实现具体模块所涉及的主要算法、数据结构、类的层次结构及调用关系，需要说明软件系统各个层次中的每一个程序(每个模块或子程序)的设计考虑，以便进行编码和测试。应当保证软件的需求完全分配给整个软件。详细设计报告的内容应当足够详细，开发者能够据此进行编码。

（4）编码

在软件编码阶段，开发者根据《软件系统详细设计报告》中对数据结构、算法分析和模块实现等方面的设计要求，开始具体的程序编写工作，分别实现各模块的功能，从而满足对目标系统的功能、性能、接口、界面等方面的要求。在规范化的软件开发流程中，编码工作消耗的时间在整个项目消耗的总时间中占比最多不会超过 1/2，通常为 1/3。正所谓磨刀不误砍柴工，设计报告完成得好，编码效率就会极大地提高。编码时不同模块之间的进度协调和协作是需要小心对待的，也许一个小模块的问题就可能影响整体进度，让很多程序员因此被迫停下工作而进行等待。这种问题在很多研发过程中都出现过。编码时的相互沟通和应急的解决手段都是相当重要的。对于程序员而言，bug 永远存在，但必须永远面对这个问题！

（5）测试

软件测试者测试编写好的软件交给用户使用，用户一个一个地确认每个功能。软件测试有很多种：按照测试执行方，可以分为内部测试和外部测试；按照测试范围，可以分为模块测试和整体联调；按照测试条件，可以分为正常操作情况测试和异常情况测试；按照测试的输入范围，可以分为全覆盖测试和抽样测试。以上都很好理解，不再解释。总之，测试同样是项目研发中一个相当重要的步骤。对于一个大型软件，花费 3 个月到 1 年的时间进行外部测试都是正常的，因为总可能有不可预料的问题存在。完成测试后，验收并完善最后的一些帮助文档，整体项目才算告一段落。当然日后少不了升级、维护等工作，要不停地跟踪软件的运营状况并持续维护、升级，直到这个软件被彻底淘汰。

（6）软件交付

软件测试者证明软件达到要求后，软件开发者应向用户提交开发的目标安装程序、数据库的数据字典、《用户安装手册》、《用户使用指南》、需求报告、设计报告、测试报告等双方合同约定的内容。

《用户安装手册》应详细介绍安装软件对运行环境的要求、安装软件的定义和内容，以及软件在客户端、服务器及中间件的具体安装步骤、安装后的系统配置等。

《用户使用指南》应介绍软件各项功能的使用流程、操作步骤、相应业务、特殊提示和注意事项等方面的内容，在需要时还应举例说明。

（7）验收

用户对软件产品进行验收，投入实际使用。

（8）维护

根据用户需求的变化或环境的变化，对应用程序进行全部或部分的修改。